全球商用益生菌
菌株概览

郭聃洋　著

中国商业出版社

图书在版编目（CIP）数据

全球商用益生菌菌株概览 / 郭聃洋著. -- 北京 : 中国商业出版社, 2023.12
ISBN 978-7-5208-2475-0

Ⅰ. ①全… Ⅱ. ①郭… Ⅲ. ①益生菌－菌株－研究 Ⅳ. ①Q939

中国国家版本馆 CIP 数据核字(2023)第 246927 号

责任编辑：葛　伟

中国商业出版社出版发行
（www.zgsycb.com 100053 北京广安门内报国寺 1 号）
总编室：010-63180647 编辑室：010-83118925
发行部：010-83120835/8286
新华书店经销
北京七彩京通数码快印有限公司印刷
*
710 毫米×1000 毫米 16 开 14 印张 285 千字
2023 年 12 月第 1 版 2023 年 12 月第 1 次印刷
定价：50.00 元
* * * *

前　　言

近年来，益生菌对人体健康的重要作用得到了更加深入的阐释，益生菌拥有“营养与健康”的双重作用，越来越被消费者接受和认可。我国益生菌研究领域的科研工作者数十年如一日地努力探索益生菌功能及其应用的核心与关键技术，奋战在助力健康中国、服务国人营养健康的战线上。其研究从一路跟跑到与国际前沿齐头并进，关于益生菌的研究成果层出不穷，尤其是益生菌的作用机制及其对人体健康的影响，即益生菌如何通过影响肠道菌群，以达到降血脂、降血糖、提高免疫力以及预防相关疾病的作用，成为诸多科学家研究的热点。

在生物进化过程中，通过适应与选择，微生物与宿主之间，微生物与微生物之间，微生物、宿主与环境之间，始终处于动态平衡，形成相互依赖、相互制约的动力学关系。微生态平衡的维持依赖于环境、宿主和微生物三个方面，如果三者出现异常则导致微生态失衡。肠道菌群失调指定居于肠道的正常菌群在种类及数量上发生改变，超过正常范围，是人类认识最早、最常见的微生态失衡表现方式之一。肠道菌群失调由使用抗菌药物、化疗药物及放疗、多种消化系统疾病及胃肠道手术等引起，可以表现为腹泻、腹胀等肠功能紊乱，严重者导致菌群交替或二重感染，出现严重腹泻、肠功能紊乱及全身侵袭性感染。肠道菌群失调的治疗包括积极纠正诱发因素、使用微生态制剂、改善机体免疫功能等。

益生菌在其优势菌株选育以及产业化应用方面的技术创新，促进益生菌在乳制品、传统食品以及保健食品中的广泛应用，将成为未来的研究趋势。益生菌制品的好坏取决于菌种和菌株的选择。传统的益生菌菌种在安全应用上已有很长的历史，大多数菌种被认为是没有致病可能性的共生微生物体，且绝大部分分离自健康人体的肠道。除了应用这些传统的菌种外，目前益生菌的研究还针对人体的一些疾病，利用技术优势和基因工程，开发新的具有特定功能的菌种。

我们希望阅读本书后，人们在选用益生菌产品增进健康时，会针对自己的身体状况，科学合理地利用益生菌及其相关产品。希望本书能为与益生菌有关的大健康事业贡献一份力量。

目　　录

第一部分　益生菌行业领域综述

第 1 章　益生菌的发现与发展 …… 3

1.1　发现益生菌 …… 3

1.2　益生菌的发展现状 …… 3

1.3　益生菌发酵条件的测定与优化方法 …… 5

1.4　益生菌与人体及肠道菌群的关系 …… 6

1.5　个性化益生菌制剂的研究与应用现状 …… 8

1.6　国内外益生菌产业发展概述 …… 9

1.7　益生菌的发展趋势与应用前景 …… 14

第 2 章　益生菌发展简述 …… 17

2.1　益生菌发展综述 …… 17

2.2　益生菌行业市场概况 …… 23

2.3　益生菌行业发展状况分析 …… 32

2.4　益生菌行业消费分析 …… 34

2.5　益生菌行业政策法律法规现状 …… 35

2.6　益生菌科技应用与商业展望 …… 37

第二部分　全球商用益生菌主要菌株分类与简述

第 3 章　益生菌的内容和名录 …… 43

3.1　益生菌的分类和功能 …… 43

3.2　益生菌的作用机制 …… 45

3.3　全球商用益生菌名录 …… 47

第三部分　代表性益生菌科研分述

第 4 章　不同乳酸菌类益生菌的微生物学研究与功能评价 …… 107

4. 1　乳酸菌类益生菌株的生物学特性研究 …… 107

4. 2　乳杆菌属益生菌株的分子生物学鉴定 …… 113

4. 3　不同乳酸菌属益生菌株混合培养条件优化的研究 …… 119

4. 4　自体益生菌在动物模型中恢复微生态平衡的基础研究 …… 127

参考文献 …… 133

附　　录 …… 201

附录一　伯杰氏细菌系统分类 …… 201

附录二　人体菌属拉丁文与中文对照表 …… 202

第一部分　益生菌行业领域综述

第1章 益生菌的发现与发展

近几年，对人体微生态组学发展与肠道菌群的功能认知快速地提升，益生菌成为科学界研究与商业界市场开拓的双热点。未来几年里，中国或将成为益生菌产品领域全球最大市场。在当下大力开展对益生菌、肠道菌群乃至人体或动物微生态的基础与应用研究，特别是定向化、个性化与精准化的研究显得尤为重要。通常所说的益生菌一般定殖于人体肠道、生殖系统内的活性微生物，能改善人体肠道、生殖系统内的微生态环境，促进宿主健康。当人体内存在一定数量的益生菌菌群时，人体可在益生菌的作用下处于健康状态；当人体内益生菌菌群数量不足时，则会导致人体因微生态环境失衡而出现腹泻、消化功能障碍、过敏、免疫力下降等不良症状，故益生菌对人类的健康具有重要意义。益生菌因其益生功能而被广泛应用于医疗、保健、食品等领域。因此，大力开展益生菌领域的基础与应用研究具有重要性和迫切性。

1.1 发现益生菌

益生菌，即有益人体的微生物或细菌。在人类文明萌芽之际，益生菌就已被广泛应用。中国人在公元前500年就会制造和食用豆腐了，并有用豆腐乳作为类似抗生素药物使用的经验。20世纪初，欧洲的酸奶和益生菌保健品的流行与法国微生物学家巴斯德和俄国科学家梅契尼科夫的推崇和贡献有关。进入21世纪以来，生命科学、医学微生态学、营养学与生物科技等领域研究的长足进步与应用，特别是人体微生物组学的深入研究与应用，给益生菌提供了更坚实的理论和科学支持，给益生菌与营养保健相关的产业注入了新的活力，将会为人类健康作出应有的贡献和创造出更大的社会价值。

1.2 益生菌的发展现状

1.2.1 益生菌的概念

目前人们对于益生菌较为正式和系统的定义是来源于联合国粮农组织/世界卫生组织

(FAO/WHO) 提出的“益生菌是活的微生物，通过摄入充足的数量，对宿主产生一种或多种特殊且经过论证的功能性健康益处”这一定义[1][2]。

随着益生菌功能的迭代开发与作用机制不断阐明以及益生菌产品的广泛应用，人们对益生菌的研究也逐步重视与深入。益生菌制品已成为目前全球范围内增长速度最快的功能性食品之一[3]。

1.2.2 益生菌的特征及筛选标准

益生菌具有一些共同的益生特征，这些特征也是作为人们筛选益生菌菌株的主要标准[2]。现对益生菌筛选与试剂应用的主要特征总结如下：一是来源于健康人体，在一定程度上能够促进宿主健康；二是能够适应宿主胃肠道内的环境，即对胃肠道内的胃酸、胆汁或者胃肠内的消化酶、高盐等具有一定的耐受性；三是具有一定的吸附能力，能够有效地定殖于人体肠道中，由此来抑制肠道内病原体的黏附及定殖；四是必须是公认的安全的微生物，无致病菌史，且不编码任何可转移的耐药相关基因；五是当其益生菌制品服用一定剂量时，能够达到有效的临床效果；六是能够用于大规模的工业生产并产生经济价值；七是经过动物和临床试验的综合评价，益生功效被准确衡量；八是在益生菌制品的生产及销售过程中，具有有效的活菌数，能够保持筛选时菌株的益生特性及活性，具有良好的稳定性。除此之外，国际上通行的 GRAS（Generally Recongnized as Safe）益生菌评价标准亦是对其研发与实践中有利的参考标尺[4]。

国际通用的美国食品药品监督管理局（FDA）的益生菌 GRAS 筛选评价标准体系：一是通过 16rRNA 或者其他检测技术对备选菌株进行遗传鉴定；二是测定常用抗生素对备选菌株的香豆素（MIC）；三是鉴定是否经过基因操作，是否为转基因生物（GMO）；四是菌株来源；五是毒理学评价资料；六是备选菌株的耐酸性与耐胆盐情况；七是全基因组测序；八是菌株的稳定性；九是功能评价，通过临床试验验证其功效。益生菌产品的生产评价：一是预计使用的剂量；二是安全使用的历史；三是生产质量控制；四是目标市场与人群；五是目标市场国家具体的注册要求。研究发现，并不是所有益生菌菌株都是相同的，也不是每一株益生菌菌株都具有以上所描述的生理、功能特性。因此，在进行益生菌菌株筛选和评价时，应该保留和选择尽可能满足以上条件的菌株[2][4]。

在筛选菌株的过程中，所筛菌株并非都需具备以上的每一个特点，但是作为最终以产品形式供人们消费的益生菌而言，在筛选的过程中应尽可能多地满足以上的益生特性。如为食品、膳食补充剂、饲用添加剂中作为“益生菌”使用的菌株，需满足四个条件：一是菌株需要被充分表征，包括正确的鉴定和命名，全基因组测序是菌株鉴定的黄金标准，菌株的功能特征需支持其益生作用；二是必须是安全的，不能含有抗生素耐药基因或毒力因子；三是必须有至少一个符合科学标准设计的人体临床试验，来证实安全性和健康益处；四是在整个货架期内须保证菌株活性。通常对于筛选出一株良好的益生菌菌株的过程是十分复杂和严格的，务必保证菌株具有有效的活菌数。益生菌在通过益生产品到达人体肠道后，经过整个消化系统的考验后，必须保持一定的活菌数才能够发挥其应有的益生特性。因此通常将菌体在人体胃肠道内的黏附性以及对胃肠道内的胃酸、胆汁的耐受性作为筛选菌株的重要标准之一[5]。作为长期使用的工业生产菌株，能够在长期生产过程中保持筛选时的益生特性及活性，是菌株实现产业化生产的首要条件。在此特别强调，优良的稳定性能亦是筛选菌株的重要标准之一[6]。综上，对于益生菌能够保持良好的益生特性及生物学特性具有十分必要的研究意义。

1.3　益生菌发酵条件的测定与优化方法

本研究涉及的益生菌菌株皆为乳酸菌类。乳酸菌在自然界中数量众多，广泛分布在自然界湖泊、土壤、植物根系，以及存在于人和动物的肠道内。乳酸菌及其发酵制品具有特殊和重要的生理功能，它可以提高食品的营养价值，促进营养吸收，改善发酵制品的风味，提高食品的附加值，延长食品的货架期等[28]。

乳酸菌是益生菌中使用最广泛的一种菌种，普遍用于酸奶发酵、乳制品添加或膳食补充剂的生产。乳酸菌细胞呈球状或杆状，被分为乳酸杆菌族和链球菌族，是革兰氏染色呈阳性，低 G+C 含量，对葡萄糖发酵能产生 50%以上乳酸，蛋白和脂肪分解能力相对较弱，可以在缺少氧的环境中生长良好的兼性厌氧细菌的总称。乳酸菌的乳酸发酵类型有两种，一种为分解糖类只产生乳酸的发酵类型，称为同型乳酸发酵，这类乳酸菌为同型乳酸发酵乳酸菌；另一种为分解糖类产生乳酸的同时，还可以产生其他物质（如乙酸、乙醇和二氧化碳等），称为异型乳酸发酵，此类乳酸菌为异型乳酸发酵乳酸菌。目前应用于工业生产的乳酸菌菌种主要有：乳球菌、乳杆菌、肠膜明串珠菌、片球菌、粪肠球菌、酒类酒球菌和嗜热链球菌[29]。

乳酸菌的高密度发酵方法主要利用脱脂奶粉、大豆蛋白、MRS 肉汤等或是其他改良的培养基的配比对益生菌高密度发酵进行优化，影响益生菌菌体产生和积累的关键因素是具有特定营养物质的培养基[30]。多种不同菌种也是影响产量的关键因素，多种互惠共生或一般共生的益生菌菌株混合高密度培养有利于益生菌成品的菌活数增加、活性物质产量的增加，这也代表着初级代谢产物的积累。发酵条件如温度、时间、pH 值等也会影响益生菌高密度产出[31]，不同菌种的最佳发酵温度和时间也不同，需要深入探求不同益生菌混合发酵时的最佳发酵条件[32]。为了微生物生长繁殖和产物合成需要，一般发酵培养基都应含有碳源、氮源、无机源、生长因子和水等，而大规模进行微生物发酵生产，除了要考虑上述条件外，还必须考虑发酵原料的来源及价格。碳源对益生菌生长过程中细胞的构建和产物的形成有重要影响，除了葡萄糖外，也可采用一些天然合成的有机化合物，如乳糖、甘油、某些蔬菜汁、水果汁、食用真菌细胞液等生长因子亦可刺激益生菌的生长。益生菌生长所需培养基中的碳源浓度相当重要，浓度过高时，细胞的生长受到内外渗透压不同导致细胞脱水死亡，碳源浓度过低则又会阻碍一个或更多产物的合成，导致发酵产物产量过低[33]。不同氮源对菌发酵产抑菌剂的影响不同，无机氮源一般不能达到益生菌生长所需的营养要求，有机氮源对益生菌产物的生成有显著影响，有机氮源种类的不同也会产生影响，这有可能是由于所产抑菌剂合成机理不同而产生不同的效果。氮源物质中丰富的营养成分是诱导抑菌物质基因启动的关键因素，有机氮源浓度过高不利于抑菌物质的积累和分离纯化，同时还会抑制抑菌物质的生成[34]。大多数益生菌发酵还需要添加磷酸盐、镁、锰、铁、钾盐和氯化物等无机盐。吐温-80是一种乳化剂，可以降低细菌菌体与培养基接触面间的表面张力，改变乳酸菌细胞膜的通透性，促进营养物质进入细胞和代谢产物排出体外，利于抑菌剂的产生。另外，吐温-80还能作为一种类维生素物质有利于抑菌剂的生成。温度对微生物代谢产物合成的影响主要体现在两个方面，一是温度较低时，微生物生长缓慢，发酵周期延长；二是温度过高时，影响菌体代谢过程中某些酶的活性，降低代谢产物的产量。初始pH值过酸和过碱都会导致抑菌剂抑菌活性的降低，原因可能是过酸、过碱可能会导致某些酶失活[35]。接种量的大小主要会影响微生物的生长周期，接种量大时，会缩短微生物发酵培养周期，因此，微生物发酵代谢产物的积累需要合适的发酵条件。

1.4 益生菌与人体及肠道菌群的关系

2007年美国国立卫生研究院（NIH）启动了“人类微生物组计划”，旨在通过描绘人体不同器官中微生物元基因组图谱，来解构宿主-微生物组的互作机制[36]。微生物群在人类出生时就已形成，之后随着喂养方式和日常饮食的改变而不断发展，最终在口腔、肠道、皮肤和泌尿生殖道等器官组织建立起成熟的微生态系统[37]。微生态系统与人类共同进化，与组织细胞相互作用，辅助组织器官发挥正常的功能[38]。高糖/高脂饮食、不良生活习惯以及环境因素等均会使人体微生态系统失衡，进而导致一系列的不适症或疾病，威胁人体健康[39]。许多研究表明，益生菌经引种、定殖、持续生长和影响微生态系统四个步骤，与宿主和原主菌群进行复杂的互作反应，维护微生态系统的平衡，保护机体的正常功能[40]，具体作用机制如图1-1所示。

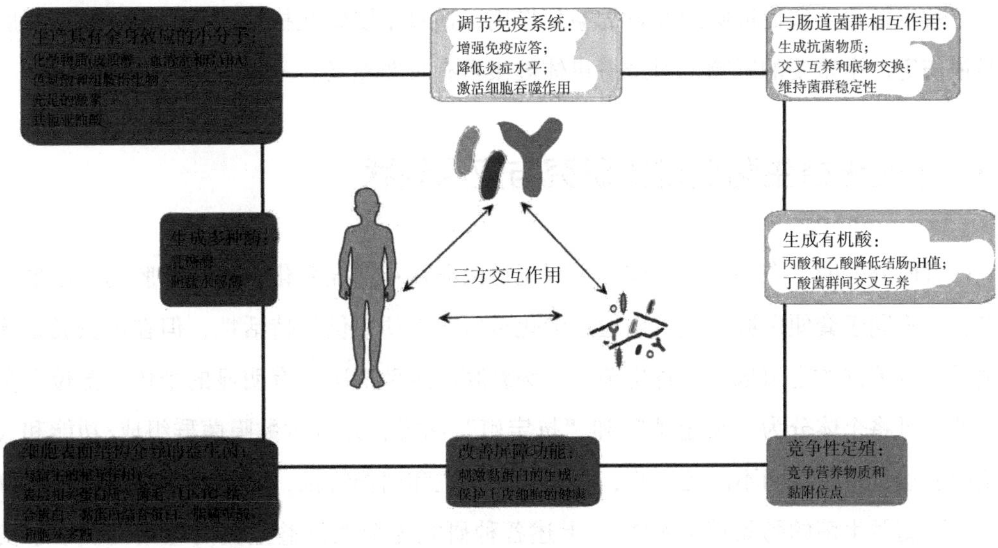

图 1-1 益生菌、肠道菌群和宿主三者之间的互作关系[40]

由于益生菌发挥益生作用机理较复杂，可通过菌体本身及其活性代谢物直接对有害物质进行黏附或降解，或者通过其代谢产物调节肠道菌群及其代谢酶活性、调节机体免疫活性及机体部分酶活性等，起间接益生作用。因此，国际观点认为益生菌无论活菌和死菌都具有益生功能（后生元或类生元），只是发挥功能的机理、剂量、安全性等有差异。例如，灭活的乳酸菌产品含有维生素、游离氨基酸、小分子功能肽等生理活性物质，同样具有良好的益生功能[41]。目前，已经有越来越多实验证明益生菌菌体成分对肠道发育具有调节作用，如一些蛋白类物质以及细胞壁成分等。

正常菌群具有多种生理学作用，但在机体患病、压力、老化或抗生素治疗时正常菌群的作用变弱，目前已经发现菌群的构成可以通过饮食进行调控。微生态制剂是利用正常菌群或促进微生物生长的物质制成的微生物制剂，它是由正常菌群的优势种群和促进正常菌群生长繁殖的物质制备而成，包括益生菌、益生元、合生元、共生元和后生元。微生态制剂可用于微生态失调的预防和治疗，临床指标健康的人群也可以服用[42]。

综上所述，肠道微生物与肠道发育密切相关，肠道内定殖的益生菌可通过直接或间接的途径，影响动物的肠道细胞增殖分化、黏膜屏障的形成，从而实现对肠道发育的干预。然而目前实验常通过建立体外细胞模型、类器官模型以及以转基因小鼠作为实验模型来模拟正常动物肠道组织，临床试验较少，与人体正常肠道环境存在差异[40]。尽管人们目前对于益生菌干预肠道细胞增殖分化及黏膜屏障的形成有一定的了解，但其自我更新具体机制仍有待进一步系统的探索。有必要深入了解益生菌干预靶位点、靶分子和相关的信号传导通路等分子调控机制，筛选出含有起调控作用的菌体蛋白的或分泌有效代谢产物的功能菌株，或者利用生物工程手段定向改造工程菌[42]，通过补充益生菌制剂、菌群移植等方式，有效发挥益生菌促进肠道发育的益生作用，这对于婴幼儿机体成熟、缓解或修复肠道应激损伤等产生重要的影响，对维持机体健康具有重要意义。

1.5 个性化益生菌制剂的研究与应用现状

已有研究表明，在小鼠和人体中，消化道菌群存在梯度变化，黏膜和腔内的菌群存在差异，均不同于粪便菌群。益生菌通过消化道后在粪便中仍保持活性，但在小鼠肠黏膜的定殖受原有菌群的定殖抵抗；益生菌在人肠黏膜的定殖情况，有明显的个体、部位和菌株特异性，可将个体分为“易定殖”和“抗定殖”两类，并可对黏膜菌群组成/功能和人肠道基因表达产生短暂而不同的影响；干预前的宿主和菌群特征，而非干预期间粪便菌群变化，可预测益生菌的肠黏膜定殖[43]。上述各种研究为个性化益生菌的应用提供了事实基础。世界首个商用个性化益生菌定制产品，来自 SUNGENOMICS 公司成功推出的商业化产品 FLORé，FLORé 是一套个性化益生菌解决方案，包含两个拥有专利的步骤，结合了 DNA 测序技术和定制个性化益生菌产品的制造技术，为消费者提供 90 天分量的个性化益生菌产品，以解决消费者所具有的特定肠道健康问题。具体地，SUNGENOMICS 公司采取了全基因组测序（WGS）的方式检测消费者的肠道微生物组，从而可以获得更高精确度的微生物信息[44]。接着，基于对肠道微生物组数据的分析，SUNGENOMICS 公司将确定消费者的最佳益生菌搭配方案。确定益生菌搭配方案后，SUNGENOMICS 公司将利用其拥有的特殊制造技术在 GMP 工厂生产个性化益生菌产品[45][46]。据官网介绍，该公司使用的益生菌都是经过内部测试筛选的优质菌株。在最近益生菌活菌药物研发领域进展中，各国都有不小的突破。2020 年 8 月 10 日，SERES 公司宣布了旗下肠道微生物组药物 SER-109 的Ⅲ期临床试验结果，表明其可有效减少艰难梭菌感染复发风险[47][48]。2020 年 5 月，REBIOTIX 公司宣布同样针对艰难梭菌感染的肠道微生物组药物 RBX2660 在Ⅲ期临床试验中取得积极进展[49]。未来针对艰难梭菌感染，活菌药物或能替代粪菌移植疗法。2020 年 8 月，4D PHARMA 公司宣布其活体微生物药物 MRX0518 与默沙东公司的免疫检查点抑制剂 K 药（KEYTRUDA）联用，在Ⅰ/Ⅱ期临床试验取得积极进展[50]。在全球范围内，利用广义上属于益生菌的活菌药物辅助抗癌已成趋势，很快会有更多公司取得突破。除此之外，针对胃肠道紊乱及炎症、神经系统疾病、自身免疫性疾病、早产儿坏死性小肠结肠炎等疾病的抗菌药物也有不俗进展。AXIAL、VEDANTA、KALLYOPE、未知君等公司获巨额融资，并有积极进展，中国的知易生物研发的活体生物药 SK08 已被批准进行临床试验[51]。据估计，到 2030 年，将有超过 10 亿人口接受基因组测序[52]。如果直接面向消费者的肠道微生物分析也能够遵循同样的趋势，那么在接下来的 10 年内，相当一部分的普通人也将有可能对他们自身的微生物组进行测序。虽然在今天，这些个人信息的采集与获得的可操作性仍然很差，但是在不远的将来，它将可能成为以微生物为中心，包括精准益生菌在内的精准营养和预防医学的基础。在未来，为了健康，个人将被推荐个性化饮食和能够良好地适应他们的独特的微生物组的精准益生菌，该领域的应用前景无限广阔。

1.6　国内外益生菌产业发展概述

1.6.1　国外益生菌产业的发展现状

对现在全球益生菌产品的发展现状进行研究可知，欧洲、日本、美国等发达国家和地区在益生菌产品的研发生产方面已经具备了较为完善的发展机制，且大量研究表明，益生菌可从人体蛋白质、维生素等营养元素吸收、代谢，消化系统、生殖系统功能维护等方面对人体免疫系统功能、脏器功能、细胞老化等方面起直接作用，能有效预防便秘、高血压、高血脂、糖尿病和癌症等病症，且在临床中对部分疾病具有较好的治疗、缓解作用，其功效性已经获得全球的广泛关注[52]。

目前，全球益生菌产品主要分为乳酸菌和双歧杆菌两类，以奶制品及膳食补充剂为主要销售形式，在奶制品中主要通过将益生菌加入液态奶或制作成发酵奶制品实现生产，且不同国家对益生菌产品的生产要求存在明显差异[53]。如美国对益生菌产品的生产要求为需经保加利亚乳杆菌及嗜热链球菌发酵后生产，而对产品内的活菌含量无明确规定，产品配方则由各生产企业根据自身生产技术自由制定。但在益生菌奶制品的实际生产中，尚无有效技术能对奶制品内益生菌的数量实现有效控制，且存在单一产品内益生菌类型多样的情况，进一步增加了奶制品内益生菌数量的控制难度。与液态奶制品相比，发酵奶制品内益生菌数量虽多，但受到产品保存条件限制，发酵奶制品中益生菌活菌数量会逐渐下降，故在益生菌奶制品的实际生产中，对益生菌数量进行有效控制仍存在较高的技术难度[54]。膳食补充剂作为益生菌产品的另一主要类型，常见的产品类型有粉剂、片剂、胶囊、口服液等。膳食补充剂将益生菌与其他类型的活性物质进行联合应用，使益生菌生物活性得到有效保护，使产品效果高于奶制品[55]。

1.6.1.1　欧洲国家

欧洲是研制益生菌制品的最早的地区。德国早在 20 世纪 20 年代已将双歧杆菌制剂用于婴儿消化道疾病的防治。70 年代德国人 VolkerRush 在赫尔本建立了微生态学研究所，开始对双歧杆菌、乳杆菌、大肠杆菌等活菌做生态疗法的研究与应用。1976 年德国第一个双歧杆菌产品 Biogarde 面世。法国在益生菌研究方面开发经费每年达到上亿欧元，法国

Dannon公司的产品 Actimel 自 1994 年在欧洲市场问世以来，就受到了消费者广泛的欢迎[56]。此外，荷兰、芬兰、英国等国家益生菌制剂也呈逐年上升发展态势。同样，荷兰、瑞典、波兰、捷克、斯洛伐克、意大利等国家都生产含有双歧杆菌的产品[57]。一些公司将益生菌和益生素一起添加到食品基料中，制成了能够改善人体肠道健康的功能性食品。在欧洲临床医学的发展中，俄罗斯、瑞典、丹麦等国家对益生菌产品所具有的胃肠功能紊乱辅助治疗效果较为认可，并使之得到了广泛应用[58]。而欧洲其他国家对益生菌的应用已不局限于乳制品范畴，而是倾向于将益生菌与益生素联合应用，使产品功能向复合型方向发展，并逐渐在食品市场中占据相应市场份额[59]。

1.6.1.2 日本

日本是世界上研发利用益生菌制剂最早的国家之一，是全球益生菌市场的佼佼者，作为膳食补充的益生菌制品和保健用的益生菌食品在日本已保持长久的安全使用史。早在20世纪30年代初，日本养乐多公司的代田稔博士已成功分离出来自人体肠道的乳酸杆菌，这种有益菌在经过耐酸等强化培养后，能以存活形式到达小肠，这就是著名的养乐多菌，目前已广泛运用在日本的食品、饮品、医学等领域。作为世界上最为著名的活性乳酸菌乳饮品，养乐多乳酸菌饮品已经有 70 多年的历史[60]-[63]。作为活性乳酸菌乳饮品的代表，每瓶养乐多至少含有 100 亿个对人体有益的活性乳酸菌——养乐多菌，可以抵抗胃液和胆汁的强腐蚀性环境，活着进入人体的小肠内发挥生理作用，增加有益菌，减少肠内有害物质，调节肠道菌群，同时提高免疫力，增强体质[64]。日本东京大学上野川教授研究发现，在一株干酪乳杆菌的培养产物中测出大量能抑制 IgE 产生的 IL-12，由此制成一种可抑制 IgE 介导的过敏反应的干酪乳杆菌活菌制剂。1971 年，Morinaga Milk Industry 公司开发出第一个含有长双歧杆菌和嗜热链球菌的双歧杆菌制品。1977 年，Morinaga Milk Industry 公司开发了一种含有双歧杆菌乳的低脂鲜牛乳，含有 10^7cfu/mL 的长双歧杆菌和 10^7cfu/mL 的嗜酸乳杆菌。1979 年，Morinage Milk Industry 公司又开发出一种凝固型双歧杆菌酸奶。目前，含有双歧杆菌的制品在日本仍然非常流行，几乎所有的乳品企业都销售含有双歧杆菌的奶产品。以双歧杆菌为主的益生菌制剂在日本最为盛行，占据整个益生菌市场的三分之一左右，其品种分为双歧杆菌保健食品（包括双歧杆菌及其培养物的提取物等）和双歧杆菌药品（包括单菌制剂和联菌制剂）[65]。

1.6.1.3 美国

美国在益生菌制剂方面的发展稍落后于欧洲和日本，但其在益生菌产品的研发、生产中利用其所具有的科技优势，使得益生菌产品发展较为迅速，并在短时间内获得了良好的发展。在益生菌菌株研究中，最著名的是 1983 年由两名美国教授 Shewood Gorbach 和 Barry Goldin 自健康人体分离出的一种鼠李糖乳杆菌，名为 LGG，属世界专利菌种。LGG 菌种具有活性强、耐胃酸的特点，能够在肠道中定殖长达两周[66]。大量保健功能方面的科技研究以及菌株本身优异的技术特性让 LGG 在全球范围获得了成功[67][68]。当前食品及膳食补充剂是美国益生菌产品的主要生产形式，且受到大范围广告宣传影响，美国大多数消费者普遍认为益生菌产品的摄入对其免疫系统功能改善具有积极影响，故近年来美国益生菌产品销量呈现逐年上升的趋势，益生菌生产企业数量也在不断增加。在美国益生菌产品中益生菌类型主要有双歧杆菌、嗜热链球菌、保加利亚乳杆菌及嗜酸乳杆菌等，且逐渐衍生出一系列婴儿益生菌产品及女性益生菌产品[69]。特别有意思的是，在美国含有益生菌的乳制品配方一般都由生产商自己制定，要求酸奶产品至少要由保加利亚乳杆菌和嗜热链球菌进行混合发酵，但没有明确要求酸奶产品中乳酸菌的活菌含量[70]-[72]。仅有加利福尼亚州和俄勒冈州规定了乳制品中益生菌的最低水平要达到 1×10^6cfu/mL。生产商建议在货架期末酸奶和非发酵酸性奶中益生菌的数量应为 2×10^6cfu/mL。最近几年，美国此类产品的增长速度惊人，大多数消费者相信含有益生菌的酸奶能够促进免疫系统的功能，并且对各年龄阶段的人群都有效[73]。国外市场上部分益生菌制剂见表 1-1 所示。

表 1-1 国外市场上代表性益生菌制剂[65][80][81]

产品名称	产业国	所用菌种
Antibiophilus	法国	干酪乳杆菌
Premilait	法国	双歧杆菌
LACTO-Bifido	英国	嗜酸乳杆菌、双歧杆菌、干酪乳杆菌、长双歧杆菌、分枝状乳杆菌、Nissle1917 大肠杆菌
Mutaflor	德国	双歧杆菌
Nitta	丹麦	双歧杆菌、短双歧杆菌、嗜酸乳杆菌、短乳杆菌等 12 种乳酸菌
iFLORA	美国	嗜酸乳杆菌、两歧双歧杆菌、保加利亚乳杆菌
Acidophilus	美国	嗜酸乳杆菌、干酪乳杆菌、植物乳杆菌、嗜热乳杆菌、两歧双歧杆菌
ProbioticCom-Pley	美国	婴儿双歧杆菌、粪链球菌
Nutrution Now Inc	美国	嗜酸乳杆菌、两歧双歧杆菌、长双歧杆菌、酵母
KYO-DophDus	美国	干酪乳杆菌、植物乳杆菌、嗜酸乳杆菌、长双歧杆菌、短双歧杆菌
Florastor	加拿大	鼠李糖乳杆菌
Jarrow Formulas	加拿大	嗜酸乳杆菌、双歧杆菌、长双歧杆菌
Noale	日本	长双歧杆菌、短双歧杆菌、婴儿双歧杆菌
Yakult	日本	干酪乳酸杆菌

1.6.2 国内益生菌产业发展现状

益生菌作为我国近年来产品研发的主要热门方向，其在产品生产方面主要倾向于药品及保健品生产研发，但受到益生菌产品研发生产技术限制，益生菌产品市场存在产品质量参差不齐的状况，在益生菌乳制品生产研发方面仍存在较大空白，且我国发酵乳制品生产仍处于传统生产阶段，虽有少数大型企业已进入益生菌乳制品的生产研发阶段，但对如何在短时间内赶上日本、欧美等发达国家和地区，仍需较为完善的技术支持。特别是目前市面上虽然有部分标注有“益生菌”标识的乳制品上市，但由于缺乏完善的市场监管制度，其在产品中所添加的并非真正意义上的益生菌，多为益生菌增殖辅助物质，无法产生相应的效果，故需国家加强对益生菌产品行业的监管力度，并从益生菌产品研发生产技术方面着手，促进此类技术的不断发展，为消费者带来更多真正的优质益生菌产品[65][80]。

近年来，益生菌越来越多出现在食品、医药品、化妆品，甚至高新生物科技领域，我国益生菌产业每年以高于15%的增速快速发展，其中90%以上应用于乳品工业，乳制品成为益生菌的最佳载体。而益生菌在食品和预防医学领域的应用研究更是成果显著，几乎每年都有新的研究发现。未来将会有更多的益生菌产品惠及广大的消费者。在益生菌的细分市场中，益生菌乳制品市场依然占据大部分比例，而药品冲剂、保健品、动物用益生菌的市场比例则逐渐增加[73]。益生菌市场的细分程度正逐渐提高，虽然益生菌乳制品的市场比例将逐渐减少，但其规模依然保持增长趋势。

随着人们保健意识的增强以及商家、媒体对益生菌产品保健功能的广泛宣传，中国人对益生菌产品越来越感兴趣。在国内，许多大、中型城市更是产生了对益生菌产品倾向性消费的迹象。我国乳酸菌行业经过近10年的培育，目前已进入快速发展的“黄金时期”，名称中带有“乳酸”“乳酸菌”“益生菌”等字样的饮品多达几十种。益生菌食品尤其是功能效果高的嗜酸乳杆菌、双歧杆菌乳制品仍处于比较缺乏的状态，远远满足不了消费者的需要。目前国内市场上，伊利与丹麦维利奥合作推出的LGG产品深受国内消费者追捧，产品包括屋酸、杯酸与PE瓶、大果粒等。蒙牛也随之推出了LABS益生菌产品，分别是保加利亚乳杆菌、嗜热链球菌、双歧杆菌、嗜酸乳杆菌。但是针对我国目前的益生菌发酵剂市场现状，我们仍然需要开发具有自主知识产权的益生菌产品[65][80]。

随着益生菌制剂研究的开展，我国已研制开发出多种以双歧杆菌和乳杆菌制成的益生菌制剂，大部分作为保健品使用，约有10%的制剂作为临床治疗用生物制品。但目前我国益生菌制剂市场普遍存在活菌制剂质量不稳定、生命力货架期相对较短、监督管理不力等问题[65]。改进生产工艺、引进先进设备、加强产品质量安全管理等都是提高益生菌制品质量的有效措施。目前，我国益生菌制品国内市场上部分益生菌制剂见表1-2所示。

表 1-2　国内市场上代表性益生菌制剂[65][80]

产品名称	所用菌种
整肠生	地衣芽孢杆菌
丽珠肠乐	青春双歧杆菌
培菲康	长双歧杆菌、嗜酸乳杆菌、粪肠球菌
金双歧	长双歧杆菌、保加利亚乳杆菌、嗜热链球菌
妈咪爱	枯草芽孢杆菌、粪肠球菌
九株浓缩液	双歧杆菌、乳酸杆菌
优衡益生菌片	双歧杆菌、嗜酸乳杆菌、嗜热链球菌、保加利亚乳杆菌等
美常安	枯草芽孢杆菌、屎肠球菌
米雅	芽孢酪酸菌
促菌生	需氧芽孢杆菌

目前，益生菌的多种益生性能已经被人们所认可，但是益生菌制品却没有得到充分的开发，这主要是因为益生菌的保藏不易。益生菌在促进人体健康和防止疾病中发挥着重要的作用，是未来功能食品发展的重要领域。益生菌的种类繁多，筛选出动物体内的不同益生菌、研究益生菌的生理生化特性、进行安全性鉴定是近年来微生物研究中重要的重要组成部分。国际益生菌和益生元学会（ISAPP）先后在权威的科学文献《自然胃肠病和肝病学综述》上针对益生菌（2014 年 6 月）[85]、益生元（2017 年 6 月）[86]、合生制剂（2020 年 8 月）[87] 发布共识声明。

在国内益生菌行业内，存在活菌数虚标、检测和质控方式不统一、概念滥用、过度宣传、不提示安全性风险等问题。我国尚缺乏针对益生菌产品的相关行业标准、国家标准。2018 年，国家卫健委正式将《食品安全国家标准：食品用菌种安全性评价程序》列入年度国家标准制修订计划[26]。2017 年 2 月，世界胃肠病学组织（WGO）更新发布了益生菌和益生元全球指南[27]；2017 年 3 月，中华预防医学会微生态分会儿科学组发布益生菌儿科临床应用循证指南[28][87]；2020 年 5 月，欧洲儿科胃肠病学、肝病学和营养协会（ESPGHAN）发布了益生菌和早产儿意见书[29]；2020 年 7 月，美国胃肠道病学协会（AGA）发布了最新的临床指南，对常见胃肠道疾病的管理中如何使用益生菌提出了若干建议[29][30][88]。未来几年，针对益生菌应用的更高标准和更权威指南会逐步推出，将促进产业的积极、健康和可持续发展。

随着现代生物学技术的发展，国内外学者开始运用免疫学、分子生物学和基因工程研制开发新一代益生菌制剂。未来益生菌制剂的发展必然是基础研究与应用研究相结合，新菌种选育与益生因子开发相结合。如通过分子克隆和基因重组技术将外源基因转入双歧杆菌、乳酸杆菌等人体内正常生理细菌内，制成活菌制剂，然后在人体内表达，从而达到预防疾病的目的[88]。可以预见，乳酸菌等益生菌制剂在预防保健方面将会有广阔的发展前景和市场潜力。

1.7 益生菌的发展趋势与应用前景

益生菌的精准研究是解决益生菌应用过程中异质性问题的关键。目标菌株筛选过程中基于表型和靶目标的自下而上的筛选策略可以获得更为精准的益生菌菌株[89][90]；收集大量的宿主（遗传学、人体测量学和免疫分析）和微生物组数据，并鉴定出可预测定殖抗性和/或健康结果的生物标志物，能够预测菌株在不同个体中的疗效；在粪便样本菌群分析的基础上需要设计一些非侵入性的方法更加准确地反映益生菌的定殖情况；还需要开发相应的算法对可能干扰益生菌功效的诸多因素进行综合分析，依据个体化的参数建议提出具有最佳益生效果的益生菌模式[91]。

肠道菌群研究在不断推进，大样本队列研究成为流行，临床检验新技术日新月异，大数据驱动的创新初见端倪。人们对菌群个体化差异、影响因素、有效干预措施、微生态改善与重建等方面的认知不断深入，为产业创新提供了强大原动力。基因测序成本不断下降，消费级菌群检测可能走进千家万户，且已逐渐成为医院常规检验操作。在此带动下，整合可穿戴设备、人工智能应用的个体化益生菌干预手段已经开始进入市场。例如，2020年9月，SUNGENOMICS 公司的首款基于菌群检测的个体化益生菌解决方案正式开售[32][91]，为行业提供了一个范本。

益生菌领域的重要金矿之一，是微生物产生的具有生物活性的效应分子。这是一类可以直接 GMP 生产的分子，可能成为剂量和机理更加明确和可控的药物，包括多肽、多糖、蛋白质、SIRNA 等不同类型。人工智能助力的高通量药物筛选及设计，将为此类产品的研发打开一扇大门[92]-[95]。

随着营养科学和预防医学理念的不断提升，消费者对益生菌的认可度逐年增加，益生菌相关产品备受关注。市场需求的大幅增加亦推动着益生菌产品的多元化。目前，益生菌产品主要包括膳食补充剂、食品、药品以及化妆品等。益生菌产品的功效与菌株的种类、活性有很大关系，然而，由于益生菌具有显著的菌株和宿主特异性[93][96]，且宿主的饮食、生活习惯和原驻微生物菌群等都会影响益生菌的活性与功能[94][97]，所以精准化必将是益生菌产品的发展趋势。

微生态系统会随着时间的推移和人体健康状况的改变而改变，一些新型分子生物学工具为描述细菌、真菌和病毒群落以及宿主黏膜免疫反应的复杂性和相互作用机制提供了机会[98]。益生菌在调节人体微生态系统、改善健康方面发挥着重要作用[99]，但仍需进一步探索其具体的作用机制。益生菌产品转化过程中需进一步开发与设计产品的配方和加工工艺，确保货架期内目标菌株的存活能力，保证产品稳定性[100][101]；同时，还应注重产品形式的便利性、趣味性和适口性。而对于活体生物药，一般来说，临床干预的结果与产品特定的配方、剂量、临床终点和目标人群有关。当某一临床结果与特定的作用机制相关时，我们可以假设一个具有相同作用机制的菌株或许有类似的功效。然而，需要重视的是不应对该特定实体的结论进行过度的概括，必须意识到菌株的特异性[102]-[104]。益生菌转化应用的核心主要包括两个方面：有效性和安全性。以肠道菌群、肠屏障功能和免疫状态评估为基础，益生菌的应用将更为精准[105]-[109]。活体生物药将成为新药研发的热点，我们应抓住机遇，发展新的评价方法，形成新的科学共识，保证我国在这个新兴领域的研究同步于甚至超越国际水平。

目前，越来越多的研究证实，益生菌通过促进人体特别是肠道健康来发挥着改善精神健康状况、降低胆固醇、分泌降压物质、改善人体胰岛素水平、调节免疫因子辅助过敏治疗、进行癌症用药所致的肠道疾病的辅助治疗及初期病症筛查等作用。益生菌对多种疾病展现出良好的诊断、预防和治疗作用，使得益生菌临床制剂的开发成为当前研究热点，并取得了可喜的进展[110][111]。但目前益生菌的使用仍存在一定的局限性，如益生菌作为活菌制剂需定殖于机体内从而发挥作用，由于地域、环境条件、饮食习惯等因素的差异，益生菌制剂在体内的定殖状况也具有较大的个体差异[112]。在后续的研究中，可进一步通过动物模型及临床验证中肠道菌群组成、结构及功能互作分析，结合多组学联动分析，深入挖掘益生菌功能的开发与应用。同时，可进一步通过诱变、适应性进化、反向代谢工程策略等新型技术强化益生菌优选菌株的生理性能，实现优良益生菌的高效筛选和性能强化，并结合制剂化技术保证益生菌产品的应用效果，促进益生菌相关产业的蓬勃发展。

益生菌的研究与运用，在日本、法国、美国、俄罗斯、德国等国家受到重视，而且其研究显得专业化和系统性。就目前的研发与市场而言，要数日本和法国处于较领先地位。国内外益生菌的研究和相关产品的开发主要集中在益生菌的分离及稳定性研究、益生菌的发酵特性研究、益生菌的保健功能研究、益生菌产品的开发、益生菌在发酵乳制品中的应用研究以及益生菌的安全性和质量控制等方面。

目前，世界上益生菌产业每年的增长速度为 15%~20%，且造就了许多知名的益生菌品牌和企业。在所有的益生菌产品里，益生菌发酵乳制品约占 80%。而在中国，近 5 年来的益生菌产业也有着长足的发展。由于中国人的生活水平不断提高，如何预防疾病，保持身体健康的保健意识已经贯穿人们的整个思维，因此今后益生菌产品在中国市场肯定将以高速度发展壮大。

进入 21 世纪 10 年代后，随着生物化学与分子生物学、基因组学和微生物组学的进一步深入发展，生物技术和乳酸细菌现代相关技术的发展与完善，医学临床研究的广泛参与和强有力的支撑，益生菌及其相关产品被更多地用于预防和治疗疾病，维护人类健康方面的研究作为全球热点而备受瞩目，全球市场上的应用产品也开始不断推陈出新，层出不穷。

所谓人体微生物组是指包括来自人体微生物菌群的基因的集合，即包括人体内所有微生物（细菌、病毒、真菌和原生动物）及其基因和基因组。人体微生物组的研究和应用方向与热点主要包括：（1）宏基因组。（2）人体微生物组与健康。（3）人体微生物组与疾病。（4）涉及人体微生物组的各种因素，比如宿主微生物组、生活方式、饮食、药物、治疗（therapy）等。其中与治疗最相关的因素包括抗生素、粪菌移植、益生菌、益生元和膳食纤维。（5）特定或具体位点的微生物组。（6）相关技术，包括体外模型和体内试验技术等。

随着近 10 来年微生物组学的快速发展，益生菌也成为热点中的热点。换言之，药物治疗并非根除有害微生物（病原微生物）的唯一和最终手段。当人类患病而使用药物治病后往往会带来潜在的副作用，益生菌将会明显改善药物治疗中所造成的人体内正常微生物菌群的不平衡——这种不平衡又常表现为微生物菌群失调。微生物菌群失调包括人体有益微生物（益生菌）菌群损失、人体微生物的多样性遭到破坏或损失等方面。人体微生物组的建立和稳定在儿童和婴幼儿阶段尤为重要，肠道的新陈代谢和免疫功能发展都发生在婴幼儿对外界环境的适应和调整这个起始阶段，婴幼儿在生长发育过程中更容易遭受微生物菌群失调。任何对人体正常菌群定殖的扰乱或破坏都有可能对短期和长期的人体健康产生影响，这自然会妨碍和破坏人体与生俱来的天然防御和免疫系统。益生菌对人体微生物菌群失调的矫正和调节，就有可能使得相关疾病得到更有效的预防、控制、改善乃至治愈。

综上，益生菌不是真正严格意义上的营养成分，也不是一般意义上的食品、生物活性成分（配料）或生物制品，而是活的微生物（以细菌和酵母等为主），它们与人体有着极为密切的共生或互惠互利关系。以益生菌及其代谢物（如酶类或短链脂肪酸等成分已被确证为对人体健康有益的生物活性物质）为核心成分所制成的各类产品必将在更宽广的领域造福人类，造福社会和整个地球，对益生菌的进一步深刻认识，将使人类走向健康而美好的未来。

第 2 章　益生菌发展简述

2.1　益生菌发展综述

2.1.1　益生菌发展历史

1857 年，法国微生物学家巴斯德研究了牛奶的变酸过程。他把鲜牛奶和酸牛奶分别放在显微镜下观察，发现它们都含有同样的一些极小的生物——乳酸菌，而酸牛奶中乳酸菌的数量远比鲜牛奶中多。这一发现说明，牛奶变酸与这些乳酸菌的活动密切相关。

1878 年，李斯特首次从酸败的牛奶中分离出乳酸乳球菌。

1892 年，德国妇产科医生 Doderlein 在研究阴道时提出产乳酸的微生物对宿主——人有益。

1899 年，法国巴黎儿童医院的蒂赛率先从健康母乳喂养的婴儿粪便中分离了第一株菌种双歧杆菌（当时称为分叉杆菌），他发现双歧杆菌与婴儿患腹泻的频率及营养都有关系。

1900—1901 年，Moro、Beijerinck 和 Cahn 各自研究了肠道中的乳酸菌。丹麦人奥拉-严森首次对乳酸菌进行了分类。

1905 年，保加利亚科学家斯塔门·戈里戈罗夫第一次发现并从酸奶中分离了保加利亚乳杆菌，同时向世界宣传保加利亚酸奶。

1908 年，俄国科学家、诺贝尔奖获得者伊力亚·梅契尼科夫正式提出了“酸奶长寿”理论。通过对保加利亚人的饮食习惯进行研究，他发现长寿人群有着经常饮用含有益生菌的发酵牛奶的传统。他在其著作《延年益寿》中系统地阐述了自己的观点和发现。

1915 年，Daviel Newman 首次利用乳酸菌临床治疗膀胱感染。

1917 年，德国 Alfred Nissle 教授从第一次世界大战中士兵的粪便中提取到一株大肠杆菌。这名士兵在一次严重的志贺氏菌大爆发中没有发生小肠炎。在抗生素还没有被发现的那个时代，Nissle 利用这株菌在治疗肠道感染疾病（由沙门氏菌和志贺氏菌引起）取得可观成果。这株大肠杆菌现仍然在使用，它是为数不多的非乳酸菌益生菌。

1919 年，怀着对巴尔干半岛有益酸奶和巴斯德研究所微生物研究成果的极大兴趣，伊萨克·卡拉索在西班牙巴塞罗那创立了公司（达能前身）。他常常召集许多博士医生到工厂讨论酸奶的益处。

1920 年，Rettger 证明梅契尼科夫所说的保加利亚细菌（保加利亚乳杆菌）不能在人体的肠道中存活。发酵食品和梅契尼科夫的学说受到怀疑（在那时）。

1922 年，Rettger 和 Cheplin 报道了嗜酸乳杆菌酸奶所具有的临床功效，特别是对消化的功能性。

1930 年，医学博士代田稔博士在日本京都帝国大学（现在的京都大学）医学部的微生物学研究室首次成功地分离出来自人体肠道的乳酸杆菌，并经过强化培养，使它能活着到达肠内。这种菌后来引用代田稔博士的名字，取名为 Lactobacillus Casei Strain Shirota。这就是后来被称为“养乐多菌”的益生菌。

1935 年，乳酸菌饮料养乐多问世，益生菌开始走向产业化。

1945 年，无菌动物模型和水生动物模型建立。

1954 年，Vergio 引入与抗生素或其他抗菌剂相对的术语“Probiotika”，提出抗生素和其他抗菌剂对肠道菌群有害而 Probiotika 对肠道菌群有利。

1957 年，Gordon 等人在《柳叶刀》中提出了有效的乳杆菌疗法标准：乳杆菌应该没有致病性，能够在肠道中生长，当活菌数量达到 $10^7 \sim 10^9$ cfu/g 时，明显具有有益菌群的作用。同时，德国柏林自由大学的 Haenel 教授研究了厌氧菌的培养方法，提出“肠道厌氧菌占绝对优势”的理论。日本学者光岗知足开始了肠内菌群的研究，最后建立了肠内菌群分析的经典方法和对肠道菌群作出了全面分析。

1962 年，Bogdanov 从保加利亚乳杆菌中分离出了 3 种具有抗癌活性的糖肽，首次报道了乳酸菌的抗肿瘤作用。

1965 年，Lilly 和 Stillwell 在《科学》杂志上发表的论文《益生菌：由微生物产生的生长促进因素》中最先使用“Probiotic（益生菌）”这个定义来描述一种微生物产生的可以刺激其他微生物生长的物质。

20 世纪 70 年代初，沃斯、奥森等提出 16SrRNA 寡核苷酸序列分析法来对菌进行鉴定，构建了现已被确认的全生命系统进化树。越来越多的细菌依据 16SrRNA 被正确分类或重分类，给乳酸菌的鉴定和肠内菌群分析带来极大方便。

1971 年，Sperti 用益生菌描述刺激微生物生长的组织提取物。

1974 年，Park 将益生菌定义为对肠道微生物平衡有利的菌物。

1977 年，德国人 Volker Rush 首先提出微生态学。他在赫尔本建立了微生态学研究所，并从事对双歧杆菌、乳杆菌、大肠杆菌等活菌作生态疗法的研究与应用。

中国的微生态学研究开始自 1979 年中国微生物学会人畜共患病病原学专业委员会下

属的正常菌群学组的成立。1988 年 2 月 15 日，中华预防医学会微生态学分会成立。1988 年，《中国微生态学杂志》创刊。

20 世纪 80 年代初，大连医科大学康白教授首先研制成功促菌生（蜡杆芽孢杆菌）。

1983 年，由美国 Tufts 大学两名美国教授 Sherwood Gorbach 和 Barry Goldin 从健康人体分离出了 LGG（鼠李糖乳杆菌），并于 1985 年获得专利。LGG 菌种具有活性强、耐胃酸的特点，能够在肠道中定殖长达两周。

1988 年年底，丹麦的汉森中心实验室生产出超浓缩的直投式酸奶发酵剂。直投式酸奶发酵剂是指一系列高度浓缩和标准化的冷冻干燥发酵剂菌种，可直接加入热处理的原料乳中进行发酵，而无须对其进行活化、扩培等其他预处理工作。直投式酸奶发酵剂的活菌数一般为 $10^{10} \sim 10^{12}$ cfu/g。

1989 年，英国福勒博士将益生菌定义为：益生菌是额外补充的活性微生物，能改善肠道菌群的平衡而对宿主的健康有益。他所强调的益生菌的功效和益处必须是经过临床验证的。

20 世纪 90 年代，我国学者张篪教授对世界第五长寿区——我国广西巴马地区百岁以上老人体内的双歧杆菌进行了系统的研究，发现长寿老人体内的双歧杆菌比普通老人要多得多。同时，杨景云等学者开始对我国的传统中药与微生态关系进行了系统的研究。

1992 年，Havennar 对益生菌的定义进行了扩展，解释为一种单一的或混合的活的微生物培养物，应用于人或动物，通过改善固有菌群的性质对宿主产生有益的影响。

1995 年，吉布森把能在大肠中调整菌群的食品称为益生元。

1998 年，Guarner 和 Schaafsma 给出了更通俗的定义：益生菌是活的微生物，当摄入足够量时，能给予宿主健康作用。

1999 年，Tannock 作了总结：细菌是人体（还有高级动物和昆虫）中正常居住者，其中胃肠道中发现超过 400 多种细菌。

2001 年，联合国粮农组织（FAO）和世界卫生组织（WHO）也对益生菌作了如下定义：通过摄取适当的量，对食用者的身体健康能发挥有效作用的活菌。联合国粮农组织和世界卫生组织组成的专家联合顾问团强烈建议用分子生物学的手段鉴定益生菌，并推荐益生菌存放于国际性菌物保藏中心。具体的步骤是：先做表型鉴定，再做基因鉴定。基因鉴定的方法有 DNA/DNA 杂交，16SrRNA 序列分析或其他国际上认可的方法。然后到 RDP 数据库上验证鉴定结果。

2002 年，美国食品药品监督管理局（FDA）颁布实施了《膳食补充剂健康与教育法案》，将膳食补充剂由按处方药管理调整为按食品和软饮料管理，这使得益生菌产品在市场上的流通变得更加容易。

2010 年，科学家开始致力于研究益生菌是如何对人体健康产生有益作用的，特别是如何影响我们的肠道的。

2012 年，益生菌的热潮席卷美国，服用益生菌和益生元的成人有近 300 万，而在 2007 年只有 86.5 万成人使用各类膳食补充剂（其中只有部分是益生菌产品）。

2015 年，美国《全国卫生统计报告》的数据表明，在美国成人群体中，益生菌在膳食补充剂类产品中仅次于鱼油、葡萄糖胺和软骨素，是第四大常使用的产品。

2020 年，出现了专为“他”或“她”准备的益生菌，即益生菌产品开始出现了性别指向性。

2021 年，益生菌领域的科学研究持续发展，包括对益生菌的临床研究和疾病治疗的探索。

2022 年，《2022 全球益生菌产学研发展动向白皮书》发布，聚焦前沿科学，盘点了益生菌领域的十大进展，并关注临床研究、监管动态、专利布局、市场数据等。

2.1.2 益生菌行业定义

随着科学研究的深入，益生菌的定义也在不断变化。1965 年，Lilly 和 Stillwell 把益生菌描述为一种微生物产生的可以刺激其他微生物生长的物质，是与抗生素作用相反的物质。1974 年，Park 将益生菌定义为有利于肠道平衡的有机物质，这一定义将抗生素也包括在内。1989 年，福勒把益生菌定义为能够促进肠内菌群生态平衡、对宿主起有益作用的活微生物制剂，这是目前人们最常用的定义。1994 年，有人对益生菌的定义又作了修订：益生菌是含活菌和死菌包括其组分和产物的细菌制品，经口或其他黏膜途径投入，旨在改善黏膜表面微生物或酶的平衡，或者刺激特异性或非特异性免疫机制。目前在世界范围内，学者们对其定义还存在着争议。与益生菌相近的术语包括微生态制剂、微生物生长促进剂、直接饲喂微生物等。有人认为，益生菌可以是单一菌株，也可以是多种菌株的发酵产物。目前普遍认为，作为益生菌的细菌应该具备以下条件：（1）对宿主有益；（2）无毒性作用和无致病作用；（3）能在消化道存活；（4）能适应胃酸和胆盐；（5）能在消化道表面定殖；（6）能够产生有用的酶类和代谢物；（7）在加工和贮存过程中能保持活性；（8）具有良好的感官特性。

总之，益生菌是一类对宿主有益的活性微生物，是定殖于人体肠道、生殖系统内，能产生确切健康功效从而改善宿主微生态平衡、发挥有益作用的活性有益微生物的总称。人体、动物体内有益的细菌或真菌主要有：酪酸梭菌、乳酸菌、双歧杆菌、嗜酸乳杆菌、放线菌、酵母菌等。

目前，世界上研究的功能最强大的产品主要是以上各类微生物组成的复合活性益生菌，其广泛应用于生物工程、农业、食品安全以及生命健康领域。

2.1.3　益生菌的作用机理

很多学者对益生菌的作用机理都进行了研究，综合来看，基本表现在如下方面。

2.1.3.1　微生物夺氧

当需氧型益生菌进入消化道后，生长繁殖消耗肠道内大量氧气，通过“生物夺氧”使需氧型致病菌大幅度下降，因而起到了防止动物患病的作用。

2.1.3.2　补充有益菌群，维持肠道菌体平衡，竞争性抑制致病菌定殖

研究发现，益生菌能够有秩序地定殖于黏膜、皮肤等表面或细胞之间形成生物屏障，这些屏障可以阻止病原微生物的定殖，起着占位、争夺营养、互利共生或拮抗作用，形成保护屏障，阻止病原菌的侵入，从而对致病菌的定殖产生抑制作用。

2.1.3.3　产生有益的代谢产物，抑制或杀死有害菌

有些有益的菌落可产生有益的代谢产物，如产生有机酸，降低肠道 pH 值；产生过氧化氢和天然抗生素类物质，减少肠道内氨及胺等毒性物质的产生，其可形成抑制或杀死有害菌的环境。O. B. Maia 认为益生菌对沙门氏菌具有很好的抑制性及杀菌效果。

2.1.3.4　营养作用

目前有营养特性的益生菌主要有芽孢杆菌，其次是双歧杆菌、乳酸杆菌等。其营养特性具体表现在如下方面。

（1）芽孢杆菌在其生长繁殖过程中能够产生乙酸、丙酸、丁酸等挥发性酸，这些酸类能够降低动物肠道的 pH 值，可有效抑制病原菌的生长，为乳酸菌的生长创造了条件。同时，它还能够产生很多维生素 B1、维生素 B2、维生素 B6 等 B 族维生素和维生素 C，为动物提供维生素营养，从而促进动物生产性能的提高。另外，它产生植酸酶，促进动物对植酸磷的利用和对脂肪的消化吸收率；产生氨基氧化酶及分解硫化氢的酶类，可将吲哚类氧化成无毒、无害的物质，从而降低畜禽舍内氨气、硫化氢的浓度和臭味，减少环境污染。

（2）双歧杆菌不仅可以产生各种维生素如维生素 B1、维生素 B2、维生素 B6、维生素 B12、烟酸和叶酸等以供机体所需，还能通过抑制某些维生素分解菌来保障维生素的供应。另外，它还可以降低血氨改善肝脏功能。肠道内腐生菌产生的大量吲哚、硫化氢、胺等代谢产物需在肝脏中由酸解毒，随后以葡糖醛酸盐和硫酸盐等形式排除，若不及时解毒将导致肝功能紊乱和循环系统失常。双歧杆菌在肠道内可吸收利用这些含氮有害物质，抑制产胺的腐败菌，降低肠道内的 pH 值，使氨变为难于吸收的离子型，达到降低血氨的功效。

（3）乳酸杆菌能合成动物所需要的多种维生素，如维生素 B1、维生素 B2、维生素

B6、维生素 B12、烟酸、泛酸、叶酸等。当肠道菌群失调时，动物会表现出维生素缺乏症。

2.1.3.5 免疫作用

拥有完整肠道菌群的常规动物比无菌动物有更高的巨噬细胞活性和免疫球蛋白水平。乳酸杆菌能提高巨噬细胞的活性，并能防止肿瘤的生长。另外，双歧杆菌也具有良好的抗菌性并能增强机体免疫功能。何方等对一些益生菌进行的研究表明：有些益生菌能够影响人体免疫系统的应答能力，不同菌体的影响程度不同。而 Harsharnjit S. Gill 等也通过实验发现了乳酸杆菌能够增强机体的免疫能力。研究表明，用产蛋白酶的益生菌制备成益生菌剂饲喂肉鸡，能明显促进免疫器官的生长发育，提高免疫器官指数（提高脾脏、法氏囊、胸腺指数分别可达 18.47%、6.42%、41.46%、$P<0.05$）；能促进消化道的生长发育，提高消化道重量指数（消化道重/体重×100%）最高达 27.55%（$P<0.01$）；还能明显提高循环抗体的水平和消化道内容物中的蛋白酶活力，因而能极显著促进肉用仔鸡的生长发育，料肉比可减少 8.96%，大大提高了生产效益。刘克琳等采用有益芽孢杆菌制成微生物添加剂饲喂鲤鱼，实验组添加 1%生态制剂，经 100d 饲喂试验，结果试验组较对照组增重 11.8%，饲料系数下降 0.24；试验组免疫器官胸腺、脾脏生长发育较对照组迅速、成熟快，电镜观察免疫器官内 T.B 淋巴细胞较对照组成熟快，数量增多，产生抗体增多，免疫功能增强。杨隽等在小白鼠试验中发现益生菌制剂有一定的抗辐射、抗疲劳、保护肝脏和润肠通便的作用。

2.1.4 益生菌行业主要分类

目前，用作益生菌的微生物均是来源于人或动物，人们研究和应用比较多的是乳酸菌和双歧杆菌这些可以产生乳酸的肠道菌，因此益生菌制品也经常使用这两个属的菌。日本和欧美用于酸奶及益生菌剂的乳酸菌种，主要是一些来自人体的乳酸菌种和双歧杆菌，如嗜酸乳杆菌、鼠李糖乳杆菌、罗氏乳杆菌、植物乳酸杆菌、干酪乳杆菌、詹氏乳酸杆菌、短双歧杆菌、长双歧杆菌、两歧双歧杆菌等。此外，乳酸肠球菌等亦使用。2001 年我国原卫生部公布了可用于保健食品的益生菌菌种名单：两歧双歧杆菌、婴儿双歧杆菌、长双歧杆菌、短双歧杆菌、青春双歧杆菌、保加利亚乳杆菌、嗜酸乳杆菌、干酪乳杆菌干酪亚种、嗜热链球菌。目前常用于益生菌产品的菌株见表 2-1 所列。

表 2-1 目前用于益生菌制品的菌株

乳杆菌属	双歧杆菌属	其他菌属
嗜酸乳杆菌	两歧双歧	嗜热链球菌
植物乳杆菌	长双歧	乳油链球菌

续表

乳杆菌属	双歧杆菌属	其他菌属
干酪乳杆菌	婴儿双歧	屎链球菌
短乳杆菌	短双歧	肠膜明串珠球菌葡萄糖亚种
保加利亚乳杆菌	青春双歧	费氏丙酸杆菌
发酵乳杆菌		乳酸片球菌
瑞士乳杆菌		酿酒酵母
		大肠杆菌
		酪酸梭状芽孢杆菌

在国外已开发出数以百计的益生菌保健产品。其中包括含益生菌的酸牛奶、酸乳酪、酸豆奶以及含多种益生菌的口服液、片剂、胶囊、粉末剂、抑菌喷剂等。此外，还有一些酵母菌与酶亦可归入益生菌的范畴。

2.2 益生菌行业市场概况

2.2.1 国内外益生菌发展概况

益生菌应用时，可以一种和数种菌株单独使用，也可以与其他酵母菌、醋酸菌等可强化产品风味或物理性能、生产性能的菌株混合使用。益生菌可参与发酵或不参与发酵直接添加，应用范围除了以食品方式经口摄取达肠道之外，还可以制成雾状以应用于上呼吸道或制成药膏涂到泌尿道，进行局部治疗。益生菌 70%应用于乳制品中，包括发酵乳、乳酸菌饮料、干酪、酸奶、冷冻酸奶、乳饮料、奶粉和冰激凌。其他还有用在点心、糖果、糕饼、蔬果汁、豆奶、发酵豆奶上。近年来，为防止菌体飞散、取食便利及延长保质期等因素，使产品形式扩展成以胶囊、锭剂、粉包、颗粒状包装的菌体和发酵（乳）制品的干燥或冻干粉末。有些菌株因临床实效而以药品形式作为整肠剂、止泻剂及医疗辅助用品。具体实例见表 2-2 所列。

表 2-2 含有益生菌的商业产品

益生菌制品	生产国家	有益菌株
乳制品（参与发酵）		
嗜酸乳	许多国家	嗜酸乳杆菌
双歧乳	许多国家	两歧双歧杆菌或长双歧杆菌
ACO-酸奶	瑞士	嗜热链球菌、保加利亚乳杆菌、嗜酸乳杆菌

续表

益生菌制品	生产国家	有益菌株
CulturaaB 酸奶	丹麦、挪威	嗜酸乳杆菌和两歧双歧杆菌
Biogarde	德国	嗜酸乳杆菌、两歧双歧杆菌
Bifighurt	德国	长双歧杆菌和嗜热链球菌
Gefilac	芬兰	干酪乳杆菌
Yakult	日本	干酪乳杆菌
Biokyr	捷克、斯洛伐克	两歧双歧杆菌、嗜酸乳杆菌、乳酸片球菌
Ofilus	法国	保加利亚乳杆菌、嗜酸乳杆菌、嗜热链球菌、两歧双歧和/或长双歧杆菌
Yoplus	澳大利亚	嗜酸乳杆菌、酸奶菌种、双歧杆菌
MiruMiru	日本	嗜酸乳杆菌、干酪乳杆菌
MilMilE	日本	两歧双歧杆菌、酸奶菌种
Philus	瑞典	嗜热链球菌、嗜酸乳杆菌、双歧杆菌
BALive	英国	嗜酸乳杆菌、酸奶菌种、双歧杆菌
A-38	丹麦	嗜酸乳杆菌、双歧杆菌
酸奶风味两歧奶	英国	两歧双歧杆菌、长双歧杆菌或婴儿双歧杆菌
Femilact	捷克、斯洛伐克	嗜酸乳杆菌、两歧双歧杆菌
两歧酸奶	许多国家	两歧双歧或长双歧杆菌、酸奶菌种
Progurt	智利	嗜酸乳杆菌、两歧双歧杆菌
甜嗜酸双歧乳	日本	嗜酸乳杆菌、长双歧杆菌
甜双歧乳	日本、德国	双歧杆菌属
不参与发酵的乳品		
Milky	意大利	嗜酸乳杆菌、双歧杆菌
Nu-Trisha/Bmilk	美国	嗜酸乳杆菌、双歧杆菌
雀巢婴儿成长奶粉		双歧杆菌
药物制剂		
Infloran Berna	瑞士	嗜酸乳杆菌、婴儿双歧杆菌
Euga-Lein	德国	双歧杆菌属
Lactopriv	德国	双歧杆菌属
Omniflora	德国	嗜酸乳杆菌、长双歧杆菌、大肠杆菌
Synerlac	法国	嗜酸乳杆菌、两歧双歧杆菌
Lactana-B	德国	双歧杆菌属、保加利亚乳杆菌

在日本，第一个双歧杆菌制品是 Morinage Milk Industry 公司于 1971 年开发的，此产品

是一种发酵乳制品，含有长双歧杆菌和嗜热链球菌。产品的全面开发始于 1977 年。Morinage Milk Industry 公司开发了家庭型双歧杆菌乳，这种产品是低脂鲜牛乳制品，含有 10^7cfu/mL 的长双歧杆菌和 10^7cfu/mL 的嗜酸乳杆菌。1978 年，Yakult 公司开发了双歧杆菌液体酸奶，称作 MilMilTM，每克含双歧杆菌 10^6cfu/mL，在市场上被称为“智慧酸奶”，所用的菌株包括短双歧杆菌、两歧双歧杆菌和嗜酸乳杆菌。1979 年，Morinage Milk Industry 公司又开发了凝固型双歧杆菌酸奶。目前，在日本含双歧杆菌的制品非常盛行，所有大的乳品企业都销售这种产品。表 2-3 是日本市场益生菌菌粉和制剂一览。

表 2-3　日本市场益生菌菌粉及制剂一览

制造公司	所用菌种
森永乳业	长双歧杆菌
Healthwal	长双歧杆菌
若素制药	长双歧杆菌、两歧双歧杆菌、乳球菌、嗜酸乳杆菌
三共制药	有孢子的乳杆菌
组合制药	热灭活肠球菌、活肠球菌制剂
Nichinichi	肠球菌热处理后制成菌粉 FK-23
日本冻结	耐酸性长双歧杆菌、嗜酸乳杆菌、肠球菌
Minato 制药	双歧杆菌
森下仁丹	长双歧杆菌
Yakuruto 制药	耐酸性短双歧杆菌、干酪乳杆菌
协和发酵	长双歧杆菌

欧盟诸国与日本的情形相似，其中法国含有双歧杆菌和嗜酸乳杆菌的产品已经增长了 300%，占总乳销售量的 4%。目前，法国所销售酸奶的 11%都含有双歧杆菌。德国面世的第一个双歧杆菌产品是 Biogarde，在 1976 年时销售额就高达 4 亿马克，这种产品现在已经非常成规模，在德国和周边的国家有 45 个以上的乳品厂生产这种产品。

在酸奶市场上，含有双歧杆菌的 Yoplait 和 Dannon（达能）两大品牌已广为人知。在丹麦，医生推荐通过摄食双歧杆菌制品治疗肠道紊乱，其中有 MD 食品公司生产的 Cultura 系列乳制品。据估计，英国含有益生菌和益生素的制品的销售额达到了 20 亿美元。同样，荷兰、瑞典、波兰、捷克、斯洛伐克、意大利等国家都有含双歧杆菌的产品。一些公司将益生菌和益生素一起添加到食品基料中，制成了能够改善人体肠道健康的功能性食品，具体见表 2-4 所列。

表 2-4 欧洲市场上的益生菌功能性食品

产品	生产厂家	活性成分
Actilinespread	Vamdermoortele（比利时）	菊粉
Ligne Bifidedieteticrange	Vivis（法国）	低聚果糖
低糖冰糕	Rhiriet（法国）	低聚果糖
Actimel 橘汁饮料	Danone（法国）	干酪乳杆菌
ProCult3 乳饮料	Muller（德国）	长双歧 BB536
Fyos 益生素发酵乳饮料	Nutricia（比利时）	
Tykmaelk 嗜酸发酵乳	Klover（丹麦）	嗜酸乳杆菌
Gefilus 乳清饮料	Valio（芬兰）	LGG
Yosa 麦片粥	BiofermeOy（芬兰）	嗜酸乳杆菌，两歧双歧
双歧发酵乳	Arla（瑞典）	长双歧、保加利亚乳杆菌、嗜热链球菌
ProVivaroechip 饮料	Skanemejerier（瑞典）	植物乳杆菌 299v

美国益生菌制剂方面的发展与日本、欧盟相比是比较落后的，在 1987 年，Mayfield 公司生产了含有 1%嗜酸乳杆菌和双歧杆菌（a/B）的非发酵低脂乳，许多以前不宜喝奶的人群也能够饮用。在美国市场上，益生菌产品以两种形式销售：食品和膳食补充剂。含有益生菌的食品大多是奶制品，所用菌种主要为乳酸菌和双歧杆菌。产品类型主要是添加了益生菌的液态奶和酸奶。美国要求酸奶产品至少要用保加利亚乳杆菌和嗜热链球菌进行发酵，但没有明确活菌含量。近些年，美国此类产品的增长速度惊人，大多数消费者相信含有益生菌的酸奶能够增进免疫系统的功能，而且它对各年龄段的人群都有效。美国所生产的益生菌产品含有嗜酸乳杆菌、双歧杆菌、保加利亚乳杆菌、嗜热链球菌等菌种，比较有实力的大公司 Stongfield 生产了一些益生菌产品，例如专供婴儿食用的 YoBady，下一步计划开发称作“Yoself”的产品，专供女士食用。美国市场上的益生菌制剂见表 2-5 所列。

表 2-5 美国市场上的益生菌制剂

制造公司	所用菌种
American Health	嗜酸乳杆菌、双歧杆菌
Futurebiotic	嗜酸乳杆菌
Generl Nutrition Corp.（GNC）	嗜酸乳杆菌
GNC	复方嗜酸乳杆菌
Wakaunage Ofamerican Co.	嗜酸乳杆菌、两歧双歧杆菌、长双歧杆菌
Westcadwell	嗜酸乳杆菌

续表

制造公司	所用菌种
Nutrition Now Inc.	嗜酸乳杆菌、干酪乳杆菌、植物乳杆菌、嗜热乳杆菌、两歧双歧杆菌、婴儿双歧杆菌、粪链球菌
GNC	嗜酸乳杆菌、双歧杆菌、保加利亚乳杆菌
Natures Boundy	嗜酸乳杆菌、两歧双歧杆菌
Pharmassure	嗜酸乳杆菌
Rite Acid Pharmecists	嗜酸乳杆菌、两歧双歧杆菌、保加利亚乳杆菌
LosArgeles	鼠李糖乳杆菌、干酪乳杆菌、植物乳杆菌、嗜酸乳杆菌、短乳杆菌

在我国，虽然对益生菌的研究比较热，但目前产品开发却多以药品和保健品为主，且由于质量良莠不齐，生命力相对较短。我国市场上益生菌产品见表 2-6 所列。

表 2-6　国内常见益生菌产品简表

类型	制品名称	采用菌种	说明
药品	丽珠肠乐胶囊	青春双歧杆菌	调整肠道微生态平衡
	培菲康、贝飞达	嗜酸乳杆菌、长双歧杆菌、粪肠球菌	调整肠道微生态平衡
	整肠生	地衣芽孢杆菌	调整肠道微生态平衡
	金双歧	长双歧杆菌、保加利亚乳杆菌、嗜热链球菌	调整肠道微生态平衡
	促菌生、乐腹康、源首胶囊	蜡样芽孢杆菌	调整肠道微生态平衡
	威特四联活菌片	两歧双歧杆菌、嗜酸乳杆菌、粪肠球菌、蜡样芽孢杆菌	调整肠道微生态平衡
	酪酸菌胶囊	酪酸梭状芽孢杆菌	调整肠道微生态平衡
	常乐康	婴儿双歧杆菌、酪酸梭状芽孢杆菌	调整肠道微生态平衡
	妈咪爱	枯草芽孢杆菌、屎肠球菌	调整肠道微生态平衡
	波迪佳胶囊	枯草芽孢杆菌	调整肠道微生态平衡
	乳康生	蜡样芽孢杆菌、干酪乳杆菌	调整肠道微生态平衡
	定菌生胶囊	德氏乳杆菌	治疗妇女细菌性阴道炎
食品	双歧奶、奶酪	双歧杆菌、乳杆菌	发酵制品
	冰激凌、奶粉、饮料	双歧因子	保健食品

益生菌食品尤其是嗜酸乳杆菌、双歧杆菌乳制品仍处于空白状态，我国几个大的乳品企业都没有大规模开发类似的产品。目前，国内的酸奶市场仍是以传统的酸乳制品为主，出现的益生菌食品多限制在实验范围内。可以说，益生菌乳制品在我国食品市场上尚属于空白，这与国外飞速的发展趋势相比，差距很大。此外，在产品的开发上，由于基础理论薄弱，混淆了一些概念。例如，国内市场上也有称作“双歧奶”的产品，但其中所添加的不是双歧杆菌，而是能够促进双歧杆菌生长的一些物质，大多数是低聚糖类物质，因此给市场带来了混乱，也误导了消费者。

2.2.2 国内外益生菌市场概况

2.2.2.1 国外市场现状

乳酸菌产业在全球市场的增长率超过 9%。含有益生菌的食品基本以奶制品为主，所用菌种主要为乳酸菌和双歧杆菌，产品类型主要是添加了益生菌的液态奶和酸奶。国外发酵型乳酸菌奶饮品比较发达，日本、欧洲发酵乳酸菌奶饮料在乳制品市场的比例已达到 80%，北美约为 30%。

（1）日本的情况。目前，全球最大的消费市场为日本和欧洲。日本是世界上研制开发和利用微生态制剂较早的国家之一，就研发及应用水平而言，日本处于较领先地位。酸奶、发酵乳、乳酸菌饮料是日本很普遍的功能性食品。

双歧杆菌等微生态制剂有 10 多家公司生产，产品是一种将双歧杆菌包在明胶微囊中，辅以棉子糖、乳酮糖等双歧因子构成的合生元，1.5g×30 包售价 3200 日元。日本冻结干燥公司以及协和发酵的产品也是一种合生元，每条 1 克含耐酸性长双歧杆菌冻干粉，活菌达 500 亿/克，辅以维生素 C、柠檬酸，120 支装售价 4200 日元。日本的益力多在全球 13 个国家建立了 18 个工厂，消费量达到 2500 万支/天，创造了巨大的经济效益。其他主要酸乳的生产企业为森永乳业、雪印、明治制果、高梨乳业等 20 多家企业，所用菌种有双歧杆菌（长双歧）、嗜酸乳杆菌、保加利亚乳杆菌、嗜热链球菌等，有的用单菌，有的用混合菌，每 100 毫升乳制品活菌量为约 10 亿以上。

在 20 世纪 70 年代初，日本已将双歧杆菌活菌制剂用于临床治疗腹泻，至 80 年代中期已有 26 种产品。至今在日本生产这类制剂年产值达 200 亿日元以上的企业已有 10 余家。日本整肠类微生态调节剂属保健药品，这些产品主要是双歧杆菌、嗜酸乳杆菌的冻干活菌剂，多为单一菌种或双菌制剂（大多为作用于小肠部的嗜酸乳杆菌种和在大肠起作用的双歧杆菌），有的还加有棉子糖、乳酮糖或其他功能性低聚糖（益生元）。为提高在肠道中的存活率，协和发酵等公司采用选育的耐酸性长双歧、短双歧杆菌。与整肠有关的保健品占日本生物技术产业之冠（91.4%）。日本还开发出了能够改善人体免疫功能并能刺激机体产生抗素的新型益生菌菌株，并申报了专利。

（2）欧洲的情况。欧洲益生菌产品有 1000 多种。欧洲各国在益生菌的研究上不亚于日本。例如，法国每年用于益生菌的研发投入达到上亿欧元，法国所销售的酸奶 11%都含有双歧杆菌，不依赖药物的益生菌保健法正是由法国延伸出来的；英国含益生菌和合生元产品的销售额达到 20 亿美元，而英国一家市场调研公司调研结果表明，近些年主要欧洲国家对益生菌产品的消费，每年都在增长。传统的酸奶制品最主要的是雀巢和达能公司的产品。知名的乳酸菌生产跨国公司还有 Danisco、DSM、Lallemand、Orafti、Tereos、Syndifrais、Yoplait 等。

（3）美国的情况。美国在益生菌制剂方面的发展与日本、欧洲相比较为落后，美国的益生菌制剂和酸奶市场是在欧洲公司的带动下发展起来的。含有益生菌的食品基本上是奶制品，美国人的酸奶年消费量是 5.2 磅，欧洲是 10 千克以上。美国要求酸奶产品至少要用保加利亚乳杆菌和嗜热链球菌进行发酵。美国市场所见益生菌剂与日本不同，主要是嗜酸乳杆菌，部分也含有双歧杆菌，商品大多冠以“Ac-idophilus”，制成胶囊、片剂和口服液，其中有些还含其他乳酸菌、双歧杆菌和双歧因子（主要是低聚果糖）。此外，保拉迪酵母也是美国人广泛使用的益生菌。微生态制剂在美国属于膳食补充剂类，近些年发展速度惊人，消费者开始相信含有益生菌的酸奶能增进免疫系统的功能。

2.2.2.2　国内市场现状

我国的乳酸菌产业主要包括发酵型酸奶、乳酸菌饮料、益生菌、乳酸菌饲料、发酵型泡菜、发酵型肉制品、医药保健品等产品。其中发酵型酸奶成为推动我国乳酸菌产业发展的主导产品，而乳酸菌饮料市场近年来异军突起，发展潜力巨大。

1997 年以后，中国的酸奶企业从国外引进直投式酸奶发酵剂。目前我国 80%的乳品加工企业采用的基本是直投式酸奶发酵剂，活菌数一般为 10^{10}~10^{12}cfu/g。

目前，市场上较成功的直投式发酵剂可根据酸奶厂家对风味特征、口感、黏稠度、风味、香型、酸奶类型等要求，提供各种不同类型的菌种配方供酸奶生产厂家灵活选择，用来生产具有个性化的酸奶产品，具体可见表 2-7、表 2-8 所列。

表 2-7　活跃于国内市场的部分益生菌菌株

公司名称	菌株
Valio	鼠李糖乳杆菌
Danone	Actimel
Yakult	干酪乳杆菌 Shirota
Hansen	双歧杆菌 BB12、嗜酸乳杆菌 LA-5
Rhodia	嗜酸乳杆菌 NCFM

续表

公司名称	菌株
Nestle	嗜酸乳杆菌 LA1、约翰逊乳杆菌 LJ-1
森永	双歧杆菌 BB536
Danisco	双歧杆菌 Howaru、鼠李糖乳杆菌 Howaru
Probi AB	植物乳杆菌 229v

表 2-8 国内厂家主要使用益生菌菌种的情况

厂家名称	主推的益生菌
伊利	LGG、AB
蒙牛	BB-12、LABS
光明	e^+、健能 AB100
达能	Bio、碧优
益力多	Shilota
味全	B-Longum 长双歧杆菌
雀巢	LC1

随着我国直投式酸奶发酵剂的研究和开发，生产成本将会大大下降，届时几乎所有的乳品加工企业都将会采用直投式酸奶发酵剂。按目前我国发酵乳 300 万吨/年的生产规模来算，对直投式乳酸菌发酵剂的需求量约为 300 吨，目前国产制剂每吨的价格为 20 万元左右，则直投式菌种产值达 6000 万元/年左右，并将随着益生菌产业的不断壮大，呈逐年上升趋势。

2.2.3 益生菌产品发展趋势

益生菌产品要根据不同需求领域对益生菌产品的要求来定位，如食品及药品对益生菌产品品质要求较高，而饲料及农业等领域则要求相对较低，因此不同厂家可以根据自身技术条件和研发水平结合下游市场需求来对产品进行分类及产品定位。

2.2.3.1 益生菌干酪

在合生元思想指引下，Cardarelli 等人开发了新式合生元新鲜干酪，发现含有低聚果糖和菊粉混合物的合生元新鲜干酪兼顾了感官品质和功能性，乳双歧杆菌和嗜酸乳杆菌各自的活菌数分别达到了 10^7cfu/mL 和 10^6cfu/mL 以上。

2.2.3.2 益生菌冰激凌

合生元和微胶囊技术在益生菌冰激凌中得到了很好的应用。它们不仅能够保持足量的活菌数，还能保证甚至提高冰激凌的感官品质。

2.2.3.3　发酵豆乳

我国是大豆的故乡，豆制品品种多样化，有着很好的消费者接受度。豆乳含有丰富的低聚糖益生元，是乳酸菌生长良好的培养基。更重要的是益生菌可以将功能性成分大豆异黄酮糖苷向具有生物活性的异黄酮甙元转化。Wei 等人测定了单菌发酵豆乳中的异黄酮甙元的含量，结果显示，豆乳不仅保持了较高益生菌活性（10^7 ~ 10^9cfu/mL），而且大豆异黄酮甙元的含量显著增加。酸豆乳作为一种素食，逐渐走俏于市场。在日本市场上，发酵豆乳产品线非常丰富。

2.2.3.4　皮肤益生菌产品

人类皮肤具有短暂的、临时的固有菌群，其中含有表皮葡萄球菌，这种菌对健康有益，就像肠道细菌对宿主的健康不可或缺一样。皮肤微生态菌群使用皮肤脂质作为养分，保持皮肤酸度，防止其他微生物在皮肤上的生长。大部分这些微生物是革兰氏阳性的，常驻于皮肤表面和毛囊中。宿主具有一系列的结构、分子和机制来限制这些临时而短暂的居住者。还能控制它们的种群和使某些微生物占据优势。占据一定生态位的固有菌群是对宿主有益的。而当其移动位置时，可能就会有害或发生感染。一些厂家从安全性很高的肠道益生菌出发，利用它们良好的抗菌效果和产生一定的酸度，来生产化妆品。这主要集中于防晒和保湿类化妆品以及护发制品。如森下仁丹生产的 BIFINA，就是含有双歧杆菌发酵液的保湿化妆品。还有某些益生菌具有抗氧化的活性，对其是否可以用于化妆品的研究，也是值得期待的。

2.2.4　细分市场后益生菌产品新方向

2.2.4.1　宇航食品

近地轨道长时间飞行常见的健康问题有微重力导致的骨密度降低，孤独、噪声和封闭环境带来的心理问题以及长期的电离和非电离辐射。未来的宇航员需要承受一系列的压力和对免疫功能的抑制以及太空飞行导致的肠道菌群中菌种数量显著下降。为了解决这些问题，美国国家航空航天局（NASA）通过与以色列 Materna Laboratories LTD 的合作，计划以一种含有益生菌 Bb12 的 M-107 配方乳粉为宇航员的太空飞行服务，这样可以提高宇航员的免疫功能、钙的代谢并减少肠道菌群的改变。

2.2.4.2　运动食品

适量运动可以增进身体健康。如果运动员需要经常处在生理极限条件下，就会带来免疫失衡、胃肠道症状和呼吸道感染率升高等问题。益生菌可以缓解其中某些症状，所以益生菌运动食品尤其是运动饮料，在运动补充品市场蕴含了巨大的潜力。

2.2.4.3 缓解压力症状食品

压力会引起亚健康，其中在压力下可能发生的免疫应答抑制是一个重要因素。许多人都有着在巨大压力下学习工作的经历。除了如运动、发泄等减压方法外，益生菌对压力人群的积极作用也受到关注。

2.2.4.4 孕婴食品

研究显示，用双歧杆菌配方乳粉喂养婴儿，其定殖率明显增高，能达到母乳喂养的水平。益生菌也被认为在控制婴幼儿早期过敏炎症方面起着重要的作用。

2.2.4.5 控制体重食品

低脂、低能量食品很受消费者青睐，占据了庞大的控制体重食品市场。近些年，益生菌产品也进入了控制体重食品的行列。以往的研究主要专注于益生菌降低胆固醇的研究，意在降低因肥胖引发的心血管疾病的风险，因而有许多具有降胆固醇功能的益生菌被筛选出来。这些益生菌主要包括嗜酸乳杆菌 L. acidophilus、粪链球菌 E. faecium 和长双歧杆菌 B. longum 等。

2.2.5 益生菌行业成长性分析

益生菌目前在食品、医学、美容、环保、水质净化、饲料、水产、家禽畜牧、养殖、种植等领域已广泛得到运用。益生菌市场起步于欧洲，目前欧洲也是最大的市场，益生菌乳制品市场在国外已经形成了一个比较成熟的市场。国内益生菌的市场潜力还是非常大的，酸奶占中国整个乳品市场份额的 15%左右（乳酸菌奶饮品不到 5%）。而国外发酵型乳酸菌奶饮品已空前发达，日本、欧洲发酵乳饮料在乳制品市场的比例达到 80%，北美约 30%。

人们对具有消化和免疫健康的产品所持有的兴趣越来越高。虽然运动补充剂对益生菌来说是一个令人激动的增长机会，但在食品和饮料行业取得成功的关键则是，对人们日常消费的“正常”产品实施强化补充，它们包括奶制品、谷物制品、果汁以及茶叶、咖啡、小吃和面包等。

2.3 益生菌行业发展状况分析

研究发现，益生菌的确有许多“益身”功效，如调节肠道菌群、平衡免疫反应等。然而随着市场上“菌种战”愈演愈烈，我国益生菌行业却陷入鱼龙混杂、产品质量良莠不齐的境况。对此，出台与国际接轨的益生菌行业标准的呼声在业界日益高涨。

2.3.1　掀起健康潮

益生菌可谓风靡整个食品界的宠儿，从传统的发酵制品到饮料、糖果、婴幼儿配方产品及保健食品等，都能够寻觅到它的踪影。特别是益生菌乳制品的出现，因其口感好、营养佳，成功地让中国乳业走出了“三聚氰胺”的阴影。可以说，众多商家将“益生菌”这种新兴的健康概念纳入开发视野不无道理。而综观国际市场，益生菌掀起的健康潮更是汹涌。

2.3.2　国标滞后的尴尬

相比益生菌产业较为成熟的发达国家而言，我国益生菌产业从上游到下游都不同程度地存在问题，特别是在相关技术指标等国家行业标准上，与国际存在较大差异。

按照联合国粮农组织和世界卫生组织联合出台的《食品益生菌评价指南》中的定义，添加在食品中的益生菌必须具备三大条件：第一，必须摄入足够的数量；第二，必须对人或动物健康有益；第三，必须是活的微生物。

然而，根据我国出台的《益生菌类保健食品申报与审评规定》，活菌及其代谢产物甚至死菌，都被列为可以添加的益生菌菌种的成员。相比于国际益生菌鉴定的严格性，我国的益生菌行业标准相对滞后不少。

由于国标滞后，我国益生菌产业发展迅猛的同时，市场鱼龙混杂的问题也日益凸显。

乳酸菌是目前最为常见的一种益生菌。有别于养乐多、味全等企业对低温乳酸菌饮料市场争夺格局的初步成型，近年来几乎无门槛的常温乳酸菌饮料市场兴起，并出现品牌小且杂乱的局面。

国标门槛太低是引发市场出现混乱的主要原因。我国现行的乳酸菌饮料行业标准 20 多年未变，对于乳酸菌数量作出的规定仍旧为出厂时 100 万个/毫升，这与不低于 1000 万个/毫升的国际标准悬殊。

除了各种指标与国际不接轨，我国益生菌产业还存在尚无生产规范和产品标准、尚无明确的产品标识要求、安全性和功能性评价程序不够完善、检验方法存在缺陷等各种问题。

为此，业内人士呼吁，建立健全配套的、与国际接轨的益生菌行业国家标准已迫在眉睫。

2.3.3　期待步入正轨

目前，我国已经开始立项制定食品用微生物菌种的通用标准以及良好生产规范等新国标。

不过，要想推动益生菌行业逐步进入规范化发展，国家除了要建立与国际接轨的食品微生物菌种及益生菌的法规管理，还应该完善可用于食品的菌种名单，明确规定标识要求，并改进现有的检测方法，建立在菌种水平上的分子生物学检测方法等。

另外，国家对于益生菌产品功能的声称也必须持严格和谨慎的态度。具有保健功能的益生菌类保健食品需进行必要的动物/人体试食实验；申报增强免疫力、调节肠道菌群、通便和促进消化功能以外的保健食品，需提供足够的科学依据；而对于国家卫健委公布的《可用于食品的菌种名单》及《可用于婴幼儿食品的菌种名单》等以外的菌种或新菌种，使用前还必须通过新食品原料的安全性审查和审批。

需要指出的是，在益生菌研究方面，虽然国内已经深入基因组学、蛋白组学等层次，不过也有专家表示，我国还应该在益生菌的作用机理及人体验证、肠道菌群检测方法等方面加大研究力度。

2.4 益生菌行业消费分析

2.4.1 全球益生菌消费格局分析

随着对益生菌不断深入的研究，益生菌的应用日益广泛。在乳制品中，它主要用于酸奶、奶酪、奶油、干酪、微生态制剂等的生产。

传统应用领域持续发展而且不断创新。传统生产酸奶的发酵菌种以保加利亚乳杆菌和嗜热链球菌为最优组合，但随着加工技术的发展，传统意义上的酸奶已有更为广泛的内涵，如干制酸奶、冷冻酸奶、杀菌酸奶均属于酸奶的范畴。新型酸奶以及多种发酵乳制品不断涌现。芬兰、挪威、荷兰等上市的新型功能性酸奶、干酪、乳杆菌酸奶已上市销售，双歧杆菌酸奶、嗜酸乳杆菌酸奶已被消费者接受。Ymer（丹麦）、Nordic ropyMilk（北欧黏性乳）等酪乳类制品，浓缩酸奶（中东）、Chakka（印度）等类酸奶制品和Kefir（开菲乳）、Koumiss（乳酒）酵母发酵产品正成为开发热点，每年新上市的含有益生菌的乳制品的数量大幅增加。

2.4.2 中国益生菌市场需求分析

中国益生菌市场需求主要集中在乳制品行业，剩下的市场需求分别为动物用益生菌10.00%，保健品6.50%，药品、冲剂9.45%，其他1.65%。具体如图2-1所示。

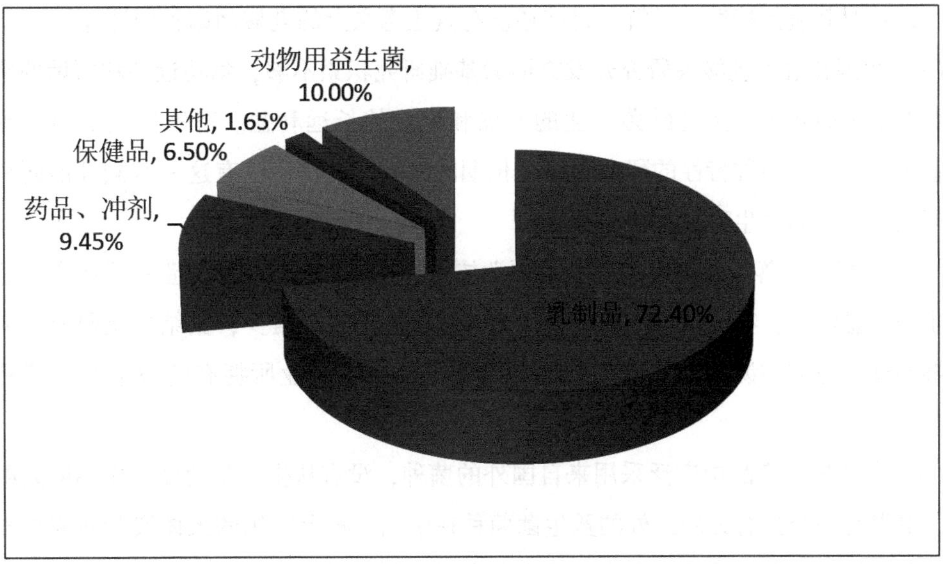

图 2-1　中国益生菌市场需求品类占比

2.5　益生菌行业政策法律法规现状

一个市场的混乱，通常都是由于缺乏规范造成的。益生菌产品市场也是如此。目前，我国执行的乳酸菌标准主要有两个，一是 1992 年由原轻工部制定的《乳酸菌饮料》行业标准，另一个是 2003 年由原卫生部制定的《乳酸菌饮料卫生标准》。后者的标准中规定，乳酸菌含量要达到 1×10^6 个/毫升，且要在销售过程中而不是出厂后的 3 天内检出。尽管这一标准已比旧标有了很大进步，但仍与国际标准的乳酸菌含量要达到 1×10^7 个/毫升相去甚远。

此外，如果只要求总数达标，可能就会造成一种情况，即作用强的、稳定性差的双歧杆菌，在同样贮存条件下，经过同样时间后所剩无几；而作用很弱、稳定性稍强的保加利亚乳杆菌存留较多，多到足以使菌群总数达标。如此一来，过关产品的保健作用会大打折扣。

我国乳品工业大规模地采用国外的益生菌发酵剂，不仅生产成本高，更重要的是长期下去必将制约我国益生乳酸菌产业和发酵乳制品的发展。解决这一问题的根本在于制定长远的战略目标，研究和开发具有自主知识产权的益生乳酸菌菌种和发酵剂的相关技术和产品。

我国在益生乳酸菌方面目前存在的主要问题有如下几点。

（1）缺乏专业化的乳酸菌资源库及可以持续利用的乳酸菌资源。尽管国内各研究单位都各自保藏了一些乳酸菌菌种，但大多分离自国外的发酵剂或发酵乳，没有统一编号，种类单一，且对其遗传特性不了解，目前还没有真正意义上的乳酸菌菌种资源库。

（2）我国在益生乳酸菌研究开发方面的基础研究积累不够，急功近利和所谓的拿来主义将会严重阻碍我国益生乳酸菌产业的发展和企业的长远利益。特别像乳酸菌资源的分离、鉴定、收集、菌种特性的研究是一个长期的战略性工作，没有这一基础性的研究工作很难开发出优良的益生乳酸菌产品。

（3）研究手段落后，先进的分子生物学技术特别是像基因组学、蛋白质组学、芯片技术、生物信息学等，在我国益生乳酸菌研究开发上应用得非常少，其结果是研究的成果没有足够的理论深度和说服力，很难造就一个像国外一些企业所拥有的益生乳酸菌品牌和产品。

（4）在益生菌产品中广泛采用来自国外的菌种，没有从生物学角度考虑不同人群的适宜性，更没有一个强有力的国外的益生菌菌种在中国人种上应用的人体实验研究报告。在益生菌及益生菌发酵产品开发方面，缺乏适合于中国人群生理特点的益生菌基础性研究及益生菌功能评价体系。

（5）对益生乳酸菌动物微生态制剂的研究开发很少，已开发的产品大多集中于枯草芽孢杆菌和地衣芽孢杆菌上，且基础研究不足。

（6）研究开发单打独斗，企业和研究单位缺乏长期、紧密的合作关系和合作机制。特别是企业对基础研究目前没有足够的重视，导致研发的产品技术含量非常低，市场寿命自然也就非常短。

（7）益生菌产品没有标准。到目前为止，我国尚没有系统地研究和制定益生菌和益生菌发酵乳制品标准。因此，出现益生菌名称叫法五花八门、益生功能夸大宣传等现象，在益生菌发酵乳制品方面，对所含益生菌活菌数以及在货架期益生菌存活数也没有进行严格限定，导致益生菌乳制品市场混乱，甚至出现在益生菌发酵乳制品中检验不出该益生菌的以假乱真现象。

目前，在益生菌方面我国只有原卫生部 2001 年出台的《可用于保健食品的益生菌菌种名单》；在益生菌发酵乳制品方面没有规章可循，有时不得不套用 1992 年原轻工部制定的《乳酸菌饮料》和 2003 年原卫生部制定的《乳酸菌饮料卫生标准》。显然现存的这些法规和标准不适用于益生菌和益生菌发酵乳制品的评价和规范。

（8）正确的益生菌科普知识宣传不够。

2.6　益生菌科技应用与商业展望

2.6.1　益生菌科技应用展望

微生物菌群失调伴随着微生物种类多样性的缺失，从而与多种疾病产生关联，这些疾病包括腹泻、2 型糖尿病和常见的感染性疾病等。人体摄入临床证实的高质量益生菌可以与人体内肠道微生物组产生相互作用，从而加强我们人体的免疫系统，增加免疫应答，提升有重要生理意义的具体免疫信号的传输等。

人类通过预防类的药物或生物制品（如疫苗）来尝试消灭疾病的历史，已有近千年。一般的药物主要针对患病人群，用于治疗和减轻病人的症状。预防类疫苗主要用于健康人群，从“防患于未然”的角度来进行预防、控制和消灭某类疾病的发生。这类基于免疫学理论、经验和生物技术的生物产品也必将给人类感染性疾病的预防、治疗和控制带来新的美好前景。早在 1993 年 4 月，《斯堪的纳维亚营养》杂志上刊登了克拉斯·隆纳在瑞典隆德会议上发表的以《活的乳酸菌——未来的疫苗?》为标题的文章。某些乳酸菌作为益生菌的重要组成部分，在全球范围有着悠久的使用历史和较广泛的研究，人们对乳酸菌中的某些益生菌（双歧杆菌、乳杆菌、乳酸乳球菌等）的研究也越来越深入和全面。1995 年，克里格发现，非甲基化胞嘧啶鸟嘌呤二核苷酸的 DNA 片段具有激活 B 细胞的作用，进一步的研究表明，含特定结构的细菌 DNA 或人工合成寡核苷酸，能够活化哺乳动物与人的 B 细胞、巨噬细胞和自然杀伤细胞，并增强其功能和细胞因子的分泌，促进 T 细胞应答，具有免疫佐剂的作用。

目前，国内外正在进行着若干关于口服乳酸菌疫苗或把乳酸菌与益生菌作为疫苗佐剂的研究项目。益生菌（如乳酸乳球菌）类生物制剂也具有免疫佐剂的作用，当其与抗原同时或预先注入人体时，可增强机体对抗原的免疫应答或改变免疫应答的类型。现相关研究已取得了阶段性的成果和进展，这将促进未来的非病原性细菌疗法（或称益生菌疗法）及其在健康食品和膳食补充剂领域的应用和在相关产业的可持续发展。人类在未来能否找到更有效的益生菌，使之服务于人类健康，甚至起到近似疫苗类生物产品的作用，仍需更长的时间和更多的科研与投入。

2001 年 10 月，联合国粮农组织和世界卫生组织在阿根廷召开了关于食品中益生菌的健康和营养特性的科学会议。会议中，欧美各国的专家讨论了益生菌产品的规格、质量保证和法规问题。该会议报告指出，由于各国的法规不同，尚未建立全球统一的益生菌产品标准，大部分国家将益生菌应用于食品和膳食补充剂领域。以美国为例，益生菌类补充剂产品可以是口服丸剂、颗粒或粉末剂、片剂、胶囊和液体等，可在健康食品店或通过互联网等电商或社交媒体渠道销售。事实上，目前仅有我国和少数欧美国家使用特定的益生菌菌株作为活菌药物或微生态制剂，并在医院和药店里销售，还宣称其对某种疾病有具体的治疗效果。关于某些疾病减轻的宣称应被允许用在已经过充分研究和证实了其功效的具体的益生菌菌株上。与会的欧美各国专家一致认为，具有良好临床研究的特定菌株是安全的，并可赋予人体某些健康益处，但这些益处并不能推广到其他未经临床证实的同类菌株上。

益生菌的安全性评估仍将是一个需长期关注和考察的问题。世界各国的益生菌专家已基本达成共识——从安全性角度考虑，作为食品中使用的益生菌菌株一般不宜采用肠球菌，原因在于肠球菌可能产生毒素并对抗抗生素，如对万古霉素就有很强的抵抗作用，肠球菌一旦获得耐药性将后患无穷。乳杆菌和双歧杆菌有很长的安全食用历史，几乎没有危害人类健康的报道和案例，但对它们进行耐药性检测还是必要的。不同益生菌菌株的安全性，仍需要通过大量的人体实验和诸多体外或动物实验来证实。新型的益生菌菌株将使用专门的测试手段，如对该菌株的代谢活动的评估、确定抗生素耐受性的类型、评估其在人体研究中的副作用、市场销售后消费者中负面报道的调查与监督、使用益生菌对免疫妥协动物缺乏感染性的评估等。

益生菌的功效或临床证实的有效性，既是证明与区别不同的益生菌菌株的益处的关键，也是营养保健食品和膳食补充剂产品得以发展并与部分相关药品市场进行竞争的必要条件。二期临床试验常被用于药物的评估许可过程，但未来将可能作为评估益生菌健康益处的度量标准。目前全球的益生菌产品中，仅有少部分被批准为药物，例如一种用于治疗克劳恩病的由 8 种益生菌菌株混合的产品；还有某种特殊的酵母菌株、经证实其安全性的大肠杆菌菌株或其他非乳酸菌菌株，都可作为医用益生菌在医院和药店销售。截至 2019 年年底，中国已有约 20 个益生菌或微生态制剂与活菌药物被批准上市。

采用严格的生产标准与规范，是高质量益生菌类产品的必要保障。欧美的部分益生菌产品是按美国食品药品监督管理局的标准或在欧洲制药质量保证法规下进行生产并符合“良好制造规范”（GMP）标准的。高标准的生产将有助于提高益生菌产品的质量及其在保质期内的稳定性。

益生菌类产品的持续发展和人类健康、营养与临床研究的结果密不可分。采取合适而科学的步骤，使益生菌研究得到政府的支持，并与更多的医学团体共同研究，才能逐步得到医药、营养、生物科技界和大众的广泛信服与认可，走上可持续发展之路。在此过程中，有许多值得深入探讨和解决的问题，如使用益生菌的国家指导方针尚需统一和进一步贯彻，将一期和二期临床数据应用于益生菌菌株及益生菌产品并验证其确定的健康益处，耐胃酸、胆汁酸和胰腺酶的新型益生菌的临床研究，抗病毒益生菌的筛选和研究等。

在未来，对益生菌所产生的酶（有时俗称为酵素）及其他代谢产物的研究与应用，将会有巨大的发展潜力。人体内有 2000 多种内源酶，它们通过不同的机制共同维护着正常的生命活动。随着一个人受年龄增长，环境、饮食结构和生理变化，药物治疗等诸多因素的影响，人体内所需的各种酶类也会相应地发生数量的下降，甚至出现缺乏，从而使人体处于亚健康状态或导致疾病。因此，国内外的微生物与医药专家提出了“益生酶”的概念，即需要补充能使机体恢复或维护健康和防治疾病的酶。

另外，在继益生菌、益生元和合生元之后，国外近些年也出现了一个可并列使用的新名词“后生元（postbiotics）”[6]。所谓后生元，就是有益微生物（活的或死的益生菌）及其代谢物的统称，它通常是指不能独立存活的细菌产物或代谢副产物，但在宿主体内具有生物活性。后生元的例子如微生物衍生出的短链脂肪酸和黄酮类化合物。后生元的另一来源是指能促进代谢效果的来自活菌或死菌的微生物成分。

2017 年，加拿大麦克马斯特大学和多伦多大学的医学和免疫学专家、德国基尔大学临床分子生物学研究所的专家合作研究并在国际学术期刊《细胞代谢》联合发文公布他们的研究结论指出，人体肠道菌群失调有助于肥胖和胰岛素抗性；使用抗生素、益生元和益生菌的干预和治疗也因特异性微生物或微生物组成的持续变化而受限；包括细菌成分如脂多糖在内的益生元可改善代谢性毒血症患者的胰岛素抗性；细胞壁衍生出的胞壁酰二肽是一种胰岛素增敏的后生元，胞壁酰二肽可降低饮食诱导的胰岛素抗性。

值得关注的是，生命科学和工程技术的新进步使得利用基因工程、基因修饰技术或基因编辑技术（CRISPR）来获得新型菌株成为可能。CRISPR 技术是一种强大的编辑工具，它能够根据需要剪切和粘贴/拼接基因，这会创造出具有比天然益生菌菌株更优越特性的基因工程菌并获得可能的疗效。它暂时还不能广泛地用于人类健康领域，但具有很大的潜力。作为有益基因载体的食品级工程菌，未来也将用于食品、药品、生物制品、化妆品、营养保健和医学临床领域。

科技改变着世界与人们的生活。在未来，世界各地包括中国市场上将会出现更多基于微生物组研究进展、经科学研究和医学临床证实其安全性和有效性的益生菌菌种（株）、有益菌的代谢物和包含多种功能因子、生物活性成分组合的创新产品。这必将极大地改善人们的生活品质，从而使人们远离病痛，更健康，更加充满活力。

2.6.2　益生菌商业展望

以乳酸菌、双歧杆菌和粪链球菌等为代表的微生物在肠道内可竞争性地抑制有害微生物的生长，具有清理肠道环境，防止肠炎、肠癌等疾病发生以及延长人的寿命等作用。日本医学研究人员研究显示，坚持服用益生菌类保健食品，可预防溃疡性结肠炎、节段性回肠炎等常见疾病，其疗效甚至高于抗生素制剂。

在发达国家，益生菌已经是个高度成熟、增长速度较快的产品，与维生素制剂、植物提取物类产品并称作三大保健品产业。销量最大的益生菌类保健食品首推形形色色的含有乳酸菌或双歧杆菌等益生菌的酸奶产品。除酸奶产品外，双歧杆菌口服液、胶囊剂以及各种复方益生菌（如三联或四联益生菌）制剂等亦是全球热销产品。

益生菌类保健产品大体上可分为3代：第一代产品即众所周知的乳酸菌类益生菌，第二代为双歧杆菌，第三代为美国人发现的新型微生物鼠李糖乳杆菌。目前，美国Hansen、芬兰Valio、日本Yakult、荷兰DSM等公司均在生产第三代益生菌产品。

我国的益生菌产业从20世纪90年代初开始起步，比发达国家晚10年左右，但发展速度较快。尤其是在大中城市，以双歧杆菌、乳酸菌为主体的一、二代益生菌饮料销售情况较好。据统计，仅益生菌类酸奶产品国内市场的年销售额就达到12亿~15亿元人民币。但是，这一数字还是与发达国家相去甚远，欧美酸奶市场年销售额已超过10亿美元。

益生菌作为一种抗病强身的新型保健食品无疑将拥有良好的发展前景。但值得关注的是，这个在发达国家早已是高度成熟的保健品产业，在我国却仅处于开发初期阶段，受制于研究开发深度不够、投入力量不足。

欧、美、日等发达国家和地区的益生菌保健品厂商均拥有各自知识产权的双歧杆菌菌种，而我国生产所需的双歧杆菌菌种还要从西方进口，国内至今未能培养出可进军国际市场的高产双歧杆菌菌种。这在很大程度上阻碍了国内益生菌保健品产业的发展。

此外，对于国际市场上非常畅销的纳豆菌类保健品，我国产品难以在国际市场上与日本竞争。而拥有可靠临床试验数据的日本纳豆菌、纳豆激酶类保健产品却早已打入欧美市场并赚得大量外汇。

令人欣慰的是，我国科技部已将开发益生菌类保健产品列入国家重点扶持的国家规划重要产品目录中。在国家政策的扶持下，未来国内企业有望将益生菌类保健品产业做大做强。可以预见，我国益生菌类保健品将进入高速增长期，市场前景十分广阔。

随着具有健康促进效用的其他产品的发展，人们对益生菌的兴趣日益增长。各大公司也可能扩大产品开发队伍以推出除酸奶和乳制品之外更加多样的食品种类，如能量阻碍剂、果汁、谷类、含有益生菌的奶酪产品以及其他一些含有健康促进成分的产品等。人们对益生菌功效作用和重要性的理解将会更加深刻。

据推算，国际微生态制品目前的市场规模大约为3000亿美元，我国起码能有2000亿元人民币的市场潜力，微生态产业的发展具有很大的空间和前景。

第二部分　全球商用益生菌主要菌株分类与简述

第 3 章　益生菌的内容和名录

3.1　益生菌的分类和功能

按照菌株的种属进行分类，益生菌包括传统益生乳酸菌、非乳酸菌益生菌和新一代益生菌（Next Generation Probiotics，NGP）三大类。传统益生乳酸菌中除乳杆菌和双歧杆菌外，还包括乳球菌、片球菌、肠球菌和链球菌等；非乳酸菌益生菌确立于人们长久的饮食习惯以及对其功能和安全性的长期论证的基础上，包括布拉迪酵母、凝结芽孢杆菌、丁酸梭菌、纳豆芽孢杆菌和大肠杆菌 Nissle1917 等；NGP 指在人体发挥特殊功效却难以培养的一类微生物，包括：脆弱拟杆菌、解木聚糖拟杆菌、柔嫩梭菌和多型拟杆菌等[7]。研究者通过体外和动物实验明确益生菌的作用机制，并经人群试验验证益生菌的功能。目前，益生菌的功能研究主要集中在对肠道菌群和肠道健康的调节上，而在口腔和阴道菌群方面正逐步被关注与证实[8]。

益生菌最早起源于发酵乳，目前世界上常用的益生菌大多为乳酸菌中乳杆菌属、明串珠菌属、片球菌属、双歧杆菌属和肠球菌属中的一些菌种，如嗜酸乳杆菌 NCFM、干酪乳杆菌 Shirota、植物乳杆菌 WCFS1、鼠李糖乳杆菌 GG、罗氏乳杆菌 LA1 和乳双歧杆菌 BB12 等[9]。作为常用的益生菌菌株，它们不仅具有良好的益生特性和临床效果，而且在乳制品加工生产中拥有较长的安全使用历史。近年来，对于益生菌的开发及筛选工作主要集中于乳酸菌和双歧杆菌这两类菌株当中。作为最终用于益生菌产品供人们消费的菌株，其具有的保健功效及益生功能是消费者和科研工作者最关心的问题。益生菌的功能主要包括：调整肠道菌群平衡、促进胃肠道健康、防止肠道致病菌的感染、调节肠道免疫系统、防治腹泻、刺激肠道蠕动、防止便秘和胃肠胀气、提高免疫力、促进营养物质的吸收、改善乳糖代谢、缓解乳糖不耐受症状、降低血清胆固醇、降低血压、抗突变抗癌作用、降低粪便中某些酶活性等医疗保健功能。另外有报道指出，乳酸菌培养物对泌尿生殖系统疾病的防护也起到一定的作用。有研究表明一些乳酸菌可以抑制血糖的升高，因此有可能被开发成为预防和治疗糖尿病的药物[9]。研究人员还发现含有益生菌的发酵牛奶具有调节人体免疫系统、降低癌症和肠道炎症发病率的作用。有研究表明，乳杆菌属和双歧杆菌属的口服药剂对平衡肠道的微生物菌群起到有效的作用。益生菌所具有的益生特性一部分已经通过临床试验证实对人体是有益的，但是仍有一部分益生功能只是从实验室及动物模型中得到的理论结论，对这些“益生特性”仍需进一步验证从而保证其使用的安全性[10]。益生菌的益生特性不是属或种的一种共性，而是以益生菌菌株为依托，因此并不是一株益生菌就能够具有所有的益生特性，同样地，不是同一属或种中的所有菌株都具有对人体有益的功能。不同的益生菌菌株所具备的功能也不同，我们仍然需要不断地对新的益生菌菌株进行探索与研究，从而丰富益生菌的益生功效[11]。

除了益生菌之外，益生元（促进益生菌生长的物质）也是干预肠道菌群平衡的有效营养物。益生元是一种非活性的食物成分，通过调节菌群生长促进宿主健康，并且益生元只能提高机体中已经存在的细菌的增长[12]。现在已证明的益生元主要是低聚糖如菊粉和低聚果糖衍生物以及各种类型的低聚半乳糖。益生元被结肠内的微生物降解，随后形成短链脂肪酸，绝大多数经肠道吸收，并以不同的方式在不同身体部位参与代谢[13]。在口腔和消化道中，益生元被认为可以预防龋齿，促进小肠内钙和镁的摄取，提高大肠中细菌数量，增加排便频率[14]。动物实验结果表明，益生元可以减轻结肠上皮细胞 DNA 所受到的损害，从而起到抗癌作用[15]。

益生菌作为外源的微生物，它们必须与内源微生物进行竞争。人体现有的微生物群已经占据了大部分微生态环境，这使得外来的益生菌很难站稳脚跟。而益生元只能促进某些现已存在于机体中的细菌的增长。这就促进了合生元，即益生菌与益生元的组合型微生态制剂的发展[16]。如果益生菌与益生元组合恰当，益生元会协助益生菌在与人体现有的微生物群的竞争中胜出。

近年来，后生元已经被学界认可，并形成相应概念。后生元是源自微生物的生物活性分子（一种或多种，亦可称为类生元），包括灭活微生物细胞、细胞碎片或代谢物等，当给予足够量时，可赋予宿主健康益处。菌群分泌、修饰或降解的小分子可调控宿主健康，基于这些代谢物的疗法称为后生元疗法。后生元具有来源安全、成分稳定和生产成本低等特性。后生元疗法不以菌群为靶标，而是靶向菌群下游通路，通过外源干预或抑制代谢产物，恢复菌群代谢物的平衡，抵消/纠正微生态失调的影响[17]。已有研究表明，后生元可用于结直肠癌等疾病的预防和辅助治疗，发挥抗癌细胞增殖、促癌细胞死亡、减少细菌移位和保护肠屏障、抑制致病菌增殖、抑制致癌物活性、调节免疫功能和肠道菌群等潜在作用，从而增强治疗效果、减少副作用[18]。

微生态制剂以多种方式调节生理功能而发挥作用。（1）促进消化作用。益生菌可以发酵乳制品，使乳糖转变为乳酸，使蛋白质发生水解，同时还增加了可溶性钙、磷及某些 B 族维生素的数量。此外，益生菌及其代谢产物能促进人体消化酶的分泌和肠道的蠕动，促进食物的消化吸收[19]。(2) 维持胃肠道菌群平衡，纠正肠道功能紊乱。益生菌能通过自身代谢产物以及与其他细菌间的相互作用，使肠道菌群维持最佳组合并保持稳定。益生菌在人体内可发酵糖类产生大量的醋酸与乳酸，还可以抑制病原性细菌生长繁殖[20]。(3) 促进免疫和抑制肿瘤作用。乳酸菌、双歧杆菌等益生菌及其代谢产物，能诱导产生干扰素和细胞分裂素，活化免疫细胞，增加免疫球蛋白的产生，提高机体免疫力并抑制肿瘤发生[20]。(4) 降低血清胆固醇。益生菌能降低血中胆固醇的水平，可预防高血脂导致的冠状动脉硬化及冠心病[21]。(5) 防止便秘。双歧杆菌代谢产生的有机酸能促进胃肠道蠕动，同时双歧杆菌的生长还可以使大便湿度提高，从而防止便秘[22][23]。

传统益生菌以乳酸菌和双歧杆菌为主，不少来源于发酵食品，而被定义为“新一代益生菌（二代益生菌）”的菌株来源更为广泛[24]，包括芽孢杆菌、脆弱拟杆菌、表皮葡萄球菌、嗜黏蛋白阿克曼氏菌（AKK 菌），其中最受业界关注的 AKK 菌已经取得应用突破，2020 年 6 月，首个含有 AKK 菌的特医食品在美国上市，被用于治疗糖尿病[25]。而其被认为也可能具备治疗炎症性肠病、渐冻症、孤独症、癫痫、高血压等疾病的潜力，预计我们很快会看到相关研究和应用。宏基因组学、培养组学等方法不断发展，使“精准钓菌”成为可能。有研究发现，非典型韦荣氏球菌在马拉松比赛后的运动员肠道显著增加[26]。这种特殊的细菌能够分解乳酸，增强耐力。当科学家把这种细菌移植到老鼠身上，老鼠在跑步机上的表现有所改善。中国科学家也曾利用中药多糖，促进了特定狄氏副拟杆菌增长，并验证该菌具有改善代谢的潜力[27]。在创新方法的加持下，会有更多新一代益生菌在研究和产业化方面取得突破。

3.2　益生菌的作用机制

益生菌及其制品因其医疗效果、保健效果、经济效果、社会效益和生态效益已被越来越多的消费者所接受，然而益生菌对机体免疫功能及相关疾病的作用机制仍需进一步探究。经过多年科学研究和临床证实，其中某些菌株的特定配合可以缓解一些健康问题，有许多令人惊奇的功效，如特定菌株对肠道综合征、过敏、呼吸道感染等有着特定的预防和缓解的功效。值得注意的是，不是一种菌株有效，其他任何同类菌株产品也有同样的功效，因此研究益生菌的作用机制十分重要。澳大利亚科学家巴里·马歇尔和罗宾·沃伦因发现了幽门螺杆菌以及它们在胃炎和胃溃疡中的作用而获得了 2005 年诺贝尔生理学或医学奖。益生菌的作用原理很复杂，目前尚未完全明了，普遍公认的机制是益生菌附着在肠黏膜表面，阻断病原体的结合位点和上调肠道内的抗菌物质来减少病原体附着和入侵肠黏膜。益生菌主要通过产酸、产酶、产抑菌物质、产多种免疫促进因子等促进消化吸收，抑制有害菌生长，提高免疫功能从而促进动物健康。此外，益生菌可修复肠上皮细胞功能以及通过抑制细胞因子和核因子来增强免疫功能。肠组织是诱导产生调节性 T 细胞（一类控制体内自身免疫反应性的 T 细胞亚群）的主要器官，益生菌能促进调节性 T 细胞分泌免疫细胞因子。益生菌在肠淋巴滤泡的调节性 T 细胞的诱导中发挥着重要作用，从而影响 T 细胞介导的免疫稳态。因此，益生菌具有免疫调节、形成肠黏膜上皮屏障功能和刺激肠道细胞增殖等多种生理作用。

3.2.1 竞争营养物质，抑制有害菌生长

益生菌会与寄生在人体内的病原菌竞争吸收营养物质，从而限制和抑制有害菌的生长和繁殖。益生菌在营养物质有限的情况下，通过其优势生长竞争性地消耗致病菌的营养素，抑制有害菌进入血液循环系统危害人体的健康。如在海洋生物中益生菌和其他细菌竞争铁等营养物质，使病原菌得不到足够的营养物质而被抑制生长。

3.2.2 竞争黏附位置，抑制病原菌生长

益生菌可占据宿主消化道的定殖位点，从而降低其他微生物（病原）的侵染机会。益生菌的主要黏附位置是人体肠道或阴道的上皮细胞，而这些上皮细胞也是大多数病原微生物的黏附位置，如嗜热链球菌 J34 能够与病原体相互竞争肠道上皮细胞。益生菌与病原菌相互竞争黏附位置，抑制病原菌的生长，这种作用机制通常被称为殖民抵抗。益生菌可以通过表面一些特异性的成分与消化道黏膜黏附在一起，排斥致病菌对正常细胞的黏附与侵袭。益生菌通过对病原菌“占位”的竞争性抑制作用能有效地抵抗病原菌的侵袭，抑制病原菌的生长，保护人体免疫系统，提高人体免疫力，这使得一些益生菌发酵产物的抗菌能力有时要优于抗生素。

3.2.2.1 乳酸菌能与致病菌竞争性争夺黏附位

乳酸菌对嗜水气单胞菌、温和气单胞菌、维氏气单胞菌及豚鼠气单胞菌等多种菌均有明显的抑制作用。乳酸菌还能与肠细胞表面的受体结合，刺激髓样分化因子的信号传导过程，其分泌的蛋白能抑制大肠杆菌的定殖。此外，乳酸杆菌可通过诱导黏液素分泌来增强上皮细胞的屏障功能，植物乳杆菌 299V 和鼠李糖乳杆菌可以促进肠上皮细胞分泌黏蛋白来抑制病原微生物在肠黏膜的黏附。

3.2.2.2 双歧杆菌抑制致病菌对肠上皮细胞的黏附、定殖

双歧杆菌等某些乳杆菌代谢物产生的胞外多糖，竞争性抑制肠道内致病菌对肠上皮细胞的黏附、定殖，并能通过调节细胞信号等途径来保护肠道屏障，由此减少有毒物质进入血液而引起各种疾病。

3.3　全球商用益生菌名录

3.3.1　双歧杆菌属

双歧杆菌物种常见于人类和动物的胃肠道中，是人和动物肠道菌群的重要组成成员之一，其代谢活动已被证明对人类宿主有益。据报道，它们可以抑制病原微生物的肠道定殖，并具有抗癌、免疫刺激和抗腹泻等特性，还有助于减轻乳糖不耐症和降低人类血清胆固醇水平。双歧杆菌作为益生菌被用于许多食品中，如酸奶、牛奶、婴儿配方奶粉、奶酪和膳食补充剂等[1]。

3.3.1.1　两歧双歧杆菌

双歧杆菌是健康母乳喂养的婴儿肠道微生物群中最丰富的细菌，其中两歧双歧杆菌是双歧杆菌群落中的优势菌群之一。两歧双歧杆菌是专性代谢人体母乳寡糖和宿主肠道黏膜上皮黏蛋白聚糖的肠道共栖益生菌，具有良好的黏附肠上皮细胞的能力以及代谢宿主来源的碳水化合物的能力，对生命早期健康和发育至关重要[2]。同时，两歧双歧杆菌在健康成人肠道中也可以被检测到，因此两歧双歧杆菌也是健康成人肠道双歧杆菌群中常见的一员[3]。

1. 两歧双歧杆菌 R0071

两歧双歧杆菌 R0071 是从成人肠道分离得到的菌株，是加拿大拉曼公司专利菌株，已通过美国食品药品管理局认证为一般认为安全（GRAS）物质。目前，该菌株已被国家卫健委批准可用于婴幼儿食品中，在合生元儿童益生菌粉等产品中有所添加。两歧双歧杆菌 R0071 在健康婴儿中的安全性和耐受性已得到证实：一项研究结果表明 3~12 个月的健康婴儿每日摄入 3×10^9 cfu 两歧双歧杆菌 R0071，持续 8 周后婴儿的各项生长指标变化与对照组无显著性差异，且无明显不良反应发生，说明在婴儿期间食用两歧双歧杆菌 R0071 是安全可靠的[4]。两歧双歧杆菌 R0071 对肠道健康的保护作用已被研究证实：动物实验表明两歧双歧杆菌 R0071 会增加肠道组织中黏蛋白的表达量，有助于增强肠道屏障功能，保护肠道健康[5]。除此之外，也有研究表明两歧双歧杆菌 R0071 与缓解压力相关，每天摄入两歧双歧杆菌 R0071 会降低与压力相关的指标评分，从而减轻心理应激所导致的腹泻等胃肠道不适症状，改善粪便形态[6]。而另一项研究也表明两歧双歧杆菌 R0071 有助于缓解学生学业压力，减少患流行性感冒的可能性，提高受试者健康水平[7]。

2. 两歧双歧杆菌 G9-1

两歧双歧杆菌 G9-1 是从健康人身上分离出来的益生菌菌株，几十年来一直被用作肠道药物干预肠道健康，具有很高的安全性[8]。两歧双歧杆菌 G9-1 对维持人体健康具有良好作用，可以通过减少白细胞浸润和一氧化氮生成缓解过敏反应[9]；通过调整肠道菌群结构恢复肠道微生态健康[10]；通过增加肠道黏液层厚度改善肠道屏障功能从而缓解肠道损伤[11]；并通过分泌短链脂肪酸等代谢产物刺激肠道蠕动，增加排便频率以及粪便含水量从而改善便秘症状[12]。值得注意的是，较多研究均表明两歧双歧杆菌 G9-1 对药物治疗糖尿病时产生的副作用具有良好缓解作用。二甲双胍作为治疗 2 型糖尿病的常见药物容易使患者产生腹胀、腹泻等不良反应，并介导肠道菌群结构变化，而两歧双歧杆菌 G9-1 与二甲双胍联合使用既不影响二甲双胍治疗糖尿病的效果，又可以抑制二甲双胍介导的肠道微生物群变化，缓解胃肠道不适症状，提高患者生活质量。

3. 两歧双歧杆菌 YIT10347

两歧双歧杆菌 YIT10347 对胃肠道损伤修复具有较好的作用效果，这是由于两歧双歧杆菌 YIT10347 对人胃上皮细胞的黏附性很高，黏附率比乳酸菌和其他双歧杆菌高约 10 倍，同时两歧双歧杆菌 YIT10347 可以减少肠细胞的上皮屏障破坏，发挥保护肠道健康的作用[16][17]。目前，两歧双歧杆菌 YIT10347 已被证明对胃溃疡具有保护及促进修复的作用，同时还能抑制幽门螺杆菌的活性、预防胃黏膜的损伤并改善幽门螺杆菌阳性患者的肠胃不适症状[18]。另外，健康人群每日服用含有两歧双歧杆菌 YIT10347 的发酵乳也能使餐后不适和肠胃胀气等肠道症状有所缓解[19]。

4. 两歧双歧杆菌 BBi32

两歧双歧杆菌 BBi32 可以提高短链脂肪酸总体含量，降低肠道环境的 pH 值，从而缓解便秘，并修复结肠黏膜损伤。目前该菌株缓解便秘功能已被动物实验与人体实验证实，并被授予发明专利权[20]。关于两歧双歧杆菌 BBi32 的生长代谢方面，有研究表明此菌株可利用不同种类的碳水化合物。这些碳水化合物可作为益生元促进两歧双歧杆菌 BBi32 的生长及代谢活性，增强菌株在肠道中的竞争优势，从而使宿主受益。例如，实验表明菊粉、抗性糊精、低聚半乳糖胺对两歧双歧杆菌 BBi32 的促生长作用较强，与传统碳水化合物相比相同培养时内可使菌数提高 1 倍以上[21]。除碳水化合物外，有研究表明一些特定的水产蛋白质也可以缩短两歧双歧杆菌 BBi32 的生长时间，同时增加菌数，然而这种促进作用具有特异性，作用效果取决于具体蛋白质的种类[22]。

5. 两歧双歧杆菌 TMC3115

两歧双歧杆菌 TMC3115 有调节肠道菌群的作用，并且这种作用贯穿了生命体的各个时期。研究表明，母体补充两歧双歧杆菌 TMC3115 可以影响后代肠道微生物群的组成以及免疫系统和肠道组织的发育，并可能通过调节肠道微生物群和短链脂肪酸的产生来缓解过敏症状[23]；生命早期补充两歧双歧杆菌 TMC3115 能够在一定程度上影响新生小鼠的免疫功能和肠上皮细胞的发育，并减轻抗生素引起的肠道菌群结构变化，同时临床试验也表明补充两歧双歧杆菌 TMC3115 可以增加婴儿肠道中有益菌的比例，并改善婴儿牛奶过敏情况[24][25]；成年小鼠摄入两歧双歧杆菌 TMC3115 后肠道内有害菌的比例降低，与其他菌株长期联合摄入则可改善小鼠的空间记忆障碍，有助于预防阿尔茨海默病的发生[26]；而一项针对中老年血脂异常患者的临床研究表明，两歧双歧杆菌 TMC3115 干预调节了受试者的肠道微生物群，并对受试者的血清胆固醇代谢产生有益影响[27]。以上研究表明，两歧双歧杆菌 TMC3115 在人的整个生命周期均可对肠道菌群进行干预，有着长效的益生功能。

6. 两歧双歧杆菌 BB-20

两歧双歧杆菌 BB-20 具有较高的耐胃酸特性，对肠道表皮细胞的黏附力高，具有极好的定殖效果，适合口服给药，且摄入该菌株后能够通过激活体内的抗氧化酶通路，增加体内超氧化物歧化酶相关基因的表达，从而提高机体的抗氧化水平，具有瓦解黑色素斑、改善肤质的作用。目前该菌株改善肤质、减少色斑功能已被动物实验与人体实验证实，并被授予发明专利权[28]。

7. 两歧双歧杆菌 UABb-10

两歧双歧杆菌 UABb-10 是多菌株益生菌制剂 ChildLife 益生菌咀嚼片中的主要成分，有研究对该菌株的耐酸、耐胆盐、抑菌能力以及黏附特性进行了探究，实验结果表明两歧双歧杆菌 UABb-10 有较强的耐胃酸能力，不但可以耐受 pH 值为 3 的模拟胃液，而且在浓度为 1%的胆盐溶液中仍可保持较高活性，并且对大肠杆菌、肠炎沙门氏菌和单核增生李斯特菌等病原菌有较好的抑菌作用，同时黏附性较好，具有降低结肠癌的潜力[29]。另有研究对发酵饮料中（pH 值为 3.5）两歧双歧杆菌 UABb-10 的活性进行检测，结果表明菌株的存活率为 90%以上，进一步证实了该菌株具有良好的耐酸性[30]。

3.3.1.2　长双歧杆菌

长双歧杆菌是在婴儿和成人的肠道微生物群中发现的最常见的双歧杆菌物种，可以在人体肠道中定殖并保护肠上皮屏障和组织结构、平衡肠道菌群、缓解结肠炎。此外，长双歧杆菌可以分泌多种活性代谢物影响消化、内分泌、心血管、免疫和神经系统，以维持宿主处于健康状态。目前，长双歧杆菌的安全性已被美国食品药品监督管理局和欧洲食品安全局认定[31][32]。

1. 长双歧杆菌婴儿亚种 R0033

长双歧杆菌婴儿亚种 R0033 分离自婴儿肠道，是被国家卫健委批准可用于婴幼儿食品中的益生菌菌株，其安全性已被证实：研究结果表明 221 名足月健康婴儿每日摄入 3×10^9cfu 长双歧杆菌婴儿亚种 R0033，持续 8 周后婴儿的体重、身高、头围等各项生长指标变化与对照组无显著性差异，且无明显不良反应发生，说明在婴儿期间食用长双歧杆菌婴儿亚种 R0033 安全可靠，且耐受性良好[4]。另外一项针对婴儿的研究结果表明长双歧杆菌婴儿亚种 R0033 可以降低婴儿肠道菌群中克雷伯菌属、肠球菌水平并增加白介素 IL-10/IL-12 比率，表明该菌株具有一定调节肠道菌群能力以及抗炎特性[33]。此外，含有长双歧杆菌婴儿亚种 R0033 的口服益生菌制剂可以提高机体产生分泌性免疫球蛋白 A 的水平，有助于增强机体免疫，并降低儿童患常见传染病的风险。

2. 长双歧杆菌婴儿亚种 Bi-26

长双歧杆菌婴儿亚种 Bi-26 是从婴儿粪便中分离出来的一种商业益生菌，是母乳喂养的婴儿肠道中普遍存在的双歧杆菌，可以利用母乳低聚糖中的主要成分——2′-岩藻糖基乳糖（2′-FL），同时保持细胞稳态。值得注意的是，长双歧杆菌婴儿亚种 Bi-26 对岩藻糖基乳糖的利用效率比标准菌株长双歧杆菌婴儿亚种 ATCC15697 更高[36]。目前，有较多研究对长双歧杆菌婴儿亚种 Bi-26 代谢 2′-FL 的机制进行了探究，长双歧杆菌婴儿亚种 Bi-26 基因组含有将 2′-FL 分解为岩藻糖、葡萄糖和乳糖单体，并进一步将这些单体代谢，并且体外培养研究表明长双歧杆菌婴儿亚种 Bi-26 代谢 2′-FL 及其单体时 ABC 型糖转运簇等的许多基因表达上调，最终生成甲酸、乙酸以及 1，2-丙二醇和乳酸等代谢产物[37]。长双歧杆菌婴儿亚种 Bi-26 与母乳低聚糖对生命初期个体生长、肠道发育以及肠道微生物组的影响也被证实，研究表明在代乳中单独或联合添加 2′-FL 和长双歧杆菌婴儿亚种 Bi-26 有利于仔猪生长，且对仔猪体重、器官重量、肠道结构和功能无不良影响[38]；另外，长双歧杆菌婴儿亚种 Bi-26 与母乳低聚糖单独或联合处理的婴儿粪便微生物群经体外培养后的实验结果表明，母乳低聚糖增加了菌群中双歧杆菌的丰度以及短链脂肪酸水平，而长双歧杆菌婴儿亚种 Bi-26 降低了丙酸的水平[39]。

3. 长双歧杆菌婴儿亚种 DSM33361

长双歧杆菌婴儿亚种 DSM33361 最初分离自健康婴儿的肠道，是可靠的可食用益生菌菌株。长双歧杆菌婴儿亚种 DSM33361 中含有能够利用母乳低聚糖的基因，这意味着母乳低聚糖和长双歧杆菌婴儿亚种 DSM33361 联合使用可能有助于改善双歧杆菌的定殖，并对婴儿的健康产生长期的有益影响[40]。若干项针对早产儿的临床试验对含长双歧杆菌婴儿亚种 DSM33361 在内的复合益生菌进行了研究，数据表明，作为三菌株复合益生菌的一部分，长双歧杆菌婴儿亚种 DSM33361 在帮助建立健康的肠道微生态方面很有潜能，与降低坏死性小肠结肠炎发病率有关[41][42]。另外，长双歧杆菌婴儿亚种 DSM33361 与其他受到广泛记载且适用于婴儿的益生菌菌株（如动物双歧杆菌乳双歧亚种 BB-12 或鼠李糖乳杆菌 LGG）联合使用可能对婴儿健康发育有益，在婴儿出生后直接进行复合益生菌的补充，对婴儿肠道中双歧杆菌定殖有极大帮助，有助于增加双歧杆菌丰度[43]。

4. 长双歧杆菌婴儿亚种 M-63

长双歧杆菌婴儿亚种 M-63 是日本乳制品公司森永乳业的专利益生菌，已被临床试验证实其对于婴儿具有很高的安全性，可以通过提升婴儿粪便菌群内双歧杆菌的丰度调节肠道菌群、改善水样便且无受试者不良反应，这表明生命早期补充长双歧杆菌婴儿亚种 M-63 对婴儿有益，有助于在婴儿的关键发育阶段形成以双歧杆菌为主的肠道微生物群[44]。另外，长双歧杆菌婴儿亚种 M-63 对低体重早产儿肠道中双歧杆菌的定殖和健康微生物群的形成有关，有降低坏死性结肠炎发生率的潜力[45]。长双歧杆菌婴儿亚种 M-63 对肠—脑轴也有一定干预作用，一项研究表明长双歧杆菌婴儿亚种 M-63 可通过恢复肠道菌群以及调节肠—脑轴有效改善肠易激综合征患者经历洪水后的心理健康[46]。

5. 长双歧杆菌长亚种 BL88-ONLLY

长双歧杆菌长亚种 BL88-ONLLY 是上海交大昂立股份有限公司研发的明星菌株，筛选自我国健康人群肠道的菌株。一项针对接受结肠手术患者的临床试验对含长双歧杆菌长亚种 BL88-ONLLY 以及上海交大昂立股份有限公司其他两株益生菌在内的复合益生菌进行了研究，数据表明经常食用这种复合菌株制剂的患者肠道微生态结构与健康个体相似，因此长双歧杆菌长亚种 BL88-ONLLY 具有调节肠道菌群的潜力[47]。

6. 长双歧杆菌长亚种 BL21

长双歧杆菌长亚种 BL21 分离自健康婴儿肠道，可在食品、保健、医疗、美容等方面发挥功效，受多项专利保护，涉及抗衰老[48]、降尿酸[49]、控制体重[50]、改善肤色[51]、治疗及预防结直肠癌[52] 和 2 型糖尿病[53] 等多个方面，是一种很有潜力的益生菌菌株。此外，该菌株对机体健康的有益作用已被多项动物研究证实，研究表明该菌株可以通过调节 2 型糖尿病小鼠肠道菌群结构发挥其抗糖尿病的作用[54]，通过增强肝脏抗氧化能力和调节肠道微生物群来改善小鼠酒精性肝病[55]，并重塑罗氏菌属以及磷脂酰丝氨酸水平改善高脂肪饮食引起的肠道疾病和肝脏代谢异常，有助于预防肥胖[56]。

7. 长双歧杆菌长亚种 BB536

长双歧杆菌长亚种 BB536 是从母乳喂养的健康婴儿肠道中分离得到的，在缓解胃肠道、免疫和感染性疾病方面有着悠久的历史，目前已被列入我国《可用于婴幼儿食品的菌种名单》中。自该菌株被发现以来，人们已经将其作为益生菌使用了半个世纪，并进行了许多研究以阐明其安全性及有效性。早在 1979 年，长双歧杆菌长亚种 BB536 的安全性就被体实验与动物实验证实，研究表明它是一种非致病性、无毒性、非溶血性和非抗生素耐药性的益生菌，不含任何质粒，也不表现出有害的代谢活性，且对长方歧杆菌长亚种 BB536 的急性和慢性毒理学特征的研究表明，口服长方歧杆菌长亚种 BB536 在小鼠和 SD 大鼠模型中均未引起死亡和任何毒性症状，说明长双歧杆菌长亚种 BB536 安全性极高[57]。

长双歧杆菌长亚种 BB536 的临床疗效也被多项研究证实，研究表明该菌株能调节肠道菌群结构，刺激有益菌生长[58][59]，具有预防及治疗便秘[60]、溃疡性结肠炎[61]和肠易激综合征[62]等多种胃肠道疾病的功效。补充长方歧杆菌长亚种 BB536 也被证明可以通过刺激 NK 细胞活性调节免疫，可用于免疫介导疾病以及过敏性疾病的治疗[63][64]，并且长双歧杆菌长亚种 BB536 也被证明可以治疗和控制微生物感染，可有效抑制幽门螺杆菌、念珠菌的过度生长[65][66]。近年来，长双歧杆菌长亚种 BB536 对肠—脑轴的干预也陆续有研究证实，研究表明补充长方歧杆菌长亚种 BB536 可以显著减轻焦虑—抑郁评分，从而改善受试者精神状况，同时对精神分裂症具有一定治疗潜力[67][68]。

8. 长双歧杆菌长亚种 SBT2928

长双歧杆菌长亚种 SBT2928 是由森永乳业研究和开发的益生菌菌株，它具有良好的生存能力和胃酸耐受性，能够在肠道中存活并发挥其益生作用，可以显著影响肠道微生物群的组成、改变宿主细胞免疫。此前，国外研究人员曾在长双歧杆菌长亚种 SBT2928 的培养上清液中分离出一种能抑制大肠杆菌黏附作用的蛋白质成分，表明该菌株对致病菌具有一定抑制作用[69][70]。同时，长双歧杆菌长亚种 SBT2928 可降低受试者血清中促肾上腺皮质激素的水平，对缓解压力有一定益处[71]。

9. 长双歧杆菌长亚种 R0175

长双歧杆菌长亚种 R0175 对肝脏具有较好的保护作用，能够通过激活相关通路减少氧化损伤、炎症和肝细胞凋亡，缓解药物诱导导致的肝损伤，并通过影响肠道菌群和粪便代谢物以及抑制炎症缓解急性肝衰竭，发挥保护肝脏作用[72][73]。另外，长双歧杆菌长亚种 R0175 也是一株对调节情绪有着很好效果的明星菌株，菌株本身对于抑郁行为有很好的调节作用，是有潜力的情绪调节菌株[74]。目前，长双歧杆菌亚种 R0175 和瑞士乳杆菌 R0052 常联合使用进行情绪调节与干预，含有这两种菌株的益生菌制剂是加拿大批准的首例且唯一有利于肠—脑轴健康的益生菌产品，这一菌株组合也是目前研究比较充分、具备充足循证证据的情绪菌株组合。有研究表明，长期联合服用长双歧杆菌长亚种 R0175 和瑞士乳杆菌 R0052 可以降低受试者焦虑、抑郁的整体评分，有助于保护低水平压力人群的心理健康[75]。有研究人员对其影响肠—脑轴的机制进行探究，实验发现瑞士乳杆菌 R0052 和长双歧杆菌长亚种 R0175 通过调节肠道菌群增加 γ-氨基丁酸和短链脂肪酸水平，同时调节炎症相关细胞因子的水平，从而调节情绪[76]。

10. 长双歧杆菌长亚种 L693

长双歧杆菌长亚种 L693 可与植物乳杆菌、副干酪乳杆菌、两歧双歧杆菌和嗜热链球菌共同发挥作用，通过抑制氧化应激、恢复肠道菌群失调，缓解了丙戊酸盐诱导的小鼠肝脂肪变性和脂质代谢紊乱，具有保护肝脏健康以及脂质代谢健康的潜力[77]。

11. 长双歧杆菌长亚种 BL986

长双歧杆菌长亚种 BL986 具有抗衰老的潜力，干预后可增强肠道屏障功能损伤、减少周围组织的炎症和氧化应激、引起小鼠微生物组成发生变化，有助于改善老年小鼠的学习和记忆能力，增强肌肉功能，因此可能作为一种新的抗衰老药物应用于人类[78]。此外，长双歧杆菌长亚种 BL986 对不同年龄阶段的斑马鱼均有有益作用，研究表明该菌株可以促进斑马鱼幼体的发育、增加肠道微生物群多样性，并改善了不同年龄段炎症性肠病斑马鱼的肠道黏液分泌，促进丁酸分泌，减少炎症反应，从而降低死亡率。这种作用效果对幼体和老年斑马鱼的作用更强[79]。长双歧杆菌长亚种 BL986 对牙周炎也有一定有益效果，可以通过降低炎症因子表达情况，进一步减少龈内炎症细胞浸润面积和牙槽骨破坏情况，缓解牙周炎症状[80]。

12. 长双歧杆菌长亚种 BI-05

长双歧杆菌长亚种 BI-05 对开菲尔酒的抗氧化功能和芳香特性具有很好的促进作用，有助于促进萜类化合物的产生，并且可以显著提高发酵样品中乳酸杆菌和酵母的数量，有助于改善食品品质[81]。

13. 长双歧杆菌长亚种 JBLC-141

长双歧杆菌长亚种 JBLC-141 是一株专利菌株，可以消除体内多余的自由基，防止自由基对机体细胞造成的损失。还能够对细胞氧化损伤起到一定的保护作用，并缓解机体疲劳，适用于各种疾病引起的体内自由基过多以及自身免疫性疾病的食疗，尤其是溃疡性结肠炎、克罗恩病的辅助治疗。也可以用于抗衰老、抗肿瘤、增强免疫、皮肤祛斑祛痘祛皱纹等方面的营养保健[82]。

14. 长双歧杆菌长亚种 BLG-19

长双歧杆菌长亚种 BLG-19 是一株专利菌株，菌体经高压均质后自溶可获得细胞内容物，其细胞内容物具有良好的吸湿性和保湿性，可对皮肤发挥保水功效，增加皮肤角质层水分，从而赋予产品良好的吸湿保湿功效，同时具有细胞修复效果，可以修复创面，有着制备细胞修复、保湿产品的潜力[83]。

15. 长双歧杆菌长亚种 UABL-14

长双歧杆菌长亚种 UABL-14 是益生菌产品中常见的益生菌菌株，具有较好的耐储性能，其产品的菌株活性在保质期内均无明显下降，活菌数高于标签声明的数量[84]。研究证实该菌株与其他菌株联合使用时，可维护消化系统健康、调节肠道功能并改善功能性便秘患者的肠道微生物群[85]。另一项研究表明，通过补充含长双歧杆菌长亚种 UABL-14 在内的合生元制剂可以增加双歧杆菌和乳酸杆菌等肠道有益细菌的丰度，这与受试者血糖下降以及体重、BMI、腰围和体脂量的减少存在关联，说明长双歧杆菌长亚种 UABL-14 可以通过增加潜在有益微生物物种的丰度来调节人类肠道微生物群[86]。

3.3.1.3 短双歧杆菌

短双歧杆菌是一种革兰氏阳性、无芽孢、无运动的专性厌氧菌，具有多种形态特征包括短杆、分叉Y形杆、V形杆等。1971年，短双歧杆菌从婴儿粪便中分离出并命名。随着对短双歧杆菌的深入研究，已经发现该菌具有增强免疫功能、调节肠道菌群平衡等功能，对坏死性小肠结肠炎、过敏等多种儿童疾病具有预防及治疗作用[87]。

1. 短双歧杆菌M-16V

短双歧杆菌M-16V是婴儿常用的益生菌菌株，1963年分离自婴儿肠道，1976年随着膳食补充剂Vinelac的推出首次在日本上市，此后又被添加到成人配方奶粉、足月和早产儿配方奶粉等其他产品中[88]。在我国，2016年6月原国家卫计委将短双歧杆菌M-16V列入《可用于婴幼儿食品的菌种名单》中，批准可用于婴幼儿食品。短双歧杆菌M-16V具有多种益生功能特性，体外实验表明短双歧杆菌M-16V极易进入人体胃肠道，具有较强的黏附性，这些特性为其在体内发挥功效奠定了良好基础[89]。动物实验和临床研究的数据表明短双歧杆菌M-16V有望保护婴儿免受破坏性坏死性小肠结肠炎的侵害，从而预防和治疗婴儿早产并发症。探究其作用机制，这是由于短双歧杆菌M-16V更有利于在婴儿肠道中定殖，有利于维持早期肠道微生物群的平衡，并通过参与炎症反应的调节以及恢复肠道屏障功能促进婴儿尤其是早产儿的身体健康[93][94]。在过去的几十年里，婴儿过敏性疾病的患病率在全球范围内显著增加，早期肠道菌群结构异常可能是导致婴儿出生后患过敏性疾病和免疫介导性疾病的主要因素。短双歧杆菌M-16V通过调节肠道微生物群对机体健康进行干预，已成为预防婴儿过敏性疾病的潜在措施，可以预防或降低食物过敏、过敏性鼻炎和哮喘等疾病的发生，这同样与促进双歧杆菌定殖以及调节免疫反应有关。

2. 短双歧杆菌BB-03

短双歧杆菌BB-03可利用多种碳水化合物进行生长代谢，研究表明除葡萄糖外，两歧双歧杆菌BB-03在以乳糖和低聚半乳糖为碳源的培养基中都可以生长，且菌株生长状况比以葡萄糖为碳源的培养基更好[97][98]。短双歧杆菌BB-03可与其他多种菌株协同发挥其功效作用，可以降低糖尿病病人空腹血糖和胰岛素抵抗，同时提高血浆中丁酸盐的水平和肠道中产短链脂肪酸的细菌的数量，这表明短双歧杆菌BB-03有辅助增强患者代谢葡萄糖的潜力[99]。

3. 短双歧杆菌BBr60

短双歧杆菌BBr60对皮肤细胞具有安全性，是一株专利菌株，可以增强成纤维细胞中透明质酸、胶原蛋白等表达量，影响人真皮成纤维细胞及角质层形成细胞的活性增殖和修复，同时减轻紫外照射引起的脂质过氧化，缓解肌肤氧化应激，具有修复紫外线引发的皮肤损伤及炎症的作用，能改善紫外线长期反复照射下造成的皮肤光老化现象[100]。一项实验研究也证明了短双歧杆菌 BBr60 的细胞提取物具有较强的抗氧化能力，同时其代谢物和提取物可以抑制人乳腺癌细胞的增殖，具有一定抗肿瘤的潜力。此外，动物实验结果表明短双歧杆菌 BBr60 安全性较高，可以在一定程度上提高阿霉素的抗肿瘤疗效[101]。

4. 短双歧杆菌 B-3

短双歧杆菌 B-3 与肠道屏障功能密切相关，研究表明短双歧杆菌 B-3 分泌的生物活性因子对肠道紧密连接蛋白表达具有促进作用，有助于维持肠道屏障完整性[102]。此外，短双歧杆菌 B-3 是一株具有减肥功效的益生菌，其作用效果已被多项研究证实。动物实验研究表明短双歧杆菌 B-3 在高脂肪饮食诱导的肥胖小鼠模型中发挥有益作用，可以控制小鼠体重、上调肠道和附睾脂肪组织中与脂肪代谢和胰岛素敏感性相关的基因表达从而减少附睾脂肪的积累，改善血清总胆固醇、空腹血糖和胰岛素水平[103]。若干项临床研究也证实短双歧杆菌 B-3 具有减轻体脂的功效。针对轻度肥胖的成年受试者的研究表明短双歧杆菌 B-3 减少了受试者体脂、改善了肝功能和全身炎症反应并产生短链脂肪酸和其他生物活性成分参与机体代谢过程，同时改善了受试者甘油三酯水平和高密度脂蛋白胆固醇的水平。值得注意的是，短双歧杆菌 B-3 也显著提高了肌肉质量，表明其对肌肉的潜在影响。为探究短双歧杆菌 B-3 对肌肉质量和功能的影响机制，研究人员进行了一项动物实验，实验结果表明摄入短双歧杆菌 B-3 活菌或热灭活细菌会提高肌肉质量并影响肌肉代谢，且热灭活菌的效果更好，小鼠握力水平明显高于对照组，这可能与热灭活菌影响 AMPK-PGC1α-线粒体生物发生途径并促进了腓肠肌中的氧化肌纤维组成有关[106]。

5. 短双歧杆菌 Yakult

短双歧杆菌 Yakult 是一种用于发酵产品和药物制剂的益生菌菌株，现广泛用于养乐多制品中。有研究表明，短双歧杆菌 Yakult 对除链霉素外的所有抗生素均表现出固有的敏感性，且耐药基因无法发生转移，因此具有较好的安全性[107]。该菌株可利用低聚半乳糖进行生长代谢，研究表明在添加 4′-GL（低聚半乳糖主要成分）的培养基中短双歧杆菌 Yakult 编码溶质结合蛋白和 β-半乳糖苷酶的蛋白表达明显上调，通过增强菌株对低聚半乳糖的亲和力以及水解能力提高对低聚半乳糖的利用效率[108]。多项研究也表明短双歧杆菌 Yakult 与低聚半乳糖联合干预对受试者健康有益，可以调节受试者的肠道菌群，改善肠道环境，减轻溃疡性结肠炎患者的临床症状[109]。短双歧杆菌 Yakult 与低聚半乳糖对改善女性皮肤健康也有一定作用，可以改善皮肤干燥情况，并通过调节肠道菌群抑制肠道微生物产生酚类物质以降低血液与尿液中酚类物质的水平，改善皮肤状况[110][111]。

6. 短双歧杆菌 BBR-15

短双歧杆菌 BBR-15 与多种益生菌的复合制剂具有治疗腹泻型肠易激综合征的作用效

果，已被授予发明专利权。这种复合制剂可显著改善患者的大便性状和腹痛症状，同时可以改善患者的生活质量以及焦虑抑郁程度，显著降低肠易激综合征严重程度评测评分，总体治疗效果与粪菌移植相当，且在改善粪便性状与患者腹痛症状方面的效果比粪菌移植胶囊更好[112]。

7. 短双歧杆菌 TR103

短双歧杆菌 TR103 是从百岁长寿老人体内分离得到的益生菌，目前该菌株及其应用已被授予发明专利权。短双歧杆菌 TR103 可以改善溃疡性结肠炎小鼠的结肠出血情况以及结肠长度、缓解小鼠体重降低的趋势、减轻便血以及腹泻情况，从而缓解小鼠溃疡性结肠炎症状；该菌株对慢性酒精肝损伤有保护作用，可以降低谷氨酸氨基转移酶和天门冬氨酸氨基转移酶的含量，降低酒精对细胞的损伤；该菌株还可以缩短便秘小鼠首次排黑便时间，提高排便质量、排便粒数和粪便含水率，具有调节排便频率、缓解便秘的功能。因此，短双歧杆菌 TR103 具有应用于治疗/预防肠道鼓膜损伤、酒精引起的肝损伤以及便秘的药物或保健品的潜力[113]。

3.3.1.4 青春双歧杆菌

青春双歧杆菌是人体益生菌的一种，主要存在于16~45 岁的人体肠道内，这段时期正是人体最青春的时期，所以青春双歧杆菌由此得名。青春双歧杆菌对于治疗慢性腹泻、舒缓便秘、改善过敏体质、促进肠胃消化、减肥、炎症性肠病以及改善儿童自闭症都有显著帮助。青春双歧杆菌除了对肠道的调理作用外，还可以明显增加血中超氧化物歧化酶的活性与含量，从而减少自由基的氧化反应和对人体细胞的损伤，对抗衰老和延长寿命也有积极意义[114]。

青春双歧杆菌 BAC30 分离自健康婴儿肠道，可利用低聚木糖、低聚果糖以及低聚半乳糖等益生元进行生长代谢，促进菌体繁殖，同时通过测定菌株在添加不同种类益生元的培养基中的生长曲线可知菊粉可以缩短青春双歧杆菌 BAC30 的对数生长期，使其菌数在较短时间内得以快速增长并趋于稳定[21]。

3.3.1.5 动物双歧杆菌

动物双歧杆菌是人和许多哺乳动物肠道中的优势菌之一，分布于从母乳喂养的婴儿粪便中。动物双歧杆菌在人体肠道内能够合成维生素供人体吸收，并分泌多种酶类促进食品的消化与吸收，还可以发酵乳糖产生半乳糖，促进婴儿脑部生长，并提高乳糖不耐症患者对乳制品的利用率。它对婴幼儿的营养和肠道疾病的预防具有重要作用，参与免疫、营养、消化和保护等一系列生理过程，发挥着重要的功能，常见于婴幼儿益生菌食品中[115]。

1. 动物双歧杆菌乳亚种 B94

动物双歧杆菌乳亚种 B94 是从母乳喂养的婴儿粪便中分离得到的，参与免疫、营养、消化和保护等一系列生理过程，发挥着重要的功能，起到保护婴幼儿健康的作用。体外和体内临床前研究表明，动物双歧杆菌乳亚种 B94 可以通过保护肠道内壁形态完整性增强肠道屏障功能，同时调节免疫反应减少炎症诱导的黏膜损伤[116]、增加粪便中的醋酸盐水平调节肠道菌群[117]、抑制肠道病原体生长[118]，从而发挥其益生作用。更有临床研究表明动物双歧杆菌乳亚种 B94 可以缩短患腹泻儿童急性水样腹泻病程[119]、提高患儿幽门螺杆菌感染根除率[120]、缓解肠易激综合征患儿的胃肠道症状[121]。

2. 动物双歧杆菌乳亚种 Bb-12

动物双歧杆菌乳亚种 Bb-12 是世界上文件记录最多的双歧杆菌，源自丹麦益生菌龙头企业科汉森。该菌株具有优越的发酵性能、耐氧性和稳定性，现已在全球范围内用于婴儿配方奶粉、膳食补充剂和发酵乳制品且已被列入我国《可用于婴幼儿食品的菌种名单》中。与其他双歧杆菌相比，动物双歧杆菌乳亚种 Bb-12 显示出较高的胃酸和胆汁耐受性。众多研究表明动物双歧杆菌乳亚种 Bb-12 在被人类食用后可能会在胃酸和胆汁中存活，这一特性有助于动物双歧杆菌乳亚种 Bb-12 发挥其益生潜力[122]。另外，动物双歧杆菌乳亚种 Bb-12 在各种体外环境中表现出高黏附性，对黏蛋白、多种细胞以及粪便分离出的黏液都具有良好的黏附性能，这为动物双歧杆菌乳亚种 Bb-12 在肠道黏膜表面瞬时定殖奠定了基础，从而进一步增加了该菌株对机体提供有益作用的可能性。

临床前研究表明动物双歧杆菌乳亚种 Bb-12 具有多种益生功能特性。

（1）抑制病原体：动物双歧杆菌乳亚种 Bb-12 对艰难梭菌、产气大肠杆菌、单核细胞增生李斯特菌以及金黄色葡萄球菌等多种致病菌具有抑制作用，可以通过产生抗菌肽等抑菌物质来抑制致病菌活性，并通过取代致病菌对细胞的黏附减少致病菌定殖[126][127]。

（2）增强肠道屏障功能：体外实验表明动物双歧杆菌乳亚种 Bb-12 可以增加细胞的紧密连接蛋白表达并上调肠道组织中黏蛋白的表达从而防止上皮屏障功能的破坏，对肠道损伤有很好的预防及治疗作用[128][129]。

（3）免疫调节：多项研究已经证明了动物双歧杆菌乳亚种 Bb-12 的免疫调节作用，动物双歧杆菌乳亚种 Bb-12 能够诱导树突状细胞的成熟，并影响免疫细胞功能，诱导细胞因子表达，这说明动物双歧杆菌乳亚种 Bb-12 能够与免疫细胞相互作用，可能对机体免疫功能有益[130]。

动物双歧杆菌乳亚种 Bb-12 对人体的有益作用已在多项临床试验中进行了探究，已被证明对胃肠道健康和免疫功能都有有益的健康作用，该菌株相关临床研究受试者人群范围广，包括从早产儿到老年人的全年龄段人群，其给药剂量最高可达每天 1000 亿 cfu。

研究表明动物双歧杆菌乳亚种 Bb-12 在胃肠道具有很好的存活性，摄入后可以在粪便中检出活菌，而且还能在结肠中短暂定殖[131]。动物双歧杆菌乳亚种 Bb-12 单独使用或者与其他益生菌或成分联合使用，可调节受试者肠道菌群结构，减少有害菌，增加有益菌。健康成年人摄入动物双歧杆菌乳亚种 Bb-12 持续 2 周后粪便微生物群中双歧杆菌水平有所增加，摄入动物双歧杆菌乳亚种 Bb-12、嗜酸乳杆菌和含绿茶提取物的酸奶 4 周后粪便中存活的乳酸菌数量显著增加，肠球菌数量显著降低。

动物双歧杆菌乳亚种 Bb-12 可以通过增加肠道运动、运输时间或通过软化粪便维持肠道功能正常运转。研究表明，摄入动物双歧杆菌乳亚种 Bb-12 可以改善排便频率低和腹部不适的受试者排便不适症状，并增加排便频率[134]。此外，添加动物双歧杆菌乳亚种 Bb-12 的配方奶粉对缓解婴儿急性腹泻有效，可以降低婴儿出现急性腹泻的概率，而动物双歧杆菌乳亚种 Bb-12 与植物乳杆菌联合使用对治疗抗生素相关腹泻有帮助，可以改善腹泻持续时间并缓解胃肠道不适[135][136]。

目前有很多临床研究探究了动物双歧杆菌乳亚种 Bb-12 对健康人免疫系统功能的影响。受试者服用动物双歧杆菌乳亚种 Bb-12 后接受流感疫苗接种使得体内抗体水平增加，但细胞因子或先天免疫指标没有发现差异，表明动物双歧杆菌乳亚种 Bb-12 干预仅引起特异性免疫反应[137]。此外，摄入动物双歧杆菌乳亚种 Bb-12 会对健康成年人 T 细胞和 NK 细胞活性有影响，从而影响免疫功能以及流感严重程度[138]。

综上所述，动物双歧杆菌乳亚种 Bb-12 具有良好的益生菌特性，并被证明对胃肠道健康和免疫功能有益。

3. 动物双歧杆菌乳亚种 HN019

动物双歧杆菌乳亚种 HN019 是一种最初从商业酸奶中分离出来的菌株。动物双歧杆菌乳亚种 HN019 有多种成品形式，在食品饮料、膳食补充剂和制药行业具有深远的应用潜力，同时安全性高，目前已被列入我国《可用于婴幼儿食品的菌种名单》中，其完整的基因组序列于 2018 年发表[139]。动物双歧杆菌乳亚种 HN019 可以利用多种低聚糖，主要为单糖和双糖，如低聚半乳糖、低聚果糖和低聚木糖等，但不能利用聚合度超过 7 的低聚糖[140][141]。研究表明动物双歧杆菌乳亚种 HN019 通过抑制活性和竞争黏附位点等方式抑制潜在病原体[142]，增强免疫能力减轻致病菌感染症状[143][144]。此外，还可以促进肠道蠕动，通过减少肠道转运时间、增加排便频率改善便秘[145]，并与其他益生菌或益生元联合使用改善胃肠道不适症状[146][147]。动物双歧杆菌乳亚种 HN019 对预防和治疗抑郁症等疾病同样有效，可以通过上调单胺神经递质的表达水平，下调炎症细胞因子的水平，并修改大鼠肠道微生物群的结构变化改善了抑郁和焦虑行为[148]。

4. 动物双歧杆菌乳亚种 Bi-07

动物双歧杆菌乳亚种 Bi-07 来源于人体，能在牛奶中生长，拥有良好的保护胃肠道能力，2011 年 11 月原卫生部将其列入《可用于婴幼儿食品的菌种名单》。体外研究表明，动物双歧杆菌乳亚种 Bi-07 不存在抗生素耐药性转移潜力，具有安全性[149]。研究表明动物双歧杆菌乳亚种 Bi-07 具有促进乳糖吸收的功能，在模拟上消化道的体外实验中动物双歧杆菌乳亚种 Bi-07 在胃和十二指肠阶段的乳糖酶活性较高，且临床试验结果证实动物双歧杆菌乳亚种 Bi-07 可以改善乳糖消化不良症状，其效果与乳糖酶作用效果接近[150]。动物双歧杆菌乳亚种 Bi-07 具有调节肠道菌群、改善胃肠道功能的效果。一项研究表明，健康成年人连续摄入 21 天该菌株后受试者粪便乳酸双歧杆菌含量显著增加[151]；便秘女性摄入该菌株后排便不畅、粪便干结等症状显著改善[152]。此外，动物双歧杆菌乳亚种 Bi-07 还有调节免疫功能的作用，益生菌干预后老年受试者单核细胞和粒细胞的吞噬活性显著改善，但不增加活性氧释放，有助于提高机体免疫功能[153]。

5. 动物双歧杆菌乳亚种 Bi-04

动物双歧杆菌乳亚种 Bi-04 是从健康成人的粪便中分离出来的益生菌菌株，研究显示其具有良好的商业价值和益生特性，有着维护机体健康的功效。动物双歧杆菌乳亚种 Bi-04 可以产生细菌素等抑菌物质抑制病原菌生长，体外研究现已证实对单核细胞增生李斯特菌的生长有抑制作用[154]。动物双歧杆菌乳亚种 Bi-04 可调节人体肠道菌群，研究表明受试者补充动物双歧杆菌乳亚种 Bi-04 进行干预后，粪便中的动物双歧杆菌乳亚种 Bi-04 显著增加，而安慰剂的粪便样本未检出动物双歧杆菌乳亚种 Bi-04[155]。动物双歧杆菌乳亚种 Bi-04 具有调节免疫的功能，可刺激外周血单核细胞分泌细胞因子，研究表明动物实验证实该菌株可以通过减少直肠出血、改善粪便稠度、减少肠道杯状细胞和隐窝丢失恢复结肠壁厚度从而改善 TNBS 诱导的小鼠结肠炎症状[156]。此外，最近的研究表明动物双歧杆菌乳亚种 Bi-04 对改善皮肤皱纹和干燥有一定作用，研究发现该菌株持续干预 12 周后显著改善了面部皮肤总皱纹面积、体积和深度，长期服用有助于改善皮肤状况[157]。

6. 动物双歧杆菌乳亚种 CP-9

动物双歧杆菌乳亚种 CP-9 是一种从母乳中分离的益生菌，对包括变形链球菌、牙龈卟啉单胞菌在内的多种口腔病原菌均有抗菌活性，具有保护口腔健康的特点[158]。动物双歧杆菌乳亚种 CP-9 的安全性已被研究证实，一项研究对其进行了遗传毒性和动物 90 天口服毒性评估，结果表明实验大鼠的各项生化和组织学指标无明显变化，菌株无致突变性和体内遗传毒性[159]。同时，这项研究进行了多项实验证实了动物双歧杆菌乳亚种 CP-9 具有多项益生功能：体外黏附实验结果表明，该菌株对 Caco-2 肠上皮细胞具有较强的黏附作用以及胃肠液耐受性，具有在胃肠道环境中生存的潜力；体外免疫调节实验表明，该菌株对人单核细胞白血病细胞的抗炎反应有潜在的影响；抑菌实验结果表明该菌株对大肠杆菌和副溶血性弧菌等多种致病菌具有抑制作用，且抑菌能力优于动物双歧杆菌乳业种 Bb-12 活菌[159]。近年来，关于动物双歧杆菌乳亚种 CP-9 的相关临床研究主要集中于婴幼儿人群，研究表明该菌对7天至6个月大的婴儿是安全的，可辅助改善足月新生儿黄疸的光疗治疗效果，同时具有调节婴幼儿肠道菌群结果的潜力。

7. 动物双歧杆菌乳亚种 GCL2505

动物双歧杆菌乳亚种 GCL2505 是从健康成年人的粪便中分离出来的益生菌，能够在人和动物的肠道中有效增殖并调节肠道菌群。动物双歧杆菌乳亚种 GCL2505 有缓解代谢综合征的作用，可以通过改善葡萄糖耐量、抑制内脏脂肪堆积，并通过改善菌群结构调节短链脂肪酸的水平，从而改善代谢紊乱[165]。此外，临床研究实验结果显示受试者每天食用含有动物双歧杆菌乳亚种 GCL2505 的发酵乳可以减少腹部内脏脂肪[166]。动物双歧杆菌乳亚种 GCL2505 调节能量代谢的机制是通过产生短链脂肪酸与 G 蛋白偶联受体作用，抑制脂肪组织中的胰岛素信号传导，增强宿主的能量消耗，从而减少脂肪堆积[167]。

8. 动物双歧杆菌乳亚种 LKM512

动物双歧杆菌乳亚种 LKM512 耐酸性良好并具有黏附于肠道黏蛋白的能力，从而保持其在肠道中的活力，目前研究已发现摄入该菌株会改变肠道细菌组成，并增加受试者肠道内亚精胺含量来降低肠道致突变性。由于亚精胺或可阻止与年龄有关的记忆能力下降，并能延缓蛋白质衰老，因此补充动物双歧杆菌乳亚种 LKM512 对维持老年人机体健康以及寿命的增加具有一定潜力。目前已有研究表明，给10月龄的实验鼠持续给予动物双歧杆菌乳亚种 LKM512 后体内衰老和炎症相关基因的表达显著下调，同时动物存活率显著增加，患肿瘤或溃疡等疾病的风险也大大降低[171]。此外，动物双歧杆菌乳亚种 LKM512 对心血管疾病的预防也有一定作用，健康受试者服用该菌株持续12周后肠道菌群结构发生了变化，从而影响粪便中三甲胺浓度，降低动脉粥样硬化风险[172]。另一项研究表明，动物双歧杆菌乳亚种 LKM512 和精氨酸长期治疗可提高中年小鼠的认知灵活性，表明该菌株有助于预防与年龄相关的认知能力下降[173]。

9. 动物双歧杆菌乳亚种 UABla-12

动物双歧杆菌乳亚种 UABla-12 单一菌株以及与其他菌株联用对胃肠道健康均具有较好的功效。研究表明，动物双歧杆菌乳亚种 UABla-12 可以协助机体消化食物、改善大便频率及排便习惯、减轻腹胀，有助于改善肠易激综合征患者的生活质量[174]。为更好地发挥其益生功能特性，动物双歧杆菌乳亚种 UABla-12 常与嗜酸乳杆菌 DDS-1 或其他菌株联合使用，这类复合益生菌的功效已被多项研究证实有助于皮肤健康、免疫功能、胃肠道功能健康等。研究表明，短期摄入动物双歧杆菌乳亚种 UABla-12 与嗜酸乳杆菌 DDS-1 虽然不会降低儿童呼吸道疾病的发病率，但会缩短呼吸道感染时间[175]；患有功能性便秘的儿童服用这两种菌株后排便频率增加，排便习惯正常化[176]；两种菌株联用可以使受试者外周血中相应的淋巴细胞亚群发生变化，改善特应性皮炎患儿的临床症状[177]。此外，含有动物双歧杆菌乳亚种 UABla-12 的多菌株混合物也被证实可以调节微生物群，改善排便情况[85]。

10. 动物双歧杆菌乳亚种 Slimram-1

动物双歧杆菌乳亚种 Slimram-1 是一株分离自母乳喂养的健康婴儿肠道环境的天然菌株，已取得 3 个地区授权专利（中国 ZL201480040870. X，欧洲 EP3048165，美国 US10946051B2）。临床前研究表明该菌株可以显著降低线虫体内总脂质和甘油三酯水平，发挥抗氧化作用并参与脂质代谢的调节，并且热灭活后菌株同样可以对代谢综合征紊乱以及肥胖发挥作用。近年来，动物双歧杆菌乳亚种 Slimram-1 也被临床证明具有支持体重管理、减小腰围、减少内脏脂肪面积和降低体重指数 BMI 的作用，并提升肠道中阿克曼氏菌的丰度，从而改善代谢水平。此外，菌体细胞壁中的脂磷壁酸成分也可以激活 IGF-1 信号通路，该通路调节与胰岛素和血糖相关的基因，从而参与调节脂质代谢。

11. 动物双歧杆菌 BPL1

动物双歧杆菌 BPL1 = 动物双歧杆菌乳亚种 Slimram-1。

12. 动物双歧杆菌乳亚种 BAL531

动物双歧杆菌乳亚种 BAL531 是从健康婴儿粪便中分离得到的益生菌，研究表明该菌对志贺氏菌、大肠埃希氏菌等常见肠道致病菌有较好的抑制效果，对 9 种常用抗生素敏感，具有较好的胃肠液耐受性，经人工胃肠液处理后存活率均在 55%以上，无口服及腹腔注射毒性反应且具有一定的安全性，是一种可用于开发肠道调节益生菌产品的潜力菌株[182]。动物双歧杆菌乳亚种 BAL531 具有较好的黏附能力，能够增殖肠上皮细胞，并显著提升肠道组织紧密连接蛋白表达水平，从而增强肠道屏障功能。另外，动物双歧杆菌乳亚种 BAL531 还可以上调 5-羟色胺转运体以及水通道蛋白表达，这可能与其缓解便秘和腹泻的机制有关。动物双歧杆菌乳亚种 BAL531 具有较强的降脂活性，对于代谢相关性疾病也有一定的缓解作用，动物实验结果表明该菌株能够为小鼠减少内脏脂肪、降低肝脏指数并调节肝脏脂肪代谢，从而减轻肝脏损伤[185]。

13. 动物双歧杆菌乳亚种 B420

动物双歧杆菌乳亚种 B420 中已被证实有助于减少热量摄入、减少脂肪堆积、调节食欲等功效，有助于控制体重，还能够诱导肠道微生物群的积极变化，其主要功能特性是体重管理和代谢健康。研究表明该菌株可以降低肥胖小鼠体重从而缓解高脂饮食带来的危害[186]；人体临床研究同样表明动物双歧杆菌乳亚种 B420 可以减少体脂量、腰围、食物摄入量和体重，这可能是通过增加肠道屏障功能来实现的[187]。除此之外，动物双歧杆菌乳亚种 B420 对血糖、胰岛素敏感性的调节以及脂血症、心血管疾病均有一定有益作用，摄入该菌株可以改善葡萄糖耐量，减少糖尿病小鼠葡萄糖不耐受情况[186]，显著减少小鼠心肌梗死大小和面积，预防心肌梗死引起的病理损伤[188]，通过下调受试者甘油三酯的水平维持健康成人的血浆脂质水平等[189]。

14. 动物双歧杆菌乳亚种 LAFTIB94

动物双歧杆菌乳亚种 LAFTIB94＝动物双歧杆菌乳亚种 B94。

15. 动物双歧杆菌乳亚种 BLa80

动物双歧杆菌乳亚种 BLa80 是一株来源于母乳的益生菌，具有多种益生功能，受多项专利保护，该菌株对大肠杆菌、沙门氏菌和金黄色葡萄球菌有很强的抑菌能力和共聚能力，对肠道上皮细胞具有较强的黏附能力，可缓解腹泻、维护肠道免疫健康[190]。最近的动物研究表明，动物双歧杆菌乳亚种 BLa80 可以明显改善小鼠急性溃疡性结肠炎症状，不仅缓解了体重减轻的趋势和病理损伤，还缓解了小鼠的肠道炎症反应[191]。另外，补充动物双歧杆菌乳亚种 BLa80 可提高日本鲈鱼幼鱼的存活率，提高体重指数并提升机体抗氧化能力，减少结肠和肝细胞的凋亡，提高肠道免疫力，并改变日本鲈鱼幼鱼的后肠微生物群结构[192]。此外，含有该菌株的复合益生菌可延长暴露于辐射的小鼠的存活时间、减少肠上皮损伤并部分恢复肠道微生物群的多样性[193]。临床研究进一步证实了动物双歧杆菌乳亚种 BLa80 对胃肠道健康的有益作用，该菌株可以减轻儿童腹泻症状，缩短腹泻持续时间，改善粪便稠度以及肠道微生物结构；同时，该菌株还可以使便秘型肠易激综合征患者的排便频率增加，便秘症状显著改善。

3.3.2 乳杆菌属

乳杆菌属于革兰氏阳性细菌，可以发酵碳水化合物产生大量乳酸，在自然界分布广泛，也是人体肠道微生物群中重要的益生菌。作为肠道菌群的重要组成成员，乳杆菌能够维持胃肠道屏障功能、调节肠道微生态结构与免疫功能、促进肠道的生长和发育等，对维持肠道健康发挥重要作用，目前已得到广泛的商业应用[196]。

3.3.2.1 德氏乳杆菌

德氏乳杆菌是最具经济价值的同型发酵乳酸菌种之一，可利用乳糖、葡萄糖、果糖、甘露糖等多种糖类为单一碳源，具有良好的发酵性能，被广泛应用于食品发酵生产中。同时，德氏乳杆菌具有免疫调节、调节血压、抑制致病菌、促进营养物质吸收和减轻肠道炎症等益生功能，因此不仅可用于饲用添加剂中，也可用于多功能益生菌产品的开发[197]。

1. 德氏乳杆菌保加利亚亚种 LB-87

德氏乳杆菌保加利亚亚种 LB-87 是一株具有较高乳糖酶活性的益生菌，具有将乳糖快速转化为乳酸及乳酸盐的能力，有助于乳糖的消化[198]。德氏乳杆菌保加利亚亚种 LB-87 可以利用不同的碳水化合物作为底物进行生长和代谢，研究表明德氏乳杆菌保加利亚亚种 LB-87 在以葡萄糖、乳糖、低聚半乳糖为碳源的培养基中均能进行生长繁殖，但无法利用 2′-岩藻糖基乳糖（2′-FL）、3-岩藻糖基乳糖（3-FL）等母乳低聚糖。

2. 德氏乳杆菌保加利亚亚种 OLL1073R-1

德氏乳杆菌保加利亚亚种 OLL1073R-1 可产生胞外多糖，这一特点与该菌株具有调节免疫活性的益生功能特性密切相关。2006 年的一项研究表明该菌株产生的胞外多糖可在体外诱导小鼠脾细胞产生细胞因子，并在口服给药后增强体内 NK 细胞活性，证明了口服该菌株可通过产生胞外多糖调节免疫系统[199]。此后，多项研究证实了该菌株具有增强机体免疫力的作用，可以调节炎症因子并提高免疫球蛋白 A 水平，对流感以及过敏性炎症性等疾病具有良好的预防作用。其胞外多糖对流感的积极影响也有研究证实，研究表明胞外多糖可抑制癌胚抗原相关细胞黏附分子的表达来抑制流感病毒感染，并通过抑制炎性细胞因子表达使流感感染导致的肺泡上皮细胞紧密连接损伤得到恢复，从而改善屏障功能。

3. 德氏乳杆菌乳亚种 LDL114

德氏乳杆菌乳亚种 LDL114 是专利菌株，具有抑菌功能，对阴道上皮细胞具有较强的吸附能力，常与其他菌株联合使用辅助治疗念珠菌性阴道炎，对女性健康有益[204]。研究表明，对于患有念珠菌性阴道炎的孕期患者，含有该菌株的复合益生菌制剂与抗菌药物联合使用可以降低宫颈阴道中念珠菌的丰度、促进乳酸杆菌种类的增加、减少阴道炎症，并改善患者的情绪和生活质量；此外，治疗增加了患者排便次数，可降低妊娠便秘的风险。

3.3.2.2　嗜酸乳杆菌

嗜酸乳杆菌是一种最初从人类胃肠道中分离得到的具有商业价值的益生菌，具有将碳水化合物快速发酵成乳酸的能力，常被添加于酸奶等发酵乳制品中，同时可用于牛奶、幼儿配方奶粉以及具有益生作用的膳食补充剂等产品中。嗜酸乳杆菌具有较强益生特性，最适 pH 值为 5.5~6.0，耐酸性强，同时具有耐胆盐、抑菌特性、黏附特性等基本益生特性，具有益生潜力[207]。

1. 嗜酸乳杆菌 NCFM

嗜酸乳杆菌 NCFM 最早从人类粪便分离出来是在 20 世纪 70 年代初期，通过分析基因组可知该菌株具有参与产生细菌素、参与糖和益生元代谢、黏附性以及耐受酸和胆汁的多种基因[208]。嗜酸乳杆菌 NCFM 是研究最为全面的一株嗜酸乳杆菌，研究证实其具有抑菌、抗癌、改善乳糖不耐受、改善肠道功能和调节免疫等多种功能，目前已被列入我国《可用于婴幼儿食品的菌种名单》中[209]。近年来，关于嗜酸乳杆菌 NCFM 的实验研究已不局限于研究单菌株的作用效果，其与其他益生菌联合使用对人体的益生作用渐渐受到研究者的关注。研究表明，嗜酸乳杆菌 NCFM 与双歧杆菌、嗜酸乳杆菌、鼠李糖乳杆菌等多种益生菌联合使用均能发挥较好的益生作用：嗜酸乳杆菌 NCFM 与双歧杆菌联合干预可改善术后患者的维生素水平以及胆固醇水平，有助于术后早期营养和代谢恢复[210]；嗜酸乳杆菌NCFM与LAFTIL10联合使用可改善肠易激综合征患者的腹痛、腹胀等不适症状，并降低患者患病的综合评分[211]；嗜酸乳杆菌NCFM和鼠李糖乳杆菌的益生菌奶酪具有调节肠道菌群的功能，可以特异性改变肠道菌群，主要影响肠道乳酸菌和艰难梭菌的丰度[212]；嗜酸乳杆菌NCFM与植物乳杆菌联合使用可以减少幽门螺杆菌体内定殖，并减轻胃部炎症[213] ……这说明嗜酸乳杆菌NCFM可以以单菌株、复合菌株等多种形式进行商业开发，最大限度发挥其益生功能。

2. 嗜酸乳杆菌DDS-1

嗜酸乳杆菌DDS-1于1959年首次被发现和分离，具有优越的体外益生特性，包括胃肠道存活能力、黏附能力、免疫调节能力等[214]。作为独立菌株，一些研究表明嗜酸乳杆菌DDS-1具有促进肠道菌群健康化、改善大便频率、提高患消化系统疾病患者的生活质量[174]、改善和促进乳糖消化利用[215] 等功能。当嗜酸乳杆菌DDS-1与动物双歧杆菌UABla-12同时使用可对儿童免疫健康起到保护作用，研究表明这种益生菌组合可以缩短儿童上呼吸道感染持续的时间，加快感染现象消退，并且可以通过调节淋巴细胞使患特应性皮炎的儿童临床症状显著改善[175][177]。近年来，关于嗜酸乳杆菌DDS-1抗衰老的相关研究较多，研究表明嗜酸乳杆菌DDS-1可以调节肠道微生物群并改善衰老小鼠的代谢特征，并调节免疫功能，对机体年轻化发挥潜在作用。

3. 嗜酸乳杆菌LA85

嗜酸乳杆菌LA85对减轻肠道损伤、保护肠道健康具有有益作用。该菌株可以显著缓解环磷酰胺诱导的小鼠体重减轻，缓解小鼠肠组织损伤，修复肠黏膜，并降低肠道通透性，具有调节肠道微生物群和提高肠道免疫力的功能，可用作免疫功能低下患者的膳食补充剂[218]。此外，嗜酸乳杆菌LA85恢复了溃疡性结肠炎小鼠肠道微生物群多样性、降低了炎性因子水平以及缓解结肠炎症状，有治疗炎症性肠病的潜力[219]。嗜酸乳杆菌LA85作为专利菌株，不但对胃肠液具有较强的耐受能力，其在抑菌方面的功效也被证实，该菌株可以抑制大肠杆菌、金黄色葡萄球菌、艰难梭菌等多种病原菌，并对致病菌感染引起的腹泻有很好的治疗作用。

4. 嗜酸乳杆菌LA05

嗜酸乳杆菌LA05筛选自广西巴马瑶族自治县的健康长寿老人粪便样本，是一株专利益生菌，具有耐酸耐胆盐特性，能够调节肠道微生态菌群平衡，抑菌效果强大，可以有效抑制幽门螺杆菌生长及在胃部的定殖，同时还可以改善胃部炎症反应[222]。

5. 嗜酸乳杆菌L-92

近年来，多项临床研究已经证实嗜酸乳杆菌L-92可以有效缓解成人和儿童特应性皮炎症状：口服该菌株可以介导 TH1/TH2 细胞因子平衡，显著改善患特应性皮炎儿童的症状，对药物治疗起辅助治疗作用[223]；热灭活的 L-92 菌株对成人特应性皮炎的治疗同样具有积极作用，可以降低皮肤病变评分，有助于减轻 Th2 诱导的炎症反应，从而减轻疾病症状[224]。此外，嗜酸乳杆菌 L-92 对过敏性鼻炎、花粉过敏、接触性皮肤过敏等过敏症状均具有一定缓解作用，该菌株可以诱导 Th2 细胞凋亡、调节树突细胞功能、调节 Th1 和 Th2 细胞因子、激活 Treg 细胞以及上调免疫调节基因，从而调节免疫网络、维持免疫平衡。研究表明过敏性鼻炎受试者补充含嗜酸乳杆菌 L-92 的乳制品可显著改善鼻部症状药物评分，且眼部症状药物评分也有所改善[225]；花粉过敏者每天饮用嗜酸乳杆菌 L-92 发酵的乳制品可使过敏症状改善，且生活质量得到提高[226]；摄入嗜酸乳杆菌 L-92 通过增加 Treg 细胞的数量使 2，4-二硝基氟苯诱导的小鼠过敏症状得以缓解[227]。

6. 嗜酸乳杆菌 LA-5

嗜酸乳杆菌 LA-5 自 1979 年起便被应用于食物和膳食补充剂中，该菌株可以抑制金黄色葡萄球菌、肠出血性大肠杆菌等致病菌生长定殖，同时增加嗜黏蛋白阿克曼氏菌的丰度，通过调节肠道菌群影响人体胃肠道和消化系统健康。动物实验研究表明，嗜酸乳杆菌 LA-5 对于保护心脏健康、缓解炎症以及缓解氧化应激具有积极作用，含有该菌株的奶酪能够减小肾切除大鼠的心肌细胞直径，并降低血浆超氧化物歧化酶的活性[231]。目前，针对嗜酸乳杆菌 LA-5 的临床研究多集中于该菌株与动物双歧杆菌 Bb-12 菌株联合使用的作用效果。研究表明，嗜酸乳杆菌 LA-5 和动物双歧杆菌 Bb-12 对改善胃肠道健康有诸多益处：这两株益生菌可以调节受试者肠道菌群，增加乳酸菌和双歧杆菌的丰度，并减少肠球菌等潜在致病菌的丰度[133]；嗜酸乳杆菌 LA-5 与动物双歧杆菌 Bb-12 对抗生素引起的腹泻有良好的预防作用，同时对抗生素干预引起的肠道菌群结构失调具有一定恢复作用[232]；接受放疗的患者通过嗜酸乳杆菌 LA-5 与动物双歧杆菌 Bb-12 联合干预后受试者腹泻严重程度减轻，腹痛情况也明显缓解，说明两种益生菌联合干预对辐射诱发的腹泻具有积极治疗作用[233]；患有便秘型肠易激综合征的患者服用含有嗜酸乳杆菌 LA-5、动物双歧杆菌 Bb-12 以及益生元的发酵乳后腹胀严重程度显著改善、生活质量得到提高[234]。

7. 嗜酸乳杆菌 LA-14

嗜酸乳杆菌 LA-14 具有对酸和胆汁的耐受性、肠道表面黏附性以及抗菌性，对人体免疫功能具有调节作用。嗜酸乳杆菌 LA-14 能够诱发适量的促炎因子以及大量的抗炎因子，并诱导了树突状细胞的成熟，可以引导体内免疫反应[235]。另有研究表明，大鼠食用含嗜酸乳杆菌 LA-14 和长双歧杆菌 BI-05 的食品可缓解运动所致的淋巴细胞数量减少现象，长时间剧烈运动所产生的不良反应也有所减轻，这说明嗜酸乳杆菌 LA-14 可以缓解体力活动导致的免疫抑制，并具有抗疲劳功能。嗜酸乳杆菌 LA-14 还具有刺激抗体反应的能力，可以更快地诱导特异性免疫球蛋白的产生，研究表明嗜酸乳杆菌 LA-14 能提高口服疫苗接种后体液免疫反应，可改善疫苗接种效果[238]。嗜酸乳杆菌 LA-14 对女性生殖健康同样有益，一项动物实验结果表明该菌株可以显著减少阴道加德纳菌诱导的上皮细胞破坏、降低髓过氧化物酶活性、抑制炎症相关通路，激活和促炎因子的表达，有效减轻了由阴道加德纳菌诱发的阴道疾病[239]。嗜酸乳杆菌 LA-14 与 HN001 和牛乳铁蛋白的组合同样具有恢复健康阴道菌群并减轻细菌性阴道病的功效，共培养实验结果表明这两种菌株的组合以及单菌株都可以抵抗阴道致病菌的抗菌活性[240]。临床研究证实受试者摄入嗜酸乳杆菌 LA-14、鼠李糖乳杆菌 HN001 和牛乳铁蛋白的受试品后阴道中的鼠李糖乳杆菌和嗜酸乳杆菌水平显著提高，这种变化在摄入 1 周后仍可检测到[241]。

8. 嗜酸乳杆菌 LA-16

嗜酸乳杆菌 LA-16 是一株专利益生菌，具有较高的耐胃酸能力，能有效抑制幽门螺杆菌的定殖和生长，同时降低尿素酶活性，并且动物实验表明该菌株对胃溃疡等有较好的治疗效果，可以减轻局部的炎症反应[242]。

9. 嗜酸乳杆菌 La28

嗜酸乳杆菌 La28 是由传统奶酪分离得到的一株专利益生菌，对重金属等有害物质具有吸附作用，这与其细胞壁上的肽聚糖具有黏附作用有关[243]。嗜酸乳杆菌 La28 还具有抗病毒能力，在体外和体内都能够抑制流感病毒，并有效消除因流感病毒感染引起的炎症，修复因流感病毒感染造成的肺部损伤，具有预防及治疗流感的应用潜力[244]。嗜酸乳杆菌 La28 具有缓解便秘的潜力，能显著提高紧密连接蛋白水平从而增强肠道屏障功能，并提高 5-羟色胺转运蛋白表达水平，可以刺激肠道蠕动缓解便秘[245]。此外，国内多项研究表明嗜酸乳杆菌 La28 具有调节免疫的功能，不仅可以特异性地调节小鼠的免疫机能和改善组织损伤，缓解特应性皮炎小鼠耳肿胀、皮肤损伤以及过敏性哮喘症状[246]，还可以通过调节免疫功能减轻肝损伤大鼠的外周炎症和肝功能，缓解新生大鼠坏死性小肠结肠炎症，并改善肠道菌群。

10. 嗜酸乳杆菌 LA1063

嗜酸乳杆菌 LA1063 可与多株益生菌共同发挥益生作用，研究表明嗜酸乳杆菌 LA1063 与长双歧杆菌、发酵乳杆菌、瑞士乳杆菌、副干酪乳杆菌、鼠李糖乳杆菌和嗜热链球菌共同作用对肠—脑轴进行干预，重塑铅暴露大鼠的肠道菌群并减轻大鼠记忆功能障碍[249]；包含嗜酸乳杆菌 LA1063 等多种益生菌在内的益生菌鸡尾酒疗法可以通过下调耐药性细菌的黏附基因表达阻止耐药细菌与细胞的黏附，有抑制耐药细菌在人体内定殖的潜力[250]。含有该菌株的益生菌制品可以减轻高脂饮食小鼠的体重、增强葡萄糖耐受以及肝脏脂肪耐受情况，并调节脂质代谢和炎症相关基因的表达，改善小鼠炎症症状；益生菌的摄入也使小鼠肠道中肠道菌群结构和短链脂肪酸的含量发生变化，说明这种包含嗜酸乳杆菌 LA1063 在内的益生菌制剂具有抑制肥胖的潜力[251]。此外，一项临床研究表明这种益生菌制品还可减轻腹痛、腹胀，并增加受试者胃肠道总厌氧菌和总细菌丰度，具有改善成人胃肠功能的功效[252]。

11. 嗜酸乳杆菌 LA-06

嗜酸乳杆菌 LA-06 是一株专利益生菌，分离于自然发酵酸马奶，具有耐酸耐胆盐特性以及改善肠道菌群的功能，同时还可以调节免疫力，研究表明受试者服用该菌株后有益菌的相对含量增加，免疫球蛋白等免疫指标得到改善，可提升人体免疫力[253]。

12. 嗜酸乳杆菌 LA25

嗜酸乳杆菌 LA25 是一株专利益生菌，有黏附上皮细胞的能力，同时可以产生过氧化氢抑制有害菌生长，常与德氏乳杆菌 LDL114 及植物乳杆菌 LP115 联合使用，对白念珠菌和阴道加氏杆菌起抑制作用，辅助治疗念珠菌性阴道炎症[204]。临床研究表明，对于患有念珠菌性阴道炎的孕期患者，含有嗜酸乳杆菌 LA25 以及其他多种益生菌的复合益生菌制剂可以促进乳酸杆菌种类的增加调节阴道菌群结构、减少阴道炎症以及旧病复发的可能性，并改善患者的情绪和生活质量；此外，治疗也改善了肠道运动功能，增加了患者排便次数。

13. 嗜酸乳杆菌 JYLA-191

嗜酸乳杆菌 JYLA-191 是一株专利益生菌，可以和肠道内的胆固醇相结合，减慢胆固醇的吸收，降低血液中脂蛋白的形成速度，减少循环系统中存在的胆固醇的含量，适合用于高血脂、高胆固醇以及其他肠胃疾病的辅助食疗[254]。该菌株还具有较强的胃肠液耐受能力，与罗伊氏乳杆菌 JYLB-291 和干酪乳杆菌 L. Casei21 共同食用可以降低幽门螺杆菌感染率，并降低传染力，对幽门螺杆菌感染起到很好的预防作用[255]。另有研究表明，含有嗜酸乳杆菌 JYLA-191 的合生元制剂可以通过降低肥胖大鼠的体重和体脂、改善血糖和血脂异常、恢复肝功能、改变肠道菌群结构和功能等途径减轻大鼠肥胖和伴随的代谢综合征，对机体健康有益[256]。

14. 嗜酸乳杆菌 UALa-01

嗜酸乳杆菌 UALa-01 对肠道微生物群具有调节功能，体外研究表明含有该菌株的合生元产品可以使肠道微生物组成发生积极变化，并增加乙酸盐、丙酸盐等短链脂肪酸的含量，对人体肠道健康有潜在益处[257][258]。嗜酸乳杆菌 UALa-01 的体内功效也被研究证实，一项动物实验表明含有该菌株以及其他多种菌株的制剂可以改善药物诱导的小鼠急性结肠炎，使小鼠肠道完整，肠道菌群结构有所恢复，对机体发挥了有益作用[259]。

3.3.2.3　格氏乳杆菌

格氏乳杆菌是一种耐酸、耐胆汁的原生于人类肠道的细菌，具有一定黏附特性，可以在婴儿时期定殖于肠道并且在整个成年期持续存在，在人类体内其具有抗菌、调整免疫功能等多种益处[260]。

1. 格氏乳杆菌 LG08

格氏乳杆菌 LG08 是一株具有降尿酸功能的专利益生菌，具有优异的核苷及核苷酸降解能力，可分解大部分尿酸合成的前体，减少机体对尿酸合成前体的吸收，还可直接高效分解进入肠道中的尿酸，并通过降低血清内毒素水平及抑制黄嘌呤氧化酶活性进一步抑制尿酸的生成并缓解炎症反应[261]。一项动物研究表明，格氏乳杆菌 LG08 对高嘌呤食物引起的尿酸升高具有很好的预防作用，并且能够平衡肠道菌群，这可能与炎症反应的减轻以及抗氧化能力的提高密切相关[262]。

2. 格氏乳杆菌 OLL2716

格氏乳杆菌 OLL2716 是一种容易黏附于胃黏膜上的细菌，有抑制幽门螺杆菌以及缓解胃肠道不适症状的功能。研究表明，格氏乳杆菌 OLL2716 对幽门螺杆菌的体外和体内生长和定殖有直接抑制作用，且这种作用对耐抗生素的幽门螺杆菌同样有效[263]。格氏乳杆菌 OLL2716 抑制幽门螺杆菌感染的能力也在人体临床试验中得到了证实。在一项针对幽门螺杆菌感染者的研究中，含有格氏乳杆菌 OLL2716 的酸奶降低了幽门螺杆菌感染标志物含量，胃窦活检中显示幽门螺杆菌减少[264]。另一项研究评估了格氏乳杆菌 OLL2716 在预防和治疗儿童幽门螺杆菌感染方面的功效。为期 1 年的益生菌治疗结束后，受试者人群中幽门螺杆菌根除率显著高于服用安慰剂的对照组，同时格氏乳杆菌 OLL2716 还可以预防感染，降低人群中幽门螺杆菌感染的发生概率[265]。近年来的研究表明，格氏乳杆菌 OLL2716 还可以改善胃肠道功能，不但可以缓解受试者腹胀、餐后饱胀感等不适症状，并对胃排空延迟具有一定积极影响，具有增强胃动力的潜力[266][267]。

3. 格氏乳杆菌 PA-3

格氏乳杆菌 PA-3 具有较强的核苷分解能力，在体外可以通过转运体系结合、吸收外源性嘌呤单核苷酸并利用它们生长，从而有效地利用了嘌呤[268]。动物实验与临床研究同样证实口服格氏乳杆菌 PA-3 可降低机体尿酸水平。大鼠口服格氏乳杆菌 PA-3 以及经过标记的嘌呤核苷酸、肌苷或次黄嘌呤的实验结果表明，菌株减弱了机体对这些物质的吸收能力，可以保护个体免受血清尿酸水平升高以及由此导致的高尿酸血症和痛风的影响[269]；患痛风或高尿酸血症的受试者摄入含有格氏乳杆菌 PA-3 的酸奶后尿酸水平显著降低，这主要是通过减少肠道中嘌呤的吸收实现的。

4. 格氏乳杆菌 SBT2055

格氏乳杆菌 SBT2055 是由日本食品公司森永乳业开发和研究的一株益生菌，具有抗菌性，能够抑制空肠弯曲杆菌、牙龈卟啉单胞菌等有害细菌的定殖，有助于维持肠道菌群平衡[272][273]。格氏乳杆菌 SBT2055 还能够抑制脂肪的吸收，减少内脏脂肪，对腹部肥胖有显著的降低作用，并起到调节内脏脂肪组织中促炎基因表达和肝脏中甘油三酯水平的作用[274][275]。除此之外，格氏乳杆菌 SBT2055 对代谢综合征、调节免疫系统、缓解氧化应激和抗衰老均具有一定积极作用，可以通过改善胰腺和血清中的炎症状态来改善糖尿病大鼠的胰岛素分泌[276]；通过激活浆细胞样树突状细胞改善的宿主免疫系统，缓解普通感冒症状[277]；通过激活相关信号通路增强哺乳动物细胞对氧化应激的防御系统，通过缓解氧化应激和调节免疫延长机体寿命[278][279]。

5. 格氏乳杆菌 EB01

格氏乳杆菌 EB01 对维护女性健康具有有益作用，其与鼠李糖乳杆菌联合使用可以对抗生素治疗细菌性阴道炎症起到辅助作用，将治愈率由 46%提升至 65%，对避免疾病复发有显著贡献[280]。然而 2022 年的一项临床研究却表明格氏乳杆菌 EB01 与鼠李糖乳杆菌的菌株组合并不能改善不孕人群的阴道微生物群，这说明由于阴道微生物群的动态变化，施用益生菌可能不是调节阴道微生物组的有效手段[281]。

6. 格氏乳杆菌 Lg-36

格氏乳杆菌 Lg-36 具有较强的耐酸能力，但耐受胆汁的能力较差[282]。格氏乳杆菌 Lg-36 与多菌株联合使用可使受试者空腹血糖、胰岛素抵抗显著改善，并通过增加丁酸盐水平增强二甲双胍对血糖的影响，对 2 型糖尿病有良好预防作用[283]。

7. 格氏乳杆菌 UALg-05

格氏乳杆菌 UALg-05 对防止病原菌入侵以及调节免疫功能具有积极意义，与其他益生菌菌株及功能性成分联合使用可以协同发挥益生作用。研究表明，蔓越莓原花青素与含有格氏乳杆菌 UALg-05 的益生菌制剂联合使用可以抑制致病性大肠杆菌侵袭肠道上皮细胞[284]。另一项动物实验表明，含有格氏乳杆菌 UALg-05 等 14 株益生菌的复合制剂可以降低鱼类被病原菌感染后的死亡率、调节感染前期的炎症反应，并提高肠道紧密连接蛋白表达[285]。

8. 格氏乳杆菌 BNR17

格氏乳杆菌 BNR17 分离自母乳，具有抗肥胖作用，可抑制高蔗糖饮食小鼠的体重和脂肪组织的增长，并降低 2 型糖尿病小鼠体内的葡萄糖水平[286]。临床研究同样表明超重和肥胖受试者摄入格氏乳杆菌 BNR17 可减轻体重、腰围和臀围，并显著降低内脏脂肪量，是一种控制体重的安全方法[287][288]。格氏乳杆菌 BNR17 对肠易激综合征具有改善作用，可显著缓解腹痛、腹胀并改善排便频率，同时增加粪便中双歧杆菌等菌群的丰度，起调节肠道菌群的作用[289][290]。格氏乳杆菌 BNR17 还可以缓解更年期抑郁症状，使卵巢切除大鼠骨密度增加，对老年女性健康有益[291]。近年来，关于格氏乳杆菌 BNR17 的一项体外研究表明，该菌株的发酵上清液在改善皮肤健康方面具有潜力，可以下调黑色素生成相关基因表达并降低酪氨酸酶活性来抑制黑色素生成，同时具有抗氧化特性，可以抑制氧化应激诱导的细胞损伤，具有应用于护肤产品的潜力[292]。

3.3.2.4 瑞士乳杆菌

瑞士乳杆菌是一种重要的发酵剂，主要用于发酵牛奶、制作奶酪等乳制品。瑞士乳杆菌具有促进健康的特性，可在胃肠道转运中存活、黏附在上皮细胞上并拮抗病原体。研究表明瑞士乳杆菌可以预防胃肠道感染，增强对病原体的保护，调节宿主免疫反应，并影响肠道微生物群的组成，其特定的酶活性可以通过提高营养物质的生物利用度、去除食物中的过敏原以及通过消化食物蛋白质产生生物活性肽间接有益于人类宿主。

1. 瑞士乳杆菌 R0052

瑞士乳杆菌 R0052 是从乳制品中分离得到的一株益生菌，目前已被列入我国《可用于婴幼儿食品的菌种名单》中。研究表明该菌株可以抑制空肠衣原体及肠出血性大肠杆菌对上皮细胞的黏附和侵袭，通过对其全基因组进行分析发现，该菌株具有编码一种独特的表层蛋白以及黏液结合蛋白的基因，对其黏附肠黏液层以及抑制致病菌感染具有重要意义。瑞士乳杆菌 R0052 在肝病过程中可能对肝细胞有保护作用，可缓解急性肝损伤大鼠体内转氨酶、胆红素、总胆汁酸升高及肝脏组织损伤，降低促炎细胞因子浓度，发挥抗炎作用，还可以改善碳水化合物和脂肪酸代谢[296]。瑞士乳杆菌 R0052 具有调节肠—脑轴的作用，其与长双歧杆菌 R0175 的益生菌组合能够舒缓压力并显著缓解压力引起的胃肠道症状，降低压力相关的生物标志物水平从而改善焦虑和抑郁，促进心理健康。

2. 瑞士乳杆菌 LH76

瑞士乳杆菌 LH76 可以通过发酵提高苹果汁、梨汁等植物性饮料的营养价值，研究表明瑞士乳杆菌 LH76 接种于果汁后菌体可进行快速增殖，经过发酵后果汁中乳酸含量以及总酚类含量显著增加；同时，瑞士乳杆菌 LH76 发酵有助于形成各类挥发性化合物，为果汁赋予了独特的香气[298][299]。瑞士乳杆菌 LH76 发酵猕猴桃汁可产生具有抗氧化作用的原儿茶酸，这种物质具有抗氧化性，因此果汁的抗氧化性也被提高[300]。

3. 瑞士乳杆菌 H9

瑞士乳杆菌 H9 分离于西藏牦牛乳制品，特定培养基中可产生乳酸、乙酸盐、琥珀酸等后生元物质，具有用于后生元食品补充剂的潜力[301]。瑞士乳杆菌 H9 在牛奶发酵过程中表现出高蛋白水解活性和良好的生长特性，对酸奶发酵和储存具有积极的影响。研究表明瑞士乳杆菌 H9 与商业发酵剂菌株联合发酵可增强发酵乳的酸化和蛋白水解程度，从而缩短发酵时间，且发酵乳中检测到更多的醇类、醛类和含氮化合物，改变了酸奶储存期的风味特征[302]。瑞士乳杆菌 H9 还具有体外血管紧张素转换酶抑制活性，经检测，利用瑞士乳杆菌 H9 生产的发酵乳含有较高含量的抗增压素，同时具有优异的血管紧张素转换酶抑制活性。动物实验表明该发酵乳对原发性高血压大鼠具有一定降低血压的作用，具有预防心血管疾病的潜力。

4. 瑞士乳杆菌 L551

瑞士乳杆菌 L551 分离自西藏那曲地区传统发酵乳制品，以该菌株为原始菌株可得到具有弱后酸化特性的益生菌菌株 L551-1。与原始菌株相比，L551-1 在进行发酵过程中细菌存活率提高，在保留原有风味特色的同时可以使发酵过程中产酸变缓，有助于控制发酵终点酸度，并使货架期后酸化问题得到显著改善，提升了产品品质，对直接发酵剂的开发应用具有重要意义[305]。瑞士乳杆菌 L551 也是一株专利益生菌，对酒精造成的血清丙氨酸氨基转移酶、天门冬氨酸氨基转移酶和肝脏丙二醛增多有抑制作用，能够恢复肝脏抗氧化活性，抑制肝脏细胞炎性因子升高，缓解酒精性肝损伤[306]。

5. 瑞士乳杆菌 LH43

作为一株专利益生菌，瑞士乳杆菌 LH43 可产生较高水平的蛋白酶，因此具有较高的蛋白水解活性，在发酵制备乳酸菌饮料过程中不需外加蛋白酶，只需在传统工艺中增加一个保温酶解工艺就能达到很好的酶解效果从而产生大量活性多肽，同时发酵风味更加独特和浓郁[307]。利用瑞士乳杆菌 LH43 发酵果泥不仅可以使菌体获得大量增殖，同时可以增加总酚类物质含量以及挥发性化合物总量[308]。此外，瑞士乳杆菌 LH43 可产生高分子量的胞外多糖 EPS-LH43，对于提高酸奶等乳制品的品质具有积极作用。瑞士乳杆菌 EPS-LH43 由甘露糖、鼠李糖、半乳糖醛酸、葡萄糖和半乳糖组成，具有良好的热稳定性，可以提高酪蛋白的稳定性，因此可用于改善乳制品的凝胶性能[309]。该菌株还具有免疫调节活性，可以调节细胞因子，对内毒素或致病菌诱导的炎症反应发挥抗炎作用[310]。

3.3.2.5　卷曲乳杆菌

卷曲乳杆菌是一种兼性厌氧菌，可降解各种碳水化合物，产生 L-乳酸和 D-乳酸异构体从而保持阴道的酸性环境，抑制有害菌的增殖，同时可生成 H_2O_2 抑制杂菌。卷曲乳杆菌是反映健康女性阴道微环境的标志物，在健康女性阴道中丰度较高，数量大于 10^8cfu/mL，且比较稳定。卷曲乳杆菌可抑制多种阴道致病菌的黏附和增殖，如白色假丝酵母菌等，可以通过直接抑制病原菌和调节宿主免疫系统两个方面保护女性健康。因此，用卷曲乳杆菌等相关的微生物疗法治疗细菌性阴道病和外阴假丝酵母菌病等妇科疾病可能有较好的效果[311]。

卷曲乳杆菌 KS127.1 是从健康女性阴道微生物群中分离出的菌株，具备产生乳酸以及少量过氧化氢的能力，研究表明该菌株具有一定抑菌特性，与病原菌普雷沃氏菌和阴道加德纳菌共培养后可降低病原菌活性[312]。

3.3.3 乳酪杆菌属

乳酪杆菌属目前包括28个种和2个亚种，在2020年4月多位科学家基于多相方法将已经大量公布的乳杆菌的全基因组进行分析，完成了乳杆菌的重新分类变迁，将干酪乳杆菌、副干酪乳杆菌和鼠李糖乳杆菌等多种乳杆菌分类至新属乳酪杆菌属中[313]。乳酪杆菌属广泛分布于各种环境中，是人类和动物胃肠道的常见菌属，其中的一些菌株具有非常强的碳水化合物利用能力，可以利用低聚果糖、低聚半乳糖和母乳低聚糖等多种益生元，有利于益生菌在人体肠道中的生存、定殖以及发挥其益生作用[314]。

3.3.3.1 干酪乳杆菌

干酪乳杆菌可以发酵乳糖，生态分布十分广泛，在人体肠道以及干酪、面团、饲料、酸奶等发酵产品中大量分布。干酪乳杆菌作为益生菌的一种，能够耐受有机体的防御机制，其中包括口腔中的酶、胃液以及低pH值和小肠的胆汁酸等。所以干酪乳杆菌进入人体后可以在肠道内大量存活。干酪乳杆菌还可以抑制病原体的黏附，防止病原体穿过黏液层，并通过产生有机酸、细菌素等多种抑菌物质抑制肠道内多种致病菌，起到保护体内环境、调节肠道菌群平衡的作用，成为人们研究以及应用的焦点[315]。

1. 干酪乳杆菌LC89

干酪乳杆菌LC89分离自传统发酵食品，研究表明，该菌株可以减轻食物发酵的难闻气味，对于发酵食品风味特性有积极影响，具有改善食品品质的潜力[316]。干酪乳杆菌LC89是一株专利益生菌，对机体具有益生特性。相关实验表明，该菌株能高产短链脂肪酸，调节肠道内pH值，调节肠道菌群平衡，能够改善结肠溃疡指数，有助于缓解宿主的炎症性肠病[317]。另有研究表明干酪乳杆菌LC89具有抗糖尿病作用，可发挥抗炎作用减轻胰岛坏死，并通过重塑肠道菌群和抑制胰高血糖素信号通路相关基因表达来改善高血糖和胰岛素抵抗[318]。

2. 干酪乳杆菌LC-11

干酪乳杆菌LC-11对病原菌具有抑制能力，可以抑制致龋细菌变形链球菌的生长和生物膜形成，且在生物膜中具有较高的存活率[319]。干酪乳杆菌LC-11与嗜酸乳杆菌、双歧杆菌和乳酸乳球菌联合使用可以降低肥胖、类风湿性关节炎等疾病的标志物水平。研究表明，摄入含有该菌株的复合益生菌使肥胖受试者肠道菌群结构发生某些具有针对性的变化，并且肠道菌群的改变与受试者BMI、体重、脂肪量、炎症因子水平等指标具有显著相关的关联性。这种复合益生菌的减肥作用也已被临床研究证实，可显著降低肥胖受试者腰围、血浆多不饱和脂肪酸含量并增加抗氧化酶活性，有助于减少腹部肥胖[320][321]。一项针对类风湿性关节炎患者的研究表明含有干酪乳杆菌LC-11的复合益生菌降低了受试者血浆炎症因子水平以及一氧化氮代谢物含量并提高了总抗氧化能力，改善了受试者的氧化/亚硝化特征[322]。

3. 干酪乳杆菌 431

干酪乳杆菌 431 具有开发新型益生菌食品的潜力，研究表明干酪乳杆菌 431 发酵的果蔬汁饮料具有良好的感官风味，人群接受度高，且菌体在发酵后及储藏期间活性良好，具有开发即饮产品的潜力[323][324]。对干酪乳杆菌 431 发酵的发酵乳中的挥发性有机化合物含量进行检测，结果表明干酪乳杆菌 431 发酵能使乳制品产生更高浓度的典型风味化合物，如2，3-丁二酮、2-庚酮等，可作为增强乳制品香气的发酵菌种[325]。干酪乳杆菌 431 还具有调节免疫的功能特点，有助于恢复小鼠血清中促炎因子的水平并增加抑炎因子含量以及免疫球蛋白水平，并使得小鼠咽部菌群结构发生变化[326]。

4. 干酪乳杆菌 LC2W

干酪乳杆菌 LC2W 是光明乳业自主研发的专利菌株，具有较强的水解蛋白的能力，可应用于干酪等乳制品生产过程中加速成熟过程，并增加奶酪中某些香气化合物[327]。干酪乳杆菌还具有抑菌作用，可以抑制肠出血性大肠杆菌在体内的定殖，下调促炎细胞因子水平，并提高肠道屏障功能从而预防或治疗致病菌感染引起的结肠炎症[328][329]。干酪乳杆菌 LC2W 也是一株高产胞外多糖的益生乳酸菌，其胞外多糖不仅可以作为食品添加剂改变产品质构与风味，对机体还具有一些益生功效。研究表明，干酪乳杆菌 LC2W 的胞外多糖不仅具有降压功效，可以降低原发性高血压大鼠的收缩压[330]，还可以抑制 LPS 诱导引起的炎症因子水平升高，并促进抑炎因子分泌，发挥免疫抑制作用[331]。

5. 干酪乳杆菌 LC01

体外实验研究发现，干酪乳杆菌 LC01 对酸性环境具有良好的耐受能力，并且能够与肠上皮细胞黏附且不引起炎症因子水平变化，这预示着该菌株可以进入肠道，且不会产生诱发肠道炎症反应。动物实验同样表明该菌株具有安全性，不会影响小鼠摄入食物、体重增长以及血液学指标，也不会引起不良反应和死亡[332][333]。目前有多篇论文研究了干酪乳杆菌 LC01 对机体健康的益处，包括改善肠道运动、缓解结肠炎、调节肠道菌群、辅助治疗类风湿性关节炎等。研究表明，该菌株可显著提高正常小鼠肠道中乳杆菌属和拟杆菌属的相对丰度，降低条件性致病菌普雷沃氏菌属和螺杆菌属的相对丰度，并且可以调节抗生素导致的菌群失调，改善肠道转运速率，对小鼠肠道菌群及肠道运动具有显著的调节作用[334]。另有研究表明，干酪乳杆菌 LC01 可以降低结肠炎小鼠肠道的炎症水平并防止结肠长度缩短与结肠损伤，具有预防结肠炎的作用，这可能与其通过上调紧密连接蛋白的表达增强肠道屏障功能有关[335][336]。此外，干酪乳杆菌 LC01 或可改善类风湿关节炎患者的炎症水平并改善患者的疾病活评分，减轻疾病症状[337]。

6. 干酪乳杆菌代田株

干酪乳杆菌代田株是由日本医学博士代田稔发现并分离的一种活性乳杆菌。研究表明，干酪乳杆菌代田株可在健康成人肠道中存活，摄入后显著改变了受试者粪便微生物群的结构以及短链脂肪酸浓度[338]，并且可以通过增加派可林酸的含量增强肠道运动能力，改善排便频率和粪便稠度，减轻便秘相关症状[339]。干酪乳杆菌代田株具有抑制致病菌的作用，可通过代谢产生的乳酸及醋酸预防肠出血性大肠菌 O157：H7 等病原菌对肠组织的感染与侵袭，并对幽门螺杆菌以及鼠伤寒沙门氏菌等致病菌对机体的感染具有保护作用。干酪乳杆菌代田株具有调控血糖、血脂以及体重的作用，不仅可以降低肥胖个体总胆固醇、低密度脂蛋白和非高密度脂蛋白胆固醇水平，改善胰岛素抵抗，增强葡萄糖耐受，调节代谢异常，还可以降低肥胖大鼠脂肪量和体重，长期摄入还可减轻老年人的体重降低的情况。近年来，干酪乳杆菌代田株对抑郁症等疾病的研究表明该菌株具有调节肠—脑轴的作用。研究表明每天补充干酪乳杆菌代田株持续 9 周可以改善抑郁症患者的潜在抑郁症状并降低了肠道中与精神疾病相关的细菌水平，说明补充该菌株可以调节与精神疾病相关的肠道微生物群[348]。

7. 干酪乳杆菌 Zhang

干酪乳杆菌 Zhang 分离自传统发酵的马奶中，针对该菌株的研究现已十分深入且宽泛，已经发表上百篇科研论文，同时获得了十几个发明专利。干酪乳杆菌 Zhang 具有良好的胃肠液耐受性，研究发现该菌在通过模拟胃肠液后存活率可以高达 73.5%，能够在小鼠肠道内定殖和生长并对致病菌发挥拮抗作用，使肠道内致病性大肠杆菌数量下降从而降低感染死亡率。干酪乳杆菌 Zhang 具有免疫调节功能，可以调节细胞免疫，增加健康小鼠多种免疫因子的分泌，有助于抵抗炎症，并激活小鼠腹腔巨噬细胞的吞噬活性，促进肿瘤细胞的凋亡过程，对肿瘤的生长具有显著的抑制作用。干酪乳杆菌 Zhang 具有抗氧化功能，可以缓解高脂诱导的氧化性应激，降低高脂膳食大鼠血液和肝脏的脂质过氧化水平，并通过调节肝脏中与脂肪酸的 β 氧化相关基因的水平促进脂肪酸 β 氧化进程，改善脂质代谢[354][355]。干酪乳杆菌 Zhang 可以通过其抗氧化和抗炎作用增加急性肝损伤大鼠的存活率，显著降低肝损伤标志物谷丙转氨酶和谷草转氨酶的活性，缓解肝脏损伤[356]。此外，干酪乳杆菌 Zhang 可以改善糖耐量，具有预防 2 型糖尿病的作用，通过减少肠道对果糖的吸收，进而降低体重和血清胰岛素水平；同时，益生菌干预对大鼠肠道菌群优势菌具有调节作用，从而影响肠道代谢物的水平，有助于更好地发挥对糖尿病的预防作用[357][358]。近年来的研究表明，干酪乳杆菌 Zhang 对减轻肾损伤、减缓肾功能衰退同样具有重要意义，可以减轻急性肾损伤导致的慢性肾纤维化，并通过改善肠道菌群失调、肠屏障损伤和炎症，提高有益代谢物含量，减少炎症反应，发挥肾保护作用[359]。干酪乳杆菌 Zhang 对运动表现的积极作用也被研究证实，服用益生菌后大鼠运动耐力显著提升，这可能是通过影响大鼠的肠道微生物群和血清代谢而实现的[360]。

8. 干酪乳杆菌 UALc-03

干酪乳杆菌 UALc-03 可与其他益生菌菌株共同发挥作用，研究表明含有该菌株等 14 株益生菌的复合制剂可以降低鱼类被病原菌感染后的死亡率，调节感染前期的炎症反应，并提高肠道紧密连接蛋白表达[285]。此外，含有该菌株的益生菌制剂可以显著降低超重者的体重、BMI 值、腰围和臀围，还减少了与免疫相关的炎症，提高了受试者的生活质量[361]。

3.3.3.2　副干酪乳杆菌

副干酪乳杆菌是一种革兰氏阳性同型发酵乳酸菌，常见于人体的肠道、口腔中，通常用于乳制品发酵领域，能够调节免疫系统，改善脂质代谢，并且具有抗氧化作用和抑菌作用。同时，由副干酪乳杆菌制备的胞外多糖等后生元也具有一定的功能特性。由于具有上述的益生特性，副干酪乳杆菌可以有效地维持宿主机体健康，进而在食品和医疗领域发挥作用[362]。

1. 副干酪乳杆菌 LC86

副干酪乳杆菌 LC86 是一株专利益生菌，具有预防或治疗龋齿和牙周炎的作用，通过抑制变异链球菌生长以及病原菌生物膜的形成减少病原菌的黏附，同时能够改善口腔的微生态体系，减轻牙周炎症状[363]。副干酪乳杆菌 LC86 菌体灭活后同样可作为后生元对口腔健康发挥积极作用，研究表明受试者使用含有灭活菌体的牙膏后唾液菌群多样性升高，肠杆菌科、克雷伯菌等有害菌丰度降低，乳酸菌丰度显著升高，并使受试者的口腔免疫水平和短链脂肪酸含量显著提升[364]。另有最新的研究表明，补充副干酪乳杆菌 LC86 可能通过调节炎症和肠道微生物群减轻衰老小鼠的肌肉无力和认知障碍，具有抗衰老的潜力[365]。副干酪乳杆菌 LC86 对抗辐射也具有一定积极意义，包括该菌株在内的混合益生菌可以刺激肠道干细胞增殖和分化，增强肠上皮屏障的完整性，并调节辐射小鼠的氧化还原失衡和炎症反应，从而缓解辐射诱发的肠损伤[366]。

2. 副干酪乳杆菌 LPB27

副干酪乳杆菌 LPB27 分离自健康婴儿粪便样本，现已获得国家发明专利，菌株具有良好的生理特性以及毒理安全性，能够耐受酸和胆盐并具有良好的黏附肠黏膜的能力。副干酪乳杆菌 LPB27 对机体具有优秀的免疫调节能力，可以通过调节炎症相关通路刺激巨噬细胞产生抗炎因子，具有抗炎特性[369]。同时，动物实验表明副干酪乳杆菌 LPB27 能够增强全身和肠道黏膜免疫力，显著降低了过敏小鼠血清免疫球蛋白的水平，并增加了肠道乳酸杆菌的丰度以及菌群有益代谢产物的水平，具有抗过敏潜力[370][371]。

3. 副干酪乳杆菌 LPC-37

副干酪乳杆菌 LPC-37 与其他菌株联合使用具有改善腹泻、缓解特应性皮炎、调节微生物群结构、缓解消化不良、改善便秘等多种作用。最近的研究表明，副干酪乳杆菌 LPC-37 对大脑健康同样具有积极作用，可以提高学习与记忆能力并减轻压力与焦虑。动物实验结果显示副干酪乳杆菌 LPC-37 显著改善了睡眠不足小鼠的识别记忆缺陷、空间工作记忆缺陷和情境长期记忆障碍，对其认知功能产生了积极影响[375]；临床研究表明摄入此益生菌 5 周后受试者的感知压力显著降低，皮质醇水平正常化，并使女性受试者由急性应激引起的收缩压升高得以缓解[376]；另一项针对学生的研究表明每天摄入副干酪乳杆菌 LPC-37 持续 10 周后睡眠障碍有所改善，睡眠质量提高，然而对面临考试的学生群体的压力和焦虑缓解作用较小，还需进一步进行研究证实[377]。

4. 副干酪乳杆菌 LPC12

副干酪乳杆菌 LPC12 可与多株益生菌共同发挥益生作用，与长双歧杆菌、嗜酸乳杆菌、发酵乳杆菌、瑞士乳杆菌、鼠李糖乳杆菌和嗜热链球菌共同制备而得的益生菌制剂可抑制肥胖小鼠的体重升高、改善葡萄糖耐受和肝脂肪变性、调节脂质代谢和炎症相关基因的表达并显著降低脂肪组织的重量和大小，对小鼠肠道菌群以及代谢产物同样具有调节作用，有抗肥胖的潜力[251]。此外，一项临床研究表明这种益生菌制品还可减轻腹痛、腹胀，并增加受试者胃肠道总厌氧菌和总细菌丰度，具有改善成人胃肠功能的功效[252]。另一种含有副干酪乳杆菌 LPC12 的益生菌产品具有调节阴道微生物群的功能，可降低宫颈阴道中念珠菌的丰度，促进乳酸杆菌种类的增加，并减轻炎症反应以及炎症周期，改善患者的情绪和生活质量，对女性健康具有有益作用。

5. 副干酪乳杆菌 S-NB

副干酪乳杆菌 S-NB 是传统发酵乳中分离得到的益生菌菌株，通过对其基因组进行分析，结果表明该菌株具有胞外多糖生物合成相关的基因簇，体外研究显示该基因簇对于菌体的免疫调节能力、黏附性以及模拟胃肠液耐受性均有一定积极影响，表明该菌株有作为后生元菌株的潜力[378]。目前已有针对副干酪乳杆菌 S-NB 来源的后生元成分的相关研究，研究人员发现来自副干酪乳杆菌 S-NB 的荚膜多糖和表皮蛋白不仅可以减轻肠上皮细胞屏障功能障碍，还能增加拟杆菌门、双歧杆菌门等菌群的丰度，降低致病菌丰度来调节肠道菌群并显著增加短链脂肪酸总产量，具有改善肠道健康的潜力[379]。

6. 副干酪乳杆菌 KW3110

副干酪乳杆菌 KW3110 具有很强的在人体肠道中生存和定殖的能力，能够改善人体肠道菌群[381]。同时，该菌也是一株有潜力的后生元菌株，其菌体灭活后依然可以发挥免疫调节等益生作用。研究表明灭活的副干酪乳杆菌 KW3110 可以在体外抑制炎症小体活化，并可以通过促进小鼠和人类免疫细胞中白介素 10 的产生来抑制炎症应激诱导的相关蛋白活化，从而减轻炎症反应和细胞凋亡，缓解体内炎症性疾病[382][383]。值得注意的是，副干酪乳杆菌 KW3110 作为后生元还具有保护眼健康的作用，可以通过缓解炎症改善眼部疾病。研究表明灭活的副干酪乳杆菌 KW3110 在光诱导的视网膜病变小鼠模型中诱导视网膜 M2 型巨噬细胞，对视网膜形态和功能有积极影响，可以通过调节炎症来预防蓝光对眼部造成的损伤[384]。灭活的副干酪乳杆菌 KW3110 对缓解眼疲劳同样有益，临床研究表明，该菌株可以抑制蓝光诱导的视网膜色素上皮细胞死亡，能够改善由视屏显示终端引起的眼疲劳。此外，该菌株还可以保护人视网膜色素上皮细胞免受炎症诱导的衰老和紧密连接的分子异常表达，具有改善眼疲劳以及慢性眼部疾病的潜力。另一项长期研究表明，小鼠摄入灭活的副干酪乳杆菌 KW3110 持续 6 个月后肠道和视网膜的慢性炎症有所减轻，并降低了与年龄相关的视网膜细胞死亡情况，说明灭活的副干酪乳杆菌 KW3110 可预防生理衰老小鼠的年龄相关性慢性炎症和视网膜细胞丢失[387]。

7. 副干酪乳杆菌 PC-01

副干酪乳杆菌 PC-01 分离自拉萨地区自然发酵的酸牦牛乳中，对人体胃肠道的消化液具有很强的耐受性，并且具有安全性，已被用于发酵乳饮料的生产，显示出良好的发酵特性。目前，关于如何提高副干酪乳杆菌 PC-01 的发酵产品品质已进行了较多研究，方法通常为添加其他益生菌进行共同发酵，研究表明与副干酪乳杆菌 PC-01 单菌株发酵相比，副干酪乳杆菌 PC-01 与青春双歧杆菌 B8589 双菌株发酵制得的发酵乳中氨基酸代谢物水平升高，γ-氨基丁酸水平提高 7 倍，短链脂肪酸的含量也显著提高[390]。副干酪乳杆菌 PC-01 与动物双歧杆菌乳亚种 M8 共同发酵的发酵乳在贮藏期间产品 pH 值和滴定酸度没有显著变化，而持水性和黏度显著增加，表现出较好的贮藏稳定性，且在储存 21 天后的代谢物中含有更多的氨基酸、维生素、胞嘧啶和次黄嘌呤等物质，这些代谢产物对促进健康具有积极作用。副干酪乳杆菌 PC-01 本身也具有缓解结肠炎的作用，可以改善结肠炎小鼠的粪便形态和便血情况、减少肠道炎症症状、促进受损肠道组织的修复，并显著提高小鼠粪便中有益代谢产物的含量，从而提高结肠炎小鼠的存活率[393]。

8. 副干酪乳杆菌 MP137

副干酪乳杆菌 MP137 分离自健康婴幼儿肠道，是一株具有抗过敏作用的专利菌株，可以调节机体产生免疫球蛋白，缓解肺部炎症反应，还可以抑制或取代肠道致病菌对肠道细胞的黏附，因此具有对抗肠道致病菌感染的功效[394]。临床研究表明副干酪乳杆菌 MP137 可与抗组胺药物同时使用，能够显著减轻停药后的打喷嚏、鼻子发痒和眼睛肿胀等不适症状，可用于治疗儿童过敏性鼻炎[395]。副干酪乳杆菌 MP137 与其他益生菌联合使用同样能够发挥免疫调节作用，可以降低新生婴儿患湿疹、特应性皮炎、哮喘等疾病的发生率及复发率，可在一定程度上预防过敏性疾病的发生或减轻相关症状[396]。包含副干酪乳杆菌 MP137 在内的复合益生菌制剂还对骨骼健康有益，可以延缓血清骨吸收标志物水平增加，抑制骨绝经妇女破骨细胞诱导的骨吸收，具有预防骨质疏松症的潜力[397]。

9. 副干酪乳杆菌 ET-66

副干酪乳杆菌 ET-66 是从母乳中筛选而来的一株专利益生菌，口服无毒性，无抗生素耐药性、致畸性以及遗传毒性，在具有高度安全性的同时还具有耐酸、耐胆盐以及黏附细胞的能力[398]。副干酪乳杆菌 ET-66 能够抑制口腔病原菌，有维护口腔健康的应用潜力。研究表明，不论是活菌还是热灭活菌，副干酪乳杆菌 ET-66 对变形链球菌、牙龈卟啉单胞菌、具核梭杆菌等口腔病原体均具有抑制活性。副干酪乳杆菌 ET-66 还具有调节口腔菌群以及增强口腔免疫的功能，研究表明含有副干酪乳杆菌 ET-66 以及其他两株菌的益生菌含片可以显著增加受试者口腔内免疫球蛋白水平以及乳酸杆菌和双歧杆菌的丰度[400]。

10. 副干酪乳杆菌 L. CASEI431

副干酪乳杆菌 L. CASEI431 是从健康婴儿的粪便样本中分离得到的益生菌，可提高发酵制品的功能特性，与动物双歧杆菌 Bb-12 共同发酵可显著提高产品的抗氧化能力[401]。副干酪乳杆菌 L. CASEI431 还可以通过调节免疫球蛋白水平、增强黏膜免疫反应来改善免疫功能，显著增加接受流感疫苗接种的健康个体的抗原特异性免疫反应[137]。有研究表明，摄入副干酪乳杆菌 L. CASEI431 虽然在降低上呼吸道感染的发病率或严重程度方面没有显著作用，但可以缩短上呼吸道感染持续时间，对免疫系统有积极影响[402]。此外，副干酪乳杆菌 L. CASEI431 还具有抗肥胖特性，可以降低膳食能量摄入量，与抗肥胖药物联合使用可以降低高脂饮食饲养的肥胖大鼠的脂肪堆积，并使血清甘油三酯水平降低、脂质降解相关基因上调，这些表明副干酪乳杆菌 L. CASEI431 通过调节脂质代谢和一些相关生物标志物水平缓解大鼠肥胖[403][404]。

11. 副干酪乳杆菌 DSM16105

副干酪乳杆菌 DSM16105 是从老年人粪便中分离的菌株，有耐酸耐胆盐特性、抗菌活性以及高黏附性，具有益生潜力[405]。副干酪乳杆菌 DSM16105 具有调节肠道菌群的能力，可以通过介导小鼠肠道微生物群—短链脂肪酸—激素/炎症途径来抑制炎症反应，并改善 2 型糖尿病[406]。副干酪乳杆菌 DSM16105 多与鼠李糖乳杆菌 IMC501 联合使用，目前这种菌株组合的功效已经被多项研究证实。体外研究表明，这两种益生菌联合使用可以抑制金黄色葡萄球菌、奇异变形杆菌以及念珠菌等多种致病菌，具有辅助治疗胃肠道感染疾病和阴道疾病的潜力[407]。人体实验结果显示，女性服用这种益生菌制剂后阴道菌群结构有所改变，表现为乳酸杆菌水平增加，进一步证实了这种菌株组合有着维护女性健康的潜力[408]。另外，临床试验研究表明，这两种益生菌联合使用不仅可以改善受试者的排便习惯，并显著增加粪便中双歧杆菌以及乳酸杆菌的水平，还可以提高血浆中抗氧化剂水平，从而中和剧烈运动产生的活性氧，有助于改善运动员在运动过程中的氧化应激[409][410]。

12. 副干酪乳杆菌 L578

副干酪乳杆菌 L578 是一株具有良好发酵性能的益生菌菌株，其与瑞士乳杆菌 L551 和嗜热链球菌 S56 组成的组合发酵剂可作为直投式酸奶发酵剂应用，现已获得国家发明专利。实验研究结果表明，这种组合发酵剂发酵酸奶的速度快，酸奶中的挥发性短链脂肪酸含量和 γ-氨基丁酸含量高，使发酵乳具有更好的风味[411]。副干酪乳杆菌 L578 与嗜热链球菌 S709 和瑞士乳杆菌 L551 的菌株组合具备降血压、改善睡眠等作用，3 种菌株所制成的益生菌制剂可产生高含量的 γ-氨基丁酸、降压肽类物质以及有机酸等，能够通过皮质脑血管表面的 γ-氨基丁酸受体引起脑血管扩张，并通过抑制血管紧张素转换酶的活性达到降低血压的效果[412]。此外，实验研究表明这种益生菌制剂可以改善青年、中年、老年受试者的睡眠情况，对睡眠质量的改善有效率平均在 93%，这可能也与其具有高产 γ-氨基丁酸和有机酸的特性有关[413]。

13. 副干酪乳杆菌 YMC1069

副干酪乳杆菌 YMC1069 具有缓解抗生素引起的腹泻的潜力，一项专利研究表明副干酪乳杆菌 YMC1069 和其他益生菌以及益生元成分组合在一起服用可以提高肠道有益菌水平、降低有害菌水平，并降低稀便率、稀便程度和腹泻指数，促进胃肠功能的恢复，减轻胃肠道症状[414]。一项研究表明，副干酪乳杆菌 YMC1069 可与植物乳杆菌 LP45、长双歧杆菌 L693、两歧双歧杆菌 TMC3115 和嗜热链球菌 S131 共同发挥作用，通过抑制氧化应激、恢复肠道菌群失调，缓解了丙戊酸盐诱导的小鼠肝脂肪变性和脂质代谢紊乱，具有保护肝脏健康以及脂质代谢健康的潜力[77]。

14. 副干酪乳杆菌 JLPF-176

副干酪乳杆菌 JLPF-176 是一株专利益生菌，可以抑制幽门螺杆菌感染。研究表明，该菌株具有较强的抵抗胃酸能力，能够有效抑制幽门螺杆菌生长。人群实验表明，副干酪乳杆菌 JLPF-176 可以显著降低服用抗生素的不良反应发生率并明显提高对幽门螺杆菌的根除率，同时修复胃黏膜损伤，对胃溃疡有很好的疗效[415]。副干酪乳杆菌 JLPF-176 可以利用不同的碳水化合物进行生长代谢，研究表明高聚合物低聚异麦芽糖不仅保证了菌体良好的生长，还显著促进了益生菌生物膜的形成，并且代谢组学研究结果显示高聚合物低聚异麦芽糖使菌株的多个重要代谢途径中的基因表达发生变化，具有调节菌体代谢的作用[416]。副干酪乳杆菌 JLPF-176 对提高发酵制品的品质具有积极作用，可将可溶性糖转化为有机酸，并通过增加黄酮类物质的含量来提高产品的抗氧化能力[417]。另外，采用嗜酸乳杆菌与副干酪乳杆菌 JLPF-176 混合发酵使发酵产物中多糖含量显著降低，挥发性成分增加，酚类、醇类物质与花香香气物质相对含量增多，游离氨基酸种类及含量增加，并赋予发酵制品甜味和鲜味，有助于提高产品活性物质与风味成分含量[418]。

15. 副干酪乳杆菌 UALpc-04

副干酪乳杆菌 UALpc-04 多与其他益生菌联合使用进行益生特性的研究，一项动物实验表明，含有副干酪乳杆菌 UALpc-04 的复合益生菌制剂可以降低鱼类被病原菌感染后的死亡率，调节了感染前期的炎症反应并提高肠道紧密连接蛋白表达[285]。临床试验研究结果表明，副干酪乳杆菌 UALpc-04 对阴道健康同样发挥积极作用，受试者对含有该菌株的复合益生菌制剂耐受性良好，且服用后受试者阴道 pH 值降低，阴道环境有所改善[419]。此外，含有副干酪乳杆菌 UALpc-04 的复合益生菌制剂可以显著降低超重个体的体重、BMI 值、腰围和臀围，还减少了与免疫相关的炎症，提高了受试者的生活质量[361]。

16. 副干酪乳杆菌 F-19

副干酪乳杆菌 F-19 具有与黏蛋白、胶原蛋白及纤维连接蛋白结合的能力，并具有较高的表面疏水性以及在胃肠道中存活的能力，同时具备蛋白质水解活性以及产生细菌素的能力[420]。人体口服实验表明副干酪乳杆菌 F-19 不会对人体产生不良影响，且该菌株有能力在胃转运中存活下来，并在人体结肠环境中生存，具有改善机体健康的潜力[421]。如今，副干酪乳杆菌 F-19 的多项益生特性已被临床研究证实，研究数据表明该菌株可以改善肠易激综合征，减轻患者腹痛、腹胀、腹泻以及便秘症状[422]；可以影响婴儿肠道微生物组和血清代谢组，从而减轻配方奶喂养所产生的不利影响[423]。副干酪乳杆菌 F-19 也结合其他益生菌菌株进行过研究，临床数据表明，该菌株与嗜酸乳杆菌、双歧杆菌联合使用可以改善受试者的神经认知功能，对机体健康有积极作用[424]。

17. 副干酪乳杆菌 TISTR2593

副干酪乳杆菌 TISTR2593 可用于改善高胆固醇血症，将 50 名患有高胆固醇血症患者分为两组分别服用益生菌和安慰剂，在第 0 天、第 45 天和第 90 天检查氧化应激状态、炎症状态等指标的标志物，结果表明受试者摄入益生菌后血清低密度脂蛋白胆固醇、丙二醛和炎症因子的水平显著降低，血清载脂蛋白 E 和脂联素的水平显著升高，具有预防或延缓动脉粥样硬化发展的潜力[425]。

3.3.3.3 鼠李糖乳杆菌

鼠李糖乳杆菌多存在于人和动物的肠道内，不能利用乳糖，但可发酵多种单糖。鼠李糖乳杆菌具有耐酸、耐胆汁盐、耐多种抗生素等生物学特点，具有黏附于肠上皮细胞、抑制致病菌黏附、维持肠屏障完整性、平衡肠道微生物群、调节肠道免疫与氧化应激、调节肠—脑交流等作用，现已成为全球研究非常广泛的一种益生菌[426]。

1. 鼠李糖乳杆菌 GG

鼠李糖乳杆菌 GG 是从健康成年人的粪便样品中分离而来的，大量研究表明鼠李糖乳杆菌 GG 与人体健康息息相关，可调节肠道菌群、增强肠道屏障功能、提高机体免疫力，从而预防和改善多种疾病；对婴幼儿健康有益，可以引起婴幼儿肠道菌群结构以及行为发生积极变化，并且婴幼儿服用期间耐受性良好，目前已被列入我国《可用于婴幼儿食品的菌种名单》中[427]。鼠李糖乳杆菌 GG 与机体之间相互作用的关键功能因子主要有脂磷壁酸、分泌蛋白、胞外多糖等，这些结构及物质有助于菌体发挥其黏附以及免疫调节的作用，研究表明脂磷壁酸参与脂质过氧化，是菌体发挥抗炎作用的关键因素之一[428]；分泌蛋白中 p40 和 p75 可抑制细胞因子诱导的结肠细胞凋亡，减少肿瘤坏死因子诱导的上皮损伤，有助于维持肠上皮稳态；胞外多糖起保护菌体活性的作用，还参与免疫调节，并调节脂质代谢[431][432]。鼠李糖乳杆菌 GG 的益生效果目前已被多项临床研究证实。研究表明鼠李糖乳杆菌 GG 不仅具有防治肠易激综合征、抗生素相关腹泻、结直肠癌等消化系统疾病的作用，还可以改善肝硬化[436]，降低儿童过敏性疾病患病概率[437]。近年来，关于鼠李糖乳杆菌 GG 对肠—脑轴干预情况的研究日益增多，临床研究表明鼠李糖乳杆菌 GG 可以增强受试者执行能力并提高处理事件的速度，对老年人提高认知功能有积极作用[438]。另一项针对心肌梗死患者的研究称，与安慰剂相比，补充鼠李糖乳杆菌 GG 可减轻受试者抑郁症状，并降低氧化应激和炎症的标志物水平[439]。此外，在出生前 4 周和出生后 6 个月补充鼠李糖乳杆菌 GG 可降低儿童患多动症和阿斯伯格综合征的可能性，说明在生命早期补充该益生菌可以降低儿童后期发生神经精神性疾病的风险[440]。

2. 鼠李糖乳杆菌 LRa05

鼠李糖乳杆菌 LRa05 是一株专利益生菌，具有抑制肠道致病菌、调节肠道菌群、缓解腹泻及便秘症状、增强免疫、缓解湿疹等功能，已被授予多项发明专利。鼠李糖乳杆菌 LRa05 是一株安全性极高的益生菌，基因组分析结果表明该菌株无抗生素耐药基因以及毒力基因，对抗生素敏感，不产生 d-乳酸且无溶血活性，小鼠口服实验也证实该菌株无致死性或毒性[445]。体内实验研究表明，鼠李糖乳杆菌 LRa05 具有调节肠道菌群以及调节血糖的作用，2 型糖尿病小鼠服用益生菌后空腹血糖水平降低了 53.5%，胰岛素抵抗、肝脏氧化应激以及炎症反应得以缓解；同时，该菌株重塑了肠道菌群，使分泌短链脂肪酸的菌丰度增加，促炎细菌的丰度降低[446]。鼠李糖乳杆菌 LRa05 具有抗肥胖的作用，可以抑制高脂饮食小鼠体重增长、血清脂质水平以及肝细胞脂肪累积。此外，鼠李糖乳杆菌 LRa05 还降低了链球菌的丰度、抑制了血液和肝脏的葡萄糖含量、促进了肝脏的碳水化合物和能量代谢，具有作为抗肥胖益生菌的潜力[447]。鼠李糖乳杆菌 LRa05 调节肠道菌群的功效已被临床研究证实，研究结果表明，健康受试者服用益生菌 4 周后体内与抑郁症相关的菌群丰度呈下降趋势，并且与沙门氏菌感染通路相关基因表达显著减少，这表明鼠李糖乳杆菌LRa05有在人体肠道中定殖并减少有害菌丰度的能力[448]。

3. 鼠李糖乳杆菌 HN001

鼠李糖乳杆菌 HN001 从切达干酪中分离而来，分离后经过筛选被认为是具有潜力的益生菌菌株，目前已被列入我国《可用于婴幼儿食品的菌种名单》中。研究证实补充鼠李糖乳杆菌 HN001 有助于改善肠道组织结构和基因表达，可以促进小肠组织发育成熟并增强肠道免疫力，从而保护肠道健康。该菌株热灭活后仍能够增强肠道屏障功能，可以缓解结肠炎小鼠结肠组织损伤并减轻炎症反应。临床研究表明鼠李糖乳杆菌 HN001 具有抑菌作用，可以降低金黄色葡萄球菌在体内的定殖，从而降低致病菌感染风险[451]。该菌株还能有效地刺激免疫系统，可以增强受试者体内白细胞以及 NK 细胞的水平，从而增强全身细胞免疫反应[452]，在生命早期长期干预还可以显著降低儿童患湿疹以及其他常见过敏性疾病的概率[453]。鼠李糖乳杆菌 HN001 还可以干预肠—脑轴，减轻抑郁、焦虑等不安症状。研究表明益生菌的摄入能够增加杏仁核中谷氨酸受体的表达，还可以通过减少去甲肾上腺素、多巴胺和 5-羟色胺而减少产后焦虑行为，并改善产后微生物多样性降低的趋势。

4. 鼠李糖乳杆菌 MP108

鼠李糖乳杆菌 MP108 是从健康婴幼儿的肠道中筛选出的益生菌，也是中国第一株自主研发的婴幼儿益生菌，该菌株安全性已被研究证实。遗传毒性研究结果表明鼠李糖乳杆菌 MP108 不会出现诱变反应，且口服后对骨髓没有细胞毒性，长期服用安全可靠，目前已被列入我国《可用于婴幼儿食品的菌种名单》中[456]。鼠李糖乳杆菌 MP108 可以调节免疫反应，一项专利研究表明该菌株可以刺激树突细胞分泌抗炎因子，并影响 T 细胞的免疫功能，对卵清蛋白引起的过敏有缓解作用，可以调节特异性抗体水平，从而增强肠道免疫，抑制过敏反应[457]。鼠李糖乳杆菌 MP108 和低聚糖联合使用可发挥协同作用，有效调节免疫低下大鼠的促炎因子水平等指标[458]。临床试验的结果同样表明鼠李糖乳杆菌 MP108 具有调节免疫的功能，可以改善过敏性鼻炎儿童的鼻道阻力，缓解鼻部症状[457]。此外，鼠李糖乳杆菌 MP108 还具有抵抗细菌性感染的作用，可以通过下调炎症水平缓解肠组织损伤，提高水通道蛋白的水平缓解肠毒性大肠杆菌感染导致的腹泻，并在一定程度上恢复了肠道微生态，同时增加产短链脂肪酸的细菌的相对丰度，改善了肠道环境[459]。

5. 鼠李糖乳杆菌 F-1

鼠李糖乳杆菌 F-1 是由健康女性生殖道分离而来的一株益生菌，具有抑制炎症、改善口腔健康以及保护胃肠道等功能，最初曾被鉴定为嗜酸乳杆菌。一项专利表明鼠李糖乳杆菌 F-1 可以产生过氧化氢，对牙龈卟啉单胞菌、具核梭杆菌等多种口腔病原菌有抑制活性，具有美白牙齿、改善口腔环境的能力[460]。实验研究表明，鼠李糖乳杆菌 F-1 可以诱导 T 细胞与人外周血淋巴细胞增殖，并调节肿瘤坏死因子、白细胞介素等细胞因子的分泌，具有调节免疫的潜力[461]。鼠李糖乳杆菌 F-1 联合唾液乳杆菌及植物乳杆菌制成的三联活菌制剂可对根除幽门螺杆菌起辅助作用，临床研究表明治疗总有效率显著高于常规对照组，幽门螺杆菌根除率显著升高，且不良反应发生率显著降低，具有较好的临床效果[462]。

6. 鼠李糖乳杆菌 LR-32

鼠李糖乳杆菌 LR-32 是一株对低 pH 值、盐以及硝酸盐具有较强耐受能力的益生菌，有应用于食品生产的潜力[463]。该菌株还具有抗菌作用，能够影响免疫调节，引发抗炎反应，从而抑制对白念珠菌定殖和感染，其细胞裂解液可以改善牙龈卟啉单胞菌感染引起的细胞活力下降，并使感染牙龈卟啉单胞菌的牙龈上皮细胞中炎症介质的转录水平上调，说明菌株对口腔病原体具有较强的免疫反应，有利于病原体的消除，但在此过程中可能导致炎症症状增加[464][465]。有临床研究表明，使用假牙的人群每天摄入含有鼠李糖乳杆菌 LR-32 的奶酪可以显著降低口腔念珠菌的水平，有助于减少病原菌在口腔中的定殖，对维护口腔健康有益[466]。抗生素可诱导家禽产蛋性能下降，并使肠道屏障功能和血脑屏障功能受损，5-羟色胺代谢受到抑制，然而，补充鼠李糖乳杆菌 LR-32 可恢复肠道微生物结构特征，通过增加回肠和下丘脑中紧密连接蛋白的表达增强肠道和血脑屏障功能，同时促进 5-羟色胺代谢相关基因的表达，对家禽健康有益[467]。

7. 鼠李糖乳杆菌 CRL1505

鼠李糖乳杆菌 CRL1505 是于山羊奶中提取而来的一株乳源性益生菌，在 2013 年完成全基因测序。近 20 年的深入研究表明鼠李糖乳杆菌 CRL1505 对机体免疫功能具有良好的调节作用，可以保护肠道及呼吸道健康，其机制为病毒入侵时摄入鼠李糖乳杆菌 CRL1505 能够更早启动免疫机制，使呼吸道和肠道中干扰素 γ、抗炎细胞因子白介素 10 等细胞因子水平增加，从而增强肠道和呼吸道抗感染能力。大量临床前研究数据支持鼠李糖乳杆菌 CRL1505 对胃肠道以及呼吸道的健康益处，研究结果总结如下：免疫功能低下、营养不良的小鼠口服鼠李糖乳杆菌 CRL1505 可平衡营养不良导致的 B 细胞生长变化，提高小鼠对感染的抵抗能力[470]；口服鼠李糖乳杆菌 CRL1505 可增强营养良好和营养不良小鼠对鼠伤寒沙门氏菌、肺炎链球菌的抵抗力，并增加呼吸道组织中免疫球蛋白 A 的水平，增强小鼠对菌血症的抵抗能力[468][471]；小鼠口服鼠李糖乳杆菌 CRL1505 进行预处理可以对呼吸道合胞病毒和流感病毒提前产生免疫反应，减少感染所致的肺部损伤，且热灭活菌体同样对病毒性呼吸道感染和呼吸道合胞病毒感染具有积极作用。此外，一项针对学龄前儿童的临床试验结果表明，食用鼠李糖乳杆菌 CRL1505 使儿童上呼吸道感染、咽炎、扁桃体炎和急性腹泻患病率降低，服用益生菌期间受试者抗生素使用率更低，益生菌干预后受试者唾液黏膜免疫球蛋白 A 水平显著升高，证实了鼠李糖乳杆菌 CRL1505 对人体肠道及呼吸道健康有益[473]。

8. 鼠李糖乳杆菌 GR-1

鼠李糖乳杆菌 GR-1 最初是从一名健康女性尿道末端分离出来的。1988 年，鼠李糖乳杆菌 GR-1 调节异常阴道微生物群的能力被研究证实。此后，体外研究表明该菌株具有抑菌作用，可以抑制白念珠菌的生长，其基因组分析结果也显示该菌株更适合阴道环境，有在女性阴道中定殖的能力，具有保护女性泌尿生殖系统健康的潜力。目前，越来越多的临床研究证实了鼠李糖乳杆菌 GR-1 的功效，但大多数研究中使用的菌株不仅含有鼠李糖乳杆菌 GR-1，还含有罗伊氏黏液乳杆菌 RC-14，二者联合使用可有助于重塑阴道正常菌群结构，调节阴道中细胞因子水平，并且还可以联合抗菌药物治疗真菌感染以及细菌性阴道炎等疾病。近年来的研究表明鼠李糖乳杆菌 GR-1 对子宫健康有益，可以抑制大肠杆菌诱导的炎症相关通路蛋白的表达，有效减轻致病菌感染导致的炎症反应，还可防止脂多糖诱导引起的子宫肌层细胞中炎症因子的表达，具有缓解子宫内膜炎以及抵抗子宫内感染的能力[480][481]。除对女性健康有益，鼠李糖乳杆菌 GR-1 还可对机体发挥多种益生作用：可以通过重塑肠道微生物群来减轻重金属的神经毒性，改善重金属中毒导致的学习和记忆缺陷[482]；可以提高介导氧化应激和炎症反应来减少动脉粥样硬化病变大小，对心脑血管健康有益；可以调节免疫反应，降低气道炎症反应，预防过敏性哮喘的气道功能恶化，具有抗过敏功能[483]。

9. 鼠李糖乳杆菌 PB01

鼠李糖乳杆菌 PB01 具有良好的抗真菌能力，可以抑制多种念珠菌的生长，这可能与其产酸的特性有关[484]。此外，鼠李糖乳杆菌 PB01 还具有调节体重的作用，可以抵抗肥胖，并减轻肥胖带来的其他症状。动物实验研究表明，鼠李糖乳杆菌 PB01 可以抑制高脂饮食诱导的小鼠体重增加，使小鼠血清总胆固醇与低密度脂蛋白的水平下降。此外，肥胖小鼠的机械疼痛阈值较低，对疼痛更加敏感，而益生菌干预则提高了小鼠的机械疼痛阈值[485][486]。另一项研究表明，鼠李糖乳杆菌 PB01 可以影响体重以及与生育能力有关的生物标志物水平，使肥胖组小鼠的血清睾酮、内分泌激素水平显著提高，同时增加精子总数与活力，这表明该菌株不但有助于控制体重，还对提高男性生育能力有积极作用[487]。

10. 鼠李糖乳杆菌 UALr-06

鼠李糖乳杆菌 UALr-06 具有调节女性阴道健康、改善结肠炎以及调节免疫的潜力，常与其他益生菌及益生元组合发挥益生作用。动物实验研究表明小鼠服用含有鼠李糖乳杆菌 UALr-06 等 5 种益生菌的复合制剂后并未观察到不良反应，另外结肠炎小鼠的肠道完整性增强、肠道微生物菌群结构改善、炎症反应得到抑制，并且益生菌与抗性淀粉等益生元联合使用对患结肠炎小鼠的保护效果更佳[259]。另一项动物实验表明，含有鼠李糖乳杆菌 UALr-06 等 14 株益生菌的复合制剂可以降低鱼类被病原菌感染后的死亡率，调节感染前期的炎症反应，并提高肠道紧密连接蛋白表达以及免疫基因的表达[285]。此外，一项临床研究结果显示含有鼠李糖乳杆菌 UALr-06 在内的多菌株益生菌制剂有助于降低偏高的阴道 pH 值，并使受试者阴道菌群在干预期间始终保持以乳酸杆菌为优势菌群的健康状态[419]。

11. 鼠李糖乳杆菌 R0011

鼠李糖乳杆菌 R0011 最初分离于发酵剂中，可以黏附人体肠上皮细胞，并增强紧密连接蛋白以及黏蛋白的表达，并且能够减少致病性空肠弯曲杆菌的黏附和侵袭，具有抗菌以及保护肠道屏障功能的潜力。鼠李糖乳杆菌 R0011 具有调节免疫功能，使受脂多糖攻击的巨噬细胞产生调节性细胞因子，同时上调促炎因子水平，并诱导调节性巨噬细胞表型[490]。动物研究结果表明，鼠李糖乳杆菌 R0011 对小鼠结肠癌起预防和治疗作用，还能保护机体，减轻化疗副作用，有效预防白细胞减少以及小鼠体重减轻[491]。鼠李糖乳杆菌 R0011 具有提高药物吸收利用率的功能，在肠道中甘草酸被微生物 β-葡萄糖醛酸酶去糖基化转化为甘草次酸，鼠李糖乳杆菌 R0011 可以增强 β-葡萄糖醛酸酶的活性，促进甘草酸水解为甘草次酸，并恢复了肠道微生物结构，修复了肠道稳态，间接促进了甘草酸的生物吸收[492]。鼠李糖乳杆菌 R0011 与瑞士乳杆菌 R0052 常联合用于临床试验研究中：这两种菌株不仅可以使受试者血清中特异性免疫球蛋白水平增加，减轻儿童特应性皮炎的严重程度[493]，还能显著缩短健康成年人患抗生素相关腹泻的持续时间[494]，并对受试者肠道菌群结构产生积极影响，降低脂多糖水平，通过调节肠—肝轴改善酒精性肝炎及肝硬化[495]。此外，鼠李糖乳杆菌 R0011 与瑞士乳杆菌 R0052 还可以协同常规治疗方法提高幽门螺杆菌根除率，并有助于减少治疗期间产生的胃肠道副作用，提高患者的生活质量[496]。

12. 鼠李糖乳杆菌 DSM16104

鼠李糖乳杆菌 DSM16104 可显著降低杂环胺诱导的结肠细胞 DNA 损伤程度，有助于抑制有害化合物的遗传毒性，保护细胞免受诱变损伤[497]。鼠李糖乳杆菌 DSM16104 还具有抑菌活性，能够在海水中存活，并降低潜在致病菌的水平，具有应用于水产养殖业的潜力[498]。鼠李糖乳杆菌 DSM16104 多与副干酪乳杆菌 IMC502 联合使用，目前这种菌株组合的功效已经被多项研究证实。体外研究表明，这两种益生菌联合使用可以抑制金黄色葡萄球菌、奇异变形杆菌以及念珠菌等多种致病菌，具有辅助治疗胃肠道感染疾病和阴道疾病的潜力[407]。人体实验结果显示，女性服用这种益生菌制剂后阴道菌群结构有所改变，表现为乳酸杆菌水平增加，进一步证实了这种菌株组合有维护女性健康的潜力[408]。另外，临床试验研究表明，这两种益生菌不仅可以改善受试者的排便习惯，显著增加粪便中双歧杆菌以及乳酸杆菌的水平，还可以提高血浆中抗氧化剂水平，从而中和剧烈运动产生的活性氧，有助于改善运动员运动过程中的氧化应激[409][410]。

13. 鼠李糖乳杆菌 LR519

鼠李糖乳杆菌 LR519 是从中国传统发酵食物中分离出来的益生菌菌株，具有优良的生物学特性，可以产生过氧化氢以及乳酸，对大肠埃希菌、金黄色葡萄球菌、阴道加德纳菌以及白色假丝酵母菌生长具有抑制效果，且对家兔阴道黏膜无刺激性，可作为阴道微生态制剂的候选菌株[499]。另有研究表明，鼠李糖乳杆菌 LR519 能够抑制产肠毒素性大肠杆菌生长并特异性缓解致病菌感染引起的水通道蛋白、紧密连接蛋白、黏蛋白基因表达下调以及肠上皮细胞凋亡，同时对白细胞介素-8 分泌具有调节作用，改善肠道屏障功能损伤[184]。鼠李糖乳杆菌 LR519 还可以与其他益生菌菌株联合使用发挥其益生作用，如与植物乳杆菌 LP45、嗜酸乳杆菌 LA28 和动物双歧杆菌 BAL531 联合干预可使高脂饮食小鼠的摄食量和内脏脂肪明显降低，谷丙转氨酶、总胆固醇、甘油三酯和丙二醛水平也显著下降，肝脂肪变性明显缓解，炎症因子表达水平显著降低，具有改善非酒精性脂肪性肝病的潜力[185]。

14. 鼠李糖乳杆菌 LRH10

鼠李糖乳杆菌 LRH10 是一种多菌株益生菌制剂的组成成分之一，该制剂共含有 6 种乳酸菌菌株和 1 种双歧杆菌菌株，具有调节体重与肠道健康等多种功能。动物实验研究表明此多菌株益生菌制剂具有抑制肥胖的潜力，可以减轻高脂饮食小鼠的体重、增强葡萄糖耐受以及肝脏脂肪耐受情况，并调节脂质代谢和炎症相关基因的表达，改善小鼠炎症症状，益生菌的摄入也使小鼠肠道中肠道菌群结构和短链脂肪酸的含量发生变化[251]。此外，一项临床研究表明这种益生菌制品还可减轻腹痛、腹胀，并增加受试者胃肠道总厌氧菌和总细菌丰度，对成人胃肠道功能健康有益[252]。

15. 鼠李糖乳杆菌 CT-53

鼠李糖乳杆菌 CT-53 具有较强的黏附能力，对口腔上皮细胞、咽部上皮细胞、肠上皮细胞以及宫颈上皮细胞均有良好的黏附能力。此外，该菌株能诱导 $CD4^+$ 和 $CD14^+$ 细胞的增殖，并缓解肺炎链球菌导致的 IL-8 水平升高[461]。鼠李糖乳杆菌 CT-53 还具有较好的抗菌能力，不但在活菌状态下可以抑制肺炎链球菌、大肠杆菌 HB101、白念珠菌和阴道加德纳菌的生长，其菌株热灭活后仍具有很强的病原体抑制能力，可防止口腔病原体的生长，因此具有后生元产品开发以及改善口腔健康的潜力[158][461]。

3.3.4 黏液乳杆菌属

黏液乳杆菌主要包括发酵黏液乳杆菌、罗伊氏黏液乳杆菌，不但可用于发酵食品的生产制作过程，还具有良好的黏附能力、抗菌能力以及对不良环境的耐受能力等益生特性，有助于菌体发挥益生功能，保护机体健康。

3.3.4.1　发酵黏液乳杆菌

发酵黏液乳杆菌为异型发酵菌株，能够代谢乳糖、半乳糖等多种糖类，是传统发酵食品中的优势微生物，可用于发酵食品的生产制作过程，赋予食物良好的风味及品质。目前，对发酵黏液乳杆菌益生作用的研究主要集中在其对胃肠道环境的适应能力、胆固醇的降解或消除能力、有害菌的抗菌能力、免疫调节、抗氧化能力等方面，发酵黏液乳杆菌已被实验研究证实具有促使免疫系统的发育、调节机体的免疫力、增强动物的免疫耐受能力等功能特点[500]。

1. 发酵黏液乳杆菌 CECT5716

发酵黏液乳杆菌 CECT5716 是从母乳中分离出的益生菌菌株，具有良好的抗菌特性，并且安全性高，目前已被列入我国《可用于婴幼儿食品的菌种名单》中。研究表明，发酵黏液乳杆菌 CECT5716 是一株具有免疫调节作用的菌株，能降低脂多糖诱导的炎症反应，增强血液中白细胞的吞噬活性，并且对自然杀伤细胞、T 细胞亚群有激活作用，这证明该菌株具有提高先天性免疫应答和适应性免疫应答的能力[502][503]。临床研究证实发酵黏液乳杆菌 CECT5716 对婴幼儿健康以及成人健康均有保护作用：婴儿摄入该菌株后在生长发育、耐受程度、不良反应等方面与服用配方奶粉的对照组无显著性差异，并且胃肠道感染率明显降低[504]。发酵黏液乳杆菌 CECT5716 对成人健康同样有益处，能激发健康成人体内针对抗流感病毒疫苗的免疫应答，提高 NK 细胞和血浆免疫球蛋白 A 浓度[505]；值得注意的是，多项临床研究结果表明发酵黏液乳杆菌 CECT5716 可以降低哺乳期的乳房疼痛感，下调妇女母乳中葡萄球菌以及炎症标志物水平，具有预防、缓解乳腺炎的潜力。

2. 发酵黏液乳杆菌 LF26

发酵黏液乳杆菌 LF26 是一株具有良好抑菌潜力的益生菌菌株，不仅活菌能够发挥抑菌作用，含有其代谢产物的发酵上清液对包括牙龈卟啉单胞菌、变形链球菌在内的多种致病菌生长同样有抑制作用，能够抑制致病菌生物膜的形成，这说明该菌株具有开发为后生元产品的潜力。目前，发酵黏液乳杆菌 LF26 与多种益生菌联合使用治疗女性阴道疾病的作用已被证实。研究表明，这种复合益生菌制剂可降低宫颈阴道中念珠菌的丰度、促进乳酸杆菌种类的增加，并减轻阴道炎症反应以及炎症周期、改善患者的情绪和生活质量，对女性健康有益。此外，发酵黏液乳杆菌 LF26 可以与多种菌株联合使用发挥抑制肥胖的作用，可减轻高脂饮食小鼠的体重、增强葡萄糖耐受以及肝脏脂肪耐受情况，并调节脂质代谢[251]；还对成人胃肠道功能健康有益，可减轻腹痛、腹胀，并增加受试者胃肠道总厌氧菌和总细菌丰度[252]。

3.3.4.2　罗伊氏黏液乳杆菌

罗伊氏黏液乳杆菌是几乎可存在于所有脊椎动物和哺乳动物肠道内的乳酸杆菌，也是具有益生功效的肠道益生菌，目前已在瑞士和日本的许多功能性食品工业中得到应用，具有建立或调整肠道微生物菌群、预防或治疗因肠道感染引起的腹泻的功效。并且，罗伊氏乳杆菌不仅具备乳酸菌主要的有益功效，还具备产生广谱抗菌物质的特定点，并通过合成分泌罗伊氏菌素抑制有害菌的生长[501]。

1. 罗伊氏黏液乳杆菌 DSM17938

罗伊氏黏液乳杆菌 DSM17938 的原始菌株为罗伊氏黏液乳杆菌 ATCC55730，研究发现罗伊氏黏液乳杆菌 ATCC55730 对四环素和林可霉素具有潜在的可转移耐药性，将携带四环素和林可酰胺抗性基因的质粒去除后该菌株被重新命名为 DSM17938[511]。目前，该菌株已被列入我国《可用于婴幼儿食品的菌种名单》中。针对罗伊氏黏液乳杆菌 DSM17938 的临床研究集中于其对婴儿、儿童胃肠道疾病的影响。临床研究表明，罗伊氏黏液乳杆菌 DSM17938 不仅有助于提高早产儿建立早期进食的耐受性、促进早产儿生长及肠道运动[512]，还有助于增加胃排空率从而减少婴儿胃食管反流的发作[513]。此外，该菌株也被证实有助于改善儿童急性腹泻[514]、腹痛[515]以及功能性便秘[516]等儿童疾病。最近的研究显示，罗伊氏黏液乳杆菌 DSM17938 不仅在神经性厌食症儿童和青少年的营养恢复和便秘治疗以及脑瘫儿童的便秘治疗中发挥积极作用[517][518]，还能够调节成人 5-羟色胺、脑源性神经营养因子以及粪便中钙卫蛋白浓度，改善粪便稠度，缓解成人功能性便秘以及肠易激综合征症状，具有广阔的应用前景。

2. 罗伊氏黏液乳杆菌 DSM17648

罗伊氏黏液乳杆菌 DSM17648 是一株能够有效拮抗幽门螺杆菌的益生菌菌株，能够通过识别幽门螺杆菌的表面结构并与之形成共聚体排出胃肠道，从而降低胃中幽门螺杆菌的数量[521]。目前，已有多项临床研究证实了罗伊氏黏液乳杆菌 DSM17648 清除幽门螺杆菌的效果：幽门螺杆菌阳性受试者补充罗伊氏黏液乳杆菌 DSM17648 28 天后，62.5%的受试者幽门螺杆菌载量呈现降低的趋势，66.7%的受试者的总体胃肠道症状改善[522]；受试者在接受抗生素治疗的基础上摄入罗伊氏黏液乳杆菌 DSM17648 进行辅助治疗，结果表明益生菌摄入降低了治疗不良反应的发生率，并将幽门螺杆菌根除率提高至 90%以上，因此补充罗伊氏黏液乳杆菌 DSM17648 可作为幽门螺杆菌感染的有效辅助治疗方式[523]。此外，灭活罗伊氏黏液乳杆菌 DSM17648 对功能性消化不良患者根除幽门螺杆菌起辅助治疗作用，实验结果表明在抗生素治疗的基础上使用灭活益生菌进行辅助治疗后，受试者体内幽门杆菌根除率显著升高、胃肠道不适症状减少、生活质量显著改善[524]；另一项研究同样表明，灭活的罗伊氏黏液乳杆菌 DSM17648 可以改善幽门螺杆菌阳性患者腹胀和腹泻情况，并使受试者体内变形菌门和志贺氏菌属的相对丰度显著降低，肠道菌群多样性发生明显变化[525]。

3. 罗伊氏黏液乳杆菌 ATCC PTA-6475

罗伊氏黏液乳杆菌 ATCC PTA-6475 具有增加骨密度的功效，可缓解抗生素引起的肠道菌群失调、屏障功能受损以及成骨细胞减少、破骨细胞活性增加等不利变化，表明微生物群不仅在调节肠道屏障功能方面发挥重要作用，还与骨骼健康息息相关[526]。研究表明该菌株摄入增加了雄性小鼠成骨细胞血清标志物水平，有助于股骨和椎骨的形成，而对雌性小鼠的骨骼参数没有影响[527]。而另一项研究中罗伊氏黏液乳杆菌 ATCC PTA-6475 显著改善了雌性绝经小鼠的骨质流失，降低破骨细胞骨吸收标志物水平以及破骨细胞的生成，说明该菌株可抑制与雌激素缺乏相关的骨吸收和骨质流失[528]。临床研究表明，长时间补充罗伊氏黏液乳杆菌 ATCC PTA-6475 有可能防止骨密度较低的老年妇女肠道微生物结构失调和炎症状态，从而对骨代谢产生积极影响，有助于开发新的骨质疏松症治疗方法[529]。除了对骨健康有益，研究表明罗伊氏黏液乳杆菌 ATCC PTA-6475 还可以提高小鼠内源性催产素的水平，有助于伤口修复，这一特性已经过人体研究证实[530]，并且该菌株还有抑制炎症的作用，可以降低促炎因子的产生，从而调节人体免疫[531]。

4. 罗伊氏黏液乳杆菌 ATCC PTA-5289

罗伊氏黏液乳杆菌 ATCC PTA-5289 是一株对口腔健康有益的益生菌菌株，常与罗伊氏黏液乳杆菌 DSM17938 联合使用。研究表明，罗伊氏黏液乳杆菌 ATCC PTA-5289 与 DSM17938 联合使用可以减少变形链球菌、牙周梭杆菌等病原菌的水平，调节口腔微生物群的变化[532]；能够保护口腔黏膜免受化疗引起的损伤，增加口腔上皮细胞厚度，同时减少氧化应激和口腔黏膜炎症[533]；还可以显著增加唾液 pH 值，从而缓解牙菌斑的致酸性，并一定程度上改善牙菌斑、牙龈炎和牙龈出血等问题，对探针牙周袋深度以及探诊出血等指标有积极影响，可用于正畸过程中降低致龋风险以及维护正常口腔健康。罗伊氏黏液乳杆菌 ATCC PTA-5289 与 DSM17938 联合使用不仅对口腔健康有益，还能改善儿童咽炎以及扁桃体炎。临床研究证实患病受试者服用混合益生菌的第 2 天起发热情况减轻，从第 3 天开始喉咙疼痛的严重程度得到缓解，且受试者流鼻涕、鼻塞等症状以及体内炎性因子水平显著提高，说明此益生菌组合可作为安全有效的辅助药物，减轻儿童咽炎或扁桃体炎症状[537]。

5. 罗伊氏黏液乳杆菌 LR08

罗伊氏黏液乳杆菌 LR08 可以利用低聚糖等进行生长代谢，最新的研究表明大豆蛋白和多肽同样能够有效促进该菌株的生长和有机酸分泌。此外，大豆多肽和低聚果糖在促进菌体增殖方面表现出协同作用，说明大豆多肽有作为益生元的潜力，有助于提高罗伊氏黏液乳杆菌 LR08 的益生特性[538]。事实上，针对大豆多肽作为罗伊氏黏液乳杆菌 LR08 的益生元的潜在机制已经有所研究，抑菌实验结果表明罗伊氏黏液乳菌 LR08 与大肠杆菌共培养时大豆蛋白和多肽可有效促进罗伊氏黏液乳菌 LR08 的生长和有机酸分泌，从而提高其抗菌活性[539]。在另一项研究中，通过分析不同培养条件下的菌株基因表达情况可知大豆蛋白和多肽均能调节脂肪酸生物合成的相关基因表达，并增强嘌呤的生物合成途径，为细菌生长提供更多的核酸和 ATP，并且大豆多肽可以促进 ABC 转运蛋白合成，从而影响菌体生长和代谢机制[540]。

6. 罗伊氏黏液乳杆菌 RC-14

罗伊氏黏液乳杆菌 RC-14 是一株对女性健康有益的益生菌，与鼠李糖乳杆菌 GR-1 联合使用可以有效防治女性阴道感染。体外研究表明两种菌株联合使用可以抑制光滑念珠菌的生长及其代谢活性，具有杀真菌作用，可治疗由光滑念珠菌引起的真菌感染[541]。鼠李糖乳杆菌 GR-1 和罗伊氏黏液乳杆菌 RC-14 菌株口服摄入后能以活菌形式进入胃肠道并在阴道内定殖而发挥其生物学作用，基因组分子指纹图谱技术分析表明，受试者摄入菌株期间以及停止摄入 7 天之后粪便样本中均可以检测出鼠李糖乳杆菌 GR-1 和罗伊氏黏液乳杆菌 RC-14 菌株[479]；另一项研究显示受试者口服鼠李糖乳杆菌 GR-1 和罗伊氏黏液乳杆菌 RC-14 菌株期间阴道能检出较高数量的乳杆菌，但干预结束 30 天后干预组与对照组间乳杆菌数量差异无统计学意义，说明经口摄入的鼠李糖乳杆菌 GR-1 和罗伊氏黏液乳杆菌 RC-14 菌株能够进入阴道定殖，但是这种定殖是暂时的[479]。临床研究结果表明，罗伊氏黏液乳杆菌 RC-14 与鼠李糖乳杆菌 GR-1 可通过提高阴道乳杆菌水平、降低酵母菌和大肠杆菌水平改善阴道微生态环境，并且有研究显示患有细菌性阴道病的患者服用益生菌进行辅助治疗后有 80%以上的受试者细菌性阴道炎检测呈阴性，显著高于对照组[544]。

7. 罗伊氏黏液乳杆菌 TE-33

罗伊氏黏液乳杆菌 TE-33 具有抗炎作用，可与其他菌株共同作用发挥抗阴道炎的功能。一项发明专利中的研究成果显示，罗伊氏黏液乳杆菌 TE-33 菌株受胃酸及胆盐影响较小，因此在胃肠液中有较好的生存能力，同时该菌株对治疗阴道炎常用栓剂抑霉剂克霉唑的耐受性良好，有与抗菌药通过使用的潜力。研究结果表明，该菌株与唾液乳杆菌、嗜酸乳杆菌和鼠李糖乳杆菌混合培养物可以通过抑制树突状细胞分泌肿瘤坏死因子-α 并促进抑炎因子白介素-10 的分泌，有效发挥抑制炎症作用，因此具有作为治疗阴道炎症的辅助治疗方法的潜力[545]。

8. 罗伊氏黏液乳杆菌 JYLB-131

罗伊氏黏液乳杆菌 JYLB-131 可与短双歧杆菌、婴儿双歧杆菌、长双歧杆菌、嗜酸乳杆菌、干酪乳杆菌、瑞士乳杆菌、植物乳杆菌、鼠李糖乳杆菌、嗜热链球菌组成益生菌组合物对人体发挥有益功效。一项专利中研究结果表明，腹泻型肠易激综合征患者服用含有以上 10 株益生菌的胶囊持续 1 个月后治疗有效率为 62.9%，与粪菌移植治疗效果相当，但在治疗和随访过程中混合益生菌的治疗方式对于患者的大便频率、粪便性状和腹痛症状改善明显比粪菌移植胶囊更有效，并且可以有效改善患者生活质量和焦虑抑郁程度[546]。

9. 罗伊氏黏液乳杆菌 UALre-16

罗伊氏黏液乳杆菌 UALre-16 具有用于益生菌饮料生产的潜力，研究表明含有酸奶乳清、黑刺果以及罗伊氏黏液乳杆菌 UALre-16 的益生菌饮料含有较高的总酚含量和总黄酮含量，感官特性优良，并且具有抗氧化能力，黑刺果促进了菌体生长繁殖，使得产品中罗伊氏黏液乳杆菌 UALre-16 的菌数维持在较高水平[547]。此外，罗伊氏黏液乳杆菌 UALre-16 还可以与多种益生菌发挥协同作用，研究表明含有罗伊氏黏液乳杆菌 UALre-16 等 14 株益生菌的复合制剂可以降低鱼类被病原菌感染后的死亡率、调节感染前期的炎症反应，并提高肠道紧密连接蛋白表达，对保护机体健康有益[285]。

10. 罗伊氏黏液乳杆菌 NCIMB30242

罗伊氏黏液乳杆菌 NCIMB30242 具有多种健康益处，目前该菌株的临床安全性已被证实，研究表明受试者对该菌株耐受性良好，长期服用后各项血液指标、不良反应时间与安慰剂组相比未见显著差异[548]。此外，该菌株还可以显著改善受试者腹泻相关症状，对胃肠道健康有益[549]。罗伊氏黏液乳杆菌 NCIMB30242 有助于维生素 D 的合成，干预 9 周后将受试者血清中 25-羟维生素 D 的水平增加了 25.5%[550]。值得注意的是，罗伊氏黏液乳杆菌 NCIMB30242 已被多项临床研究证实具有维持降低胆固醇功效：在一项临床研究中该菌株可降低低密度脂蛋白胆固醇、总胆固醇、非高密度脂蛋白胆固醇和载脂蛋白 B100 的水平，并抑制甾醇吸收[551]；一项针对高胆固醇血症人群的研究表明含有罗伊氏黏液乳杆菌 NCIMB30242 的酸奶同样可以降低低密度脂蛋白胆固醇、总胆固醇等各项指标的水平，治疗过程安全有效[552]。近年来的动物实验以及体外细胞实验研究阐明了罗伊氏黏液乳杆菌 NCIMB30242 降胆固醇的机制：该菌株参与抑制 3-羟基-3-甲基戊二酰辅酶 A 还原酶、抑制低密度脂蛋白胆固醇吸收，并影响高密度脂蛋白合成以及胆固醇在肠道的排泄，从而达到降低胆固醇的效果[553]。

3.3.5 乳植杆菌属

乳植杆菌属的代表菌种是植物乳植杆菌，植物乳植杆菌是肠道内的优势菌之一，发酵葡萄糖可以产生有机酸、小分子肽、过氧化氢等生物活性物质，还可以产生抗菌肽，其代谢产物具有抑制肠道有害微生物生长的作用。此外，还可以缓解肠胃不适症状、降低代谢疾病发生概率、调节细胞氧化损伤激化、调节机体免疫力、缓解肥胖和糖尿病等慢性疾病、降解重金属、降低胆固醇、预防心脑血管疾病、抑制肿瘤等益生作用[554]。

1. 植物乳植杆菌 Lp90

植物乳植杆菌 Lp90 是一株专利菌株，分离于传统发酵制品，经模拟胃肠液处理后存活率在60%以上，对人体胃肠道环境具有较强的耐受能力以及抗氧化能力，研究证实该菌株可以降低线虫的脂肪积累，具有防止肥胖的潜在功效。植物乳植杆菌 Lp90 可用于食品生产过程中以提高食品功能性以及产品品质，使用该菌株发酵苹果汁可以增强产品的 DPPH 自由基清除能力，从而增强产品抗氧化能力[299]；添加了该菌株的发酵燕麦食品黏度更大，这可能与植物乳植杆菌 Lp90 产生胞外多糖的特性有关[557]。目前已有多项关于提高植物乳植杆菌 Lp90 的存活能力的研究，乳清蛋白和羧甲基化葡聚糖的偶联物可作为微胶囊的外壳，提高菌体在冷冻干燥后的活力和对胃肠道耐受性[558]；另外，研究表明来自香菇的可溶性膳食纤维也可以对菌体起保护作用，微胶囊在热处理、高湿度、长期贮藏和胃肠道消化等恶劣条件下表现出较好的稳定性[559]。近年来的研究证实植物乳植杆菌 Lp90 对肠道健康有积极的保护作用，可与膳食纤维等益生元共同作用减轻结肠炎小鼠的体重降低趋势、增强肠道屏障功能、改善肠道组织损伤并维持肠道稳态的肠道微生物多样性、上调丁酸水平，缓解结肠炎的严重程度[560]。

2. 植物乳植杆菌 Lp05

植物乳植杆菌 Lp05 是一株能有效抑制幽门螺杆菌的专利益生菌菌株，具有良好的耐胃酸能力，可以抑制幽门螺杆菌的生长及增殖，显著降低幽门螺杆菌对上皮细胞的黏附力，并且不会使幽门螺杆菌产生耐药性，治疗过程中也不会引起患者的不良反应，具有良好应用潜力[561]。一项抑菌实验表明，植物乳植杆菌 Lp05 按一定比例与嗜酸乳杆菌 LA05 复配后在抑制幽门螺杆菌生长方面发挥协同增效的作用，说明植物乳植杆菌 Lp05 可用于开发多菌株益生菌制剂[222]。

3. 植物乳植杆菌 Lp-115

植物乳植杆菌 Lp-115 有助于提高发酵产品品质及风味，一项研究表明使用该菌株发酵含有果汁的乳制品可以增加饮料中鲜甜味化合物以及不饱和脂肪酸含量，改善饮料风味，并提高饮料中抗氧化剂水平，提高了产品的功能特性[562]。植物乳植杆菌 Lp-115 具有调节肠道菌群的潜力，研究表明受试者摄入该菌株期间在粪便中检测到此菌株的菌数显著升高，但停止摄入一段时间后菌数出现回落，说明要想发挥调节肠道菌群的作用需要持续补充益生菌[563]。植物乳植杆菌 Lp-115 对保护胃肠道健康有积极作用，研究表明该菌株能够在体外抑制幽门螺杆菌对细胞的黏附并抑制幽门螺杆菌引起的细胞炎症，进一步的动物实验结果证实植物乳植杆菌 Lp-115 可减少幽门螺杆菌在小鼠胃黏膜上的定殖并缓解胃黏膜固有层的炎症细胞浸润，减轻胃部炎症[213]。另一项研究表明，植物乳植杆菌 Lp-115 可以与结肠炎治疗药物联合使用，降低大鼠结肠组织的髓过氧化物酶活性，减轻炎性反应，起辅助治疗结肠炎的作用[564]。

4. 植物乳植杆菌 LP45

植物乳植杆菌 LP45 分离自内蒙古的传统奶酪，可产生高水平的苯乳酸从而有效抑制霉菌，在产品发酵期间添加该菌株不仅可有效增强酸奶制品防腐性，还能使产品在储存期间保持较高的活菌数，具有应用于发酵乳制品生产的潜力[565]。植物乳植杆菌 LP45 对低 pH 值和高胆盐浓度表现出优异的耐受性，同时具有胆盐水解酶活性，可降低血浆胆固醇水平，有利于调节机体脂质代谢[566]。植物乳植杆菌 LP45 具有良好的调节免疫的效果，动物实验表明摄入该菌株可显著缓解特应性皮炎小鼠的耳肿胀和皮肤损伤，并通过调节细胞因子含量减轻肺组织的病理损伤，减少炎症细胞浸润，从而缓解小鼠的哮喘症状[567]。近年来研究发现植物乳植杆菌 LP45 对骨骼健康有益，可以通过抑制氧化应激来激发相关信号通路，从而促进成骨细胞分化、抑制破骨细胞形成，维持骨稳态，改善骨代谢[568]；动物实验证实患有骨质疏松症的大鼠口服植物乳植杆菌 LP45 8 周后骨矿物质含量和骨密度有所恢复，并恢复了机体骨钙素、骨保护素的水平，显著减轻骨质疏松症导致的骨缺损，有作为膳食补充剂治疗骨质疏松症的潜力[569]。此外，还有研究表明植物乳植杆菌 LP45 具有改善认知功能的功效，可与两歧双歧杆菌联合使用缓解阿尔茨海默病小鼠的空间记忆障碍以及肠道菌群失调，可用于改善阿尔茨海默病患者的生活质量[26]。

5. 植物乳植杆菌 N13

植物乳植杆菌 N13 是一株专利益生菌，具有耐酸、耐胆盐能力，而大豆卵磷脂对提高该菌株对胆汁耐受性有积极影响，使菌株的表面疏水性和细胞完整性增加、细胞膜发生了变化，进一步增强菌体对胆汁盐的耐受能力，从而更好地发挥益生作用。此外，该菌株还对肠上皮细胞株 HT-29 细胞具有很高的黏附性，并有抑制致病菌肠侵袭性大肠杆菌生长以及黏附、侵袭细胞的能力，具有生产发酵食品的应用潜力。此外，多项专利研究结果表明植物乳植杆菌 N13 对变异链球菌、白念珠菌等多种致病菌有抑制作用，同时对口腔以及阴道环境具有较强适应能力，具有开发改善口腔健康或防治阴道炎的药物制剂的潜力。研究表明植物乳植杆菌 N13 可显著缓解小鼠结肠炎，表现为恢复小鼠体重和肠道菌群组成、降低疾病活动指数评分、抑制促炎细胞因子表达及炎症相关信号通路蛋白表达，这与菌株的胃肠液耐受性、黏附性、菌体世代时间、共轭亚油酸合成能力具有相关性[574]。

6. 植物乳植杆菌 CCFM 8610

植物乳植杆菌 CCFM 8610 是一株具有排镉功能的益生菌菌株，不但具有较好的抗氧化性以及耐受胃肠液的能力，还对镉离子具有一定耐受能力，并可于体外结合镉离子[575]。进一步的体内动物实验研究表明，植物乳植杆菌 CCFM 8610 可以减轻镉诱导的肠道氧化应激，抑制炎症反应，还能增加小鼠肠道组织紧密连接蛋白的 mRNA 表达，降低小鼠的肠道通透性，从而通过保护肠道屏障功能来抑制金属镉的吸收，降低镉暴露小鼠肝脏和肾脏中的镉含量，并促进镉的排出[576]。植物乳植杆菌 CCFM 8610 还对骨骼健康有益，动物实验表明植物乳植杆菌 CCFM8610 可以显著改善去卵巢大鼠的骨结构指标以及骨代谢的高转换率，并调节肠道屏障功能，通过降低炎症因子活性来抑制骨吸收，为骨质疏松的防治提供新的可能[577]。此外，植物乳植杆菌 CCFM 8610 还具有调节肠道微生物菌群、缓解肠易激综合征的功能，临床研究表明该菌株可以改善腹泻型肠易激综合征患者疾病严重程度，并恢复肠道菌群多样性，降低腹胀相关菌属的相对丰度，增加与分泌丁酸相关菌属的相对丰度，显著提高了受试者的生活质量[578]。

7. 植物乳植杆菌 ST-Ⅲ

植物乳植杆菌 ST-Ⅲ来自发酵泡菜中，由于其表面蛋白或脂磷壁酸的存在使其具有良好的黏附特性[579]。植物乳植杆菌 ST-Ⅲ具有应用于发酵食品的潜力，可以在豆乳中良好生长，赋予发酵豆乳制品良好的感官品质与贮藏稳定性[580]；还可以促进苦荞面团发酵过程中蛋白质的降解变化，促使大分子蛋白降解为小分子蛋白和多肽，从而提高苦荞面制品中的蛋白质利用率[581]。植物乳植杆菌 ST-Ⅲ也是一种对精神健康具有有益影响的重要益生菌。最新的动物实验表明，自闭症谱系障碍小鼠摄入植物乳植杆菌 ST-Ⅲ2 周后肠道菌群中有益的毛螺菌属的丰度增加，而有害的另枝菌属的丰度减少；同时，小鼠的社会行为得以改善，这与肠道微生物群的变化密切相关[582]。另一项研究同样证实植物乳植杆菌 ST-Ⅲ有着良好的调节肠道菌群的能力，该菌株与母乳和婴儿配方奶粉联合干预可以减少婴儿肠道微生物菌群中肠杆菌和拟杆菌的总量，同时增加乳酸菌和双歧杆菌的丰度。此外，母乳或婴儿配方奶粉还可以增加植物乳植杆菌 ST-Ⅲ的丰度，这表明该菌株与婴儿配方奶粉和母乳之间存在协同作用[583]。

8. 植物乳植杆菌 BG112

植物乳植杆菌 BG112 可用于新型发酵食品的开发，可以发酵豆渣粉，并在发酵过程抑制血管紧张素转换酶的水平、提高乳酸和醋酸水平，使产品具备控制高血压的功效[584]；用于酪乳杆菌 LC-1 和植物乳植杆菌 BG112 发酵含有雪莲果的牛奶可以增强产品的抗氧化能力，且干酪乳杆菌和植物乳植杆菌在储存期间以及模拟消化后均具有较高的存活率[585]；植物乳植杆菌 BG112 还可以用于开发新型合生元饮料，一项研究表明添加了该菌株以及菊粉的饮料经过发酵后产品储存期间活菌数较高，且具有良好的感官评价，大众接受度高，具有很大开发潜力[586]。

9. 植物乳植杆菌 DR7

植物乳植杆菌 DR7 具有降胆固醇、调节免疫等功能，可以降低胆固醇合成相关酶的 mRNA 表达，从而降低肝脏和肠道细胞中胆固醇的积累[587]；也可以通过调节受试者血浆炎症相关细胞因子水平、缓解氧化应激、增强免疫细胞活性来缓解上呼吸道感染症状[588]。

植物乳植杆菌 DR7 也是一株情绪调节菌株，具有缓解长期压力和焦虑，调节脑—肠轴及相关微生物菌群，调节与血清素、多巴胺相关的神经递质通路，保护记忆及认知功能等作用。动物实验表明植物乳植杆菌 DR7 干预减少了大鼠焦虑行为，同时增强了老年大鼠的记忆力，降低了衰老过程中体内促炎细胞因子浓度的增加，并降低了细胞凋亡基因的表达，具有改善衰老期间认知功能的潜力[589]；另一项研究显示阿尔茨海默病改变了果蝇的肠道微生物菌群，表现为沃尔巴克氏体菌属水平升高，功能预测分析结果表明该菌属与帕金森病、亨廷顿舞蹈症和阿尔茨海默病等神经退行性疾病有相关性，而植物乳植杆菌 DR7 干预降低了该菌属的丰度，恢复了果蝇的肠道微生物菌群结构并缓解了眼睛的神经退行性变[590]。此外，临床研究显示植物乳植杆菌 DR7 干预调节了色氨酸代谢通路，与安慰剂相比，服用益生菌的受试者的血浆皮质醇水平降低、促炎细胞因子减少、抗炎细胞因子增加，减少了成年人压力下的应激症状以及焦虑，并改善了总心理评分、认知功能和记忆功能[591]。进一步的研究表明植物乳植杆菌 DR7 对受试者肠道功能、肠道微生物菌群组成变化有所影响：研究发现益生菌干预改善了受试者排便频率以及肠道微生物菌群的 α 多样性，并导致了特定菌群的差异，而这种差异影响了多巴胺通路以及色氨酸代谢途径，进一步对大脑产生积极影响[592]。

10. 植物乳植杆菌 HOM3204

植物乳植杆菌 HOM3204 是一株分离自酸菜样品中的专利益生菌，在肠道中具有较高的存活率，经过 3 小时的模拟胃液处理及 24 小时的模拟肠液处理后，其存活率仍可高达 95%以上。该菌株具有较好的黏附肠道上皮细胞的能力，并对大肠杆菌、沙门氏菌等常见致病菌的生长起抑制作用[593]。研究表明，植物乳植杆菌 HOM3204 能调节肠道菌群的平衡。抗生素诱导使小鼠肠道微生态失调，而补充植物乳植杆菌 HOM3204 可增强双歧杆菌和乳酸杆菌的生长繁殖，提高粪便中乳酸和乙酸的含量，减少致病菌定殖，使抗生素治疗造成的肠道微生物菌群损伤恢复到正常状态。不仅如此，植物乳植杆菌 HOM3204 还可以提高小鼠血清中抗氧化酶的水平，增强机体抗氧化能力，减少抗生素导致的氧化应激[594]。通过分析植物乳植杆菌 HOM3204 的基因组信息发现，该菌株含有可以编码多种氧化应激相关蛋白的基因，可以潜在地应对氧化应激，具有抗衰老的潜力[595]。进一步的动物实验结果证实，植物乳植杆菌 HOM3204 可以增加 D-半乳糖诱导的衰老小鼠全血中的谷胱甘肽过氧化物酶活性和肝脏中的谷胱甘肽浓度，显著改善抗氧化功能，这表明该菌株可用作具有良好抗氧化特性的食品成分的潜力[595]。

11. 植物乳植杆菌 LP-6

植物乳植杆菌 LP-6 分离自新疆牧场传统发酵的酸马奶样品中，通过对其基因组学研究发现该菌株发生重组、突变概率极小，遗传稳定，由于植物乳植杆菌 LP-6 具有较多与蛋白水解相关的特有功能基因，故推测该菌株有良好的蛋白水解能力[596]。研究表明，植物乳植杆菌 LP-6 可以调节肠道微生物菌群变化，与其他两株益生菌复配使用对大鼠肠道菌群的重塑作用效果更加明显，尤其是提高了肠道微生物群落及其群落结构的多样性[597]。此外，植物乳植杆菌 LP-6 对肠道健康有保护作用，研究证实采用基础发酵剂和含有植物乳植杆菌 LP-6 在内的 4 种益生菌菌株共同制备的益生菌发酵乳可显著降低炎症性肠病大鼠的疾病活动指数评分、减轻结肠组织炎症损伤、降低炎性细胞因子水平，并使大鼠肠道菌群丰度指数以及有益细菌水平显著增加，显著缓解炎症性肠病症状[598]。

12. 植物乳植杆菌 P9

植物乳植杆菌 P9 最初是从传统的酸粥中分离出来的，具有抗真菌活性，可作为发酵乳生产的发酵剂有效发酵牛奶。发酵乳在贮藏过程中活菌计数和酸度变化稳定，并且通过分析代谢产物的变化表明发酵后和不同储藏期发酵乳中脂肪酸、肽、碳水化合物和其他代谢物存在差异，可为利用植物乳植杆菌 P9 菌株开发和改进发酵乳制品提供参考[599][600]。植物乳植杆菌 P9 可以调节肠道运动，对便秘以及腹泻均有缓解作用，能够修复结肠屏障受损情况，调节神经递质水平从而影响胃肠运动，增加肠道菌群物种丰富度和多样性从而改善功能性便秘小鼠肠道运动状态[601]；还可以改善慢性便秘受试者排便频率、缓解不良情绪、调节受试者肠道微生物群及其代谢物变化，有效缓解慢性便秘[602]。值得注意的是，植物乳植杆菌 P9 可改善农药暴露人群的肠道菌群代谢物并减轻炎症反应，该菌株具有降解农药的活性，并且能够通过增加农药暴露人群中植物乳植杆菌的丰度，调节高频农药暴露所引起的炎症反应，促进体内农药残留的排出，对农业生态健康以及人体健康均有积极作用。

13. 植物乳植杆菌 AB-1

植物乳植杆菌 AB-1 是一株专利益生菌，具有耐酸性、耐胆汁酸性、耐过氧化氢酶和蛋白酶的稳定性以及广谱抑菌特性，可抑制肠道致病菌，改善宿主的肠内微生物环境[606]。植物乳植杆菌 AB-1 已被证实具有较强的降解亚硝酸盐的能力，其分泌的亚硝酸盐还原酶可以将亚硝酸盐还原成一氧化氮，从而降低食物中的亚硝酸盐水平，保护人体健康[607]。目前，关于植物乳植杆菌 AB-1 的群体感应能力对菌体生理特性的影响已有相关研究进行阐述。群体感应是一种细胞间通信机制，主要是通过自体诱导剂-2（AI-2）来完成的。一项研究结果表明，将植物乳植杆菌 AB-1 产生 3-苯乳酸的能力受群体感应系统的调控，将菌体微胶囊化可以提高 AI-2 水平，增强群体感应能力，有利于产生 3-苯乳酸，从而增强菌体抗菌能力[608]。而另一项以 AI-2 基因缺陷菌株和野生型菌株作为受试菌株的研究显示，AI-2 缺陷突变体菌株可以更好地改善小鼠结肠炎症状以及炎症反应，并且可以富集益生菌并控制潜在有害细菌的增殖，从而促进维持相对有利的肠道稳态，对结肠炎具有更明显的改善作用，表明乳酸菌作用机制与 AI-2 诱导的结肠菌群改变有关[609]。

14. 植物乳植杆菌 CN2018

植物乳植杆菌 CN2018 是一株具有抗幽门螺杆菌作用的专利益生菌，对幽门螺杆菌黏附人胃上皮细胞具有抑制作用，同时体内研究证实该菌株对未感染幽门螺杆菌的小鼠具有预防以及减轻感染的作用[610]。植物乳植杆菌 CN2018 还可用于食品生产中，可作为植物饮料的发酵菌株之一，在发酵过程中提高产品的总酚、总黄酮、游离氨基酸和风味核苷酸的含量，增强产品抗氧化性，并降低苦味、涩味等不良风味，提高产品品质[611]。另外有临床研究表明，含有植物乳植杆菌 CN2018 在内的多菌株复合制剂可作为改善神经退行性疾病症状的治疗手段，有助于改善患有认知障碍受试者的认知功能和睡眠质量[612]。

15. 植物乳植杆菌 LPL28

研究表明，植物乳植杆菌 LPL28 无抗生素耐药性和致突变活性，并且动物实验证实该菌株无遗传毒性，口服后对机体不产生急性和亚慢性毒性。此外，植物乳植杆菌 LPL28 对幽门螺杆菌的生长有良好的抑制作用，并表现出耐酸、耐胆盐特性以及黏附肠道细胞的能力，是一株有潜力的益生菌[398]。植物乳植杆菌 LPL28 具有调节口腔菌群以及增强口腔免疫的功能，研究表明含有植物乳植杆菌 LPL28 以及其他菌株的益生菌含片可以显著增加受试者口腔内免疫球蛋白水平以及乳酸杆菌和双歧杆菌的丰度[400]。此外，该菌株与其他益生菌联合使用不但能够改变小鼠肠道微生物结构、缓解便秘，也可以减轻受试者花粉过敏症状，改善免疫功能[613][614]。植物乳植杆菌 LPL28 具有开发为后生元的潜力，含有该菌株在内的多种灭活菌体制剂能够使受试者口腔中的唾液乳杆菌显著增加，有效增强口腔免疫力，抑制口腔病原体的生长；此外，受试者表示口服热灭活菌体后其肠道状况有所改善[615]。植物乳植杆菌 LPL28 的代谢产物同样具有有益作用，该菌株与唾液乳杆菌、双歧杆菌、嗜酸乳杆菌共同培养后得到的发酵液对肠道有益菌的生长起促进作用，并表现出良好的抗炎活性、抗氧化能力以及上调紧密连接蛋白表达的作用，对肠道健康有益[616]。

16. 植物乳植杆菌 JYLP-326

植物乳植杆菌 JYLP-326 分离自发酵食品，在食品加工过程中添加该菌株可改善食品品质。研究表明，石细胞数量过多会影响梨果实与加工制品的品质，而加工过程中使用植物乳植杆菌 JYLP-326 进行发酵可显著降低石细胞纤维素含量，破坏石细胞结构，提高产品品质[617]。植物乳植杆菌 JYLP-326 也是一株具有情绪调节作用的专利益生菌，该菌株不但能够调节 γ-氨基丁酸和 5-羟色胺水平，使机体保持稳态，显著改善动物和人的失眠情况[618]；还可以干预中枢神经系统相关调控基因的表达，同时下调促炎细胞因子水平并提高紧密连接蛋白的水平，在小鼠中表现出显著的抗抑郁作用[619]；此外，临床研究证实该菌株有助于缓解考试焦虑，可以通过调整肠道菌群平衡、改善菌群代谢物水平，从而缓解压力下的大学生焦虑、抑郁和失眠的症状[620]。

17. 植物乳植杆菌 JYLP-002

植物乳植杆菌 JYLP-002 分离自健康女性阴道，是一株专利益生菌，可以抑制加德纳菌与白假丝酵母的生长，临床研究证实植物乳植杆菌 JYLP-002 与抗生素联合使用对治疗细菌性阴道炎有明显的治疗效果，并且可以降低疾病的复发率[621]。另有研究表明，含有植物乳植杆菌 JYLP-002 以及多种益生元在内的益生元制剂可以通过降低肥胖大鼠的体重和体脂、改善血糖和血脂异常、恢复肝功能、改变肠道菌群结构和功能等途径减轻大鼠肥胖和伴随的代谢综合征，对机体健康有益[256]。植物乳植杆菌 JYLP-002 具有良好的发酵性能，可在饲料发酵过程中提高粗蛋白含量、乳酸含量和乳酸菌水平，同时降低 pH 值，在一定程度上抑制了不良微生物的繁殖活性，从而减缓青贮饲料的腐败过程[622]。

18. 植物乳植杆菌 UALp-05

体外研究表明，植物乳植杆菌 UALp-05 在模拟消化过程中表现出良好的存活能力以及良好的黏附细胞的能力，能够调节机体免疫，显著上调抗炎因子水平并抑制促炎细胞因子的产生。含有该菌株的发酵饮料对单核细胞增生李斯特氏菌、肠炎沙门氏菌等常见食源性致病菌的生长具有抑制作用，因此该菌株具有一定益生潜力。植物乳植杆菌 UALp-05 可与其他益生菌协同发挥益生作用，研究表明含有该菌株的多菌株益生菌可以提高胃肠道转运率改善肠道菌群以及短链脂肪酸水平，有助于缓解便秘[623]。此外，植物乳植杆菌 UALp-05 对维持肠道屏障功能有着调节作用，可以诱导结肠细胞产生黏蛋白，并增强 FCGBP 基因的表达，有助于胃肠道黏液层的形成；然而该菌株也降低了细胞表达 AGR2 和 RELMβ 的水平，这些基因的高水平表达对维持肠道屏障功能同样具有重要作用，因此该菌株对肠道屏障功能的作用效果需要进一步探究[624]。

19. 植物乳植杆菌 R1012

植物乳植杆菌 R1012 是一株能够影响大脑功能的益生菌，常与长双歧杆菌 R0175、瑞士乳杆菌 R0052 联合使用：动物实验结果表明，摄入这 3 种菌株的混合菌株可以显著改善微生物菌群结构，增加乳酸菌丰度，并调节抑郁症小鼠海马体免疫功能，减少小鼠的焦虑和抑郁样行为[625]；临床研究表明这 3 种益生菌的混合物显著影响了受试者大脑功能连接，调节了压力期间的大脑反应[626]；此外，这混合益生菌干预还可以通过激活眶额皮层，从而影响情绪[627]。植物乳植杆菌 R1012 还可以与其他多种益生菌组成多菌株制剂发挥益生作用，如改善功能性胃肠道疾病患者的胃肠道症状[628]、通过减少霍尔德曼氏菌水平并提高拟杆菌水平从而调节受试者肠道菌群结构等[629]。

3.3.6 联合乳杆菌属

联合乳杆菌属的代表益生菌菌种是唾液联合乳杆菌，在早期被分类为唾液乳杆菌。唾液联合乳杆菌自然存在于人体呼吸道、母乳、阴道、口腔以及发酵食物中，具有对不良环境的耐受性以及抗氧化、免疫调节、产生细菌素等能力，对人体胃肠道功能健康、心血管健康都具有积极作用[630]。

1. 唾液联合乳杆菌 AP-32

唾液联合乳杆菌 AP-32 分泌自健康新生儿的肠道，具有抑菌作用，可有效抑制幽门螺杆菌的黏附以及生长活性，有助于减少胃炎的发生以及幽门螺杆菌感染的风险[631]。此外，该菌株的灭活菌体与活性菌体均能对口腔健康发挥积极作用，可以提高口腔免疫能力并降低变形链球菌等口腔病原体的水平，并增加双歧杆菌、唾液乳杆菌的丰度，起调节口腔菌群的作用。目前，唾液联合乳杆菌 AP-32 作为益生菌的安全性已被研究证实，7 天至 6 个月大的婴儿长期服用该菌株不会导致婴儿的身长、体重、头围等指标发生变化，也不会引起不良反应，反而使得婴儿体内乳酸菌水平升高，有助于调节肠道菌群结构，可在婴儿配方奶粉中使用。唾液联合乳杆菌 AP-32 具有降血糖的功效，可以调节单糖转运蛋白的表达，从而提高菌体对单糖的消耗率，动物实验表明该菌株可显著降低糖尿病小鼠空腹血糖水平，改善葡萄糖耐量和血脂水平，并减轻糖尿病导致的肝肾损伤[633]。临床研究进一步证实含有唾液联合乳杆菌 AP-32 在内的多菌株制剂可作为常规胰岛素治疗的辅助治疗方法，进一步减轻 1 型糖尿病症状，并改变了肠道微生物菌群，调节免疫细胞因子水平，更好地使患者血糖水平趋于稳定[634]。

2. 唾液联合乳杆菌 HA118

唾液联合乳杆菌 HA118 具有作为情绪调节益生菌的潜力，可以提高大鼠被动回避测试的成绩，在一定程度上改善了心肌梗死后大鼠的抑郁行为，并且使大鼠杏仁核中 Caspase-3 的水平降低，说明该菌株对心肌梗死所致的炎症具有缓解作用[74]。唾液联合乳杆菌 HA118 还可以改善自闭小鼠的社交新奇性缺陷，对小鼠社会行为具有积极影响，但其对肠道微生物菌群和神经活性代谢物的影响很小，还需进一步实验研究证实其对情绪调节的功效以及机制[636]。另外，体外研究表明含有唾液联合乳杆菌 HA118 的复合益生菌咀嚼片对牙髓干细胞和牙龈成纤维细胞的增殖起到促进作用，说明此菌株对口腔健康有益[637]。

3. 唾液联合乳杆菌 UALs-07

唾液联合乳杆菌 UALs-07 可与其他多株益生菌组合成复合益生菌制剂发挥控制体重的作用。临床研究表明，BMI 指数在 25~34.9Kg/m^2 的成年受试者连续服用含有该菌株的复合制剂 12 周后体重下降明显，BMI 指数显著降低，并使腰围和臀围减少；此外，该产品还减少了与免疫相关的炎症，提高了受试者的生活质量[361]。

4. 唾液联合乳杆菌 GER106

唾液联合乳杆菌 GER106 来自健康儿童的口腔，是一株专利益生菌，对不良环境具有较好的耐受能力，经过在酸性条件以及模拟胆汁中培养后存活率仍能达到 95%。该菌株可以通过诱导白介素-8 产生实现其体外免疫调节活性，还诱导了 β 防御素的产生，在维护健康肠屏障功能中发挥作用。此外，该菌株还具有抑菌能力，可以抑制变形链球菌的黏附，对口腔健康有益[638]。

3.3.7 链球菌属

链球菌属广泛分布于自然界，分为致病性和非致病性两大类。常见的致病性链球菌包括肺炎链球菌、化脓性链球菌、变形链球菌等，容易定殖于鼻咽部、呼吸道、胃肠道和泌尿生殖道，导致咽炎、蛀牙和各种炎症疾病[639]。非致病性链球菌主要为唾液链球菌，唾液链球菌属于口腔正常菌群。唾液链球菌嗜热亚种（嗜热链球菌）作为一种传统的发酵剂广泛用于乳酸、干酪乳制品等的制作。此外，唾液链球菌嗜热亚种还具有许多功能活性，例如产生细胞外多糖、细菌素和维生素，具有作为益生菌的潜力[640]。

1. 唾液链球菌嗜热亚种 St-21

唾液链球菌嗜热亚种 St-21 是一株可用于乳制品发酵工程中的益生菌，有研究表明该菌株与其他乳酸杆菌作为发酵剂可使所得产品具有良好的香气以及质构特点，适合生产发酵乳、乳饮料、干酪等产品[641]。唾液链球菌嗜热亚种 St-21 具有抑制鼠伤寒沙门氏菌生长的作用，感染沙门氏菌的患者服用含有唾液链球菌嗜热亚种 St-21 等多种益生菌以及益生元的制剂进行 10 天的治疗后感染症状消失，粪便检测结果显示沙门氏菌检为阴性，这可能与此混合菌株具有较强的黏附细胞的能力有关[642][643]。唾液链球菌嗜热亚种 St-21 与其他益生菌和益生元联合使用可降低血清转氨酶和肝细胞凋亡的水平，恢复自身免疫性肝炎的免疫失衡，不仅重塑了受干扰的肠道菌群，而且维持了肠道屏障的完整性，有效缓解小鼠急性肝损伤[644]。此外，该菌株还可以减轻艰难梭菌感染症状，在柠檬外泌体纳米颗粒的作用下该菌株可与鼠李糖乳杆菌共同发挥作用，使菌体本身存活能力得到提升，抑制了艰难梭菌的生长，有效降低了小鼠感染艰难梭菌的死亡率[645]。

2. 唾液链球菌嗜热亚种 S131

唾液链球菌嗜热亚种 S131 是一株具有调节肠道健康以及调节免疫功能的专利益生菌，可使肠上皮细胞黏蛋白、紧密连接蛋白表达升高，同时对产肠毒素性大肠杆菌引起的细胞炎症因子分泌增加具有显著抑制作用，并改善了致病菌感染造成的上皮细胞损伤。此外，在体外发酵体系中唾液链球菌嗜热亚种 S131 还可以提升柔嫩梭菌属和多形拟杆菌属的相对丰度，改善肠道菌群，发挥保护肠道健康的作用。人群实验结果证实该菌株可显著改善便秘患者排便疼痛情况以及大便性状，对受试者便秘症状有所缓解[646]。此外，唾液链球菌嗜热亚种 S131 可以黏附在肠道内并能产生胞外多糖，还通过刺激巨噬细胞增殖、增强吞噬能力产生生理炎症反应，提高机体免疫力，可用于开发增强免疫力的功能性食品[649]。

3. 唾液链球菌嗜热亚种 S709

唾液链球菌嗜热亚种 S709 对维护肠道健康有益，能够通过抑制产肠毒素大肠杆菌等肠道致病菌、降低肠道通透性、恢复正常肠道屏障功能以及降低肠道炎症，具有缓解腹泻的潜力[184]。唾液链球菌嗜热亚种 S709 是益生菌制剂那曲 4580 的主要成分之一，该制剂还含有副干酪乳杆菌 L578 和瑞士乳杆菌 L551，对机体健康具有多种有益作用。研究表明该益生菌制剂有很好的耐酸性，具有辅助降血压的功效，可代谢产生具有降压肽类物质以及高水平的 γ-氨基丁酸，降低血压水平[412]。此外实验研究表明，这种益生菌制剂可以改善青年、中年、老年受试者的睡眠情况，对睡眠质量的改善有效率平均在 93%以上，并改善受试人群抑郁情绪，这可能也与其具有高产 γ-氨基丁酸和有机酸的特性有关。

4. 唾液链球菌嗜热亚种 ST30

唾液链球菌嗜热亚种 ST30 分离自发酵食品，具有调节肠道微生物菌群的潜力，含有该菌株的益生菌制剂可通过降低血浆乳酸、氨的水平发挥其抗疲劳活性，从而提高小鼠运动表现，改善小鼠前肢握力和游泳时间，减少身体疲劳[651]。唾液链球菌嗜热亚种 ST30 还可以与多种益生菌联合抑制肥胖小鼠的体重升高、改善葡萄糖耐受和肝脂肪变性、调节脂质代谢和炎症相关基因的表达并显著降低脂肪组织的重量和大小，对小鼠肠道菌群以及代谢产物同样具有调节作用，有抗肥胖的潜力[251]。

5. 唾液链球菌嗜热亚种 UASt-09

唾液链球菌嗜热亚种 UASt-09 来源于乳制品，在发酵饮料中具有较高的存活率，并且能够通过增加发酵饮料的有机酸含量增强产品的抗菌性能，有用于食品生产的潜力[30]。研究表明，唾液链球菌嗜热亚种 UASt-09 对结肠细胞具有较好的黏附能力，可以上调星状细胞活性的所有成分的表达，提高黏蛋白的水平以及质量，还可以上调结肠细胞中多种免疫标志物的表达水平，有调节黏膜屏障完整性的潜力。此外，该菌株可与其他益生菌以及益生元组成合生元制剂，改善药物诱导的小鼠急性结肠炎，保护小鼠肠道完整，并使肠道菌群结构有所恢复，对机体发挥有益作用[259]。

6. 唾液链球菌嗜热亚种 TH-4

唾液链球菌嗜热亚种 TH-4 具有较好的抗炎作用，目前已有多项动物研究表明该菌株可以减轻化疗过程中甲氨蝶呤等化疗药物引起的肠黏膜炎症反应：早期的研究表明唾液链球菌嗜热亚种 TH-4 有助于维持肠道功能正常，减轻甲氨蝶呤引起的氧化应激[652]；另有研究证实该菌株对化疗药物 5-氟尿嘧啶诱导的黏膜炎症具有积极作用，可以显著降低大鼠疾病活动指数、减轻肠道组织损伤、使肠道细胞有丝分裂正常化并使隐窝裂变减少，具有应用于结直肠癌的治疗过程的潜力[653]；唾液链球菌嗜热亚种 TH-4 对阿霉素诱导的胃肠道损伤也具有一定保护作用，可明显缓解阿霉素引起的大鼠体重减轻，但对肠道隐窝深度和绒毛高度等组织学等参数并未有明显的改善[654]。唾液链球菌嗜热亚种 TH-4 发挥以上功能作用可能与其具有合成叶酸的能力有关[655]。此外，研究表明唾液链球菌嗜热亚种 TH-4 与其他菌株联合使用对婴幼儿健康有益，可以调节婴儿肠道菌群，上调双歧杆菌等有益菌的丰度[656]。

3.3.8 乳球菌属

乳球菌属包含格氏乳球菌、鱼乳球菌、乳酸乳球菌等，其中乳酸乳球菌是具有益生潜力的菌种，广泛分布在乳制品、发酵肉类等发酵食品中，也存在于人类和动物的生殖器、肠道和呼吸道中。乳酸乳球菌可利用乳糖发酵产生乳酸，从而降低 pH 值，并且某些菌株具有产生抗菌肽的能力，具有防腐抑菌潜力，可延长发酵产品的储存时间，因此乳酸乳球菌在乳制品等食品生产领域和医疗健康领域发挥着关键作用[657]。

乳酸乳球菌乳亚种 JCM5805 具有免疫调节能力，是首株能够激活浆细胞样树突状细胞的益生菌。早期研究表明，该菌株可以体外激活浆细胞样树突状细胞产生 α-干扰素，并通过进一步激活其他类型的免疫细胞增强宿主免疫功能，具有抗病毒的作用，可保护小鼠免受轮状病毒、登革热病毒的感染。此外，临床研究表明，用乳酸乳球菌乳亚种 JCM5805 发酵的酸奶可激活人体浆细胞样树突状细胞活性，使受试者普通感冒发病风险降低，有助于增强人体抗病毒能力[661]。菌体热灭活后同样可以调节人体免疫，可以显著上调受试者唾液中的免疫球蛋白 A 水平以及中性粒细胞的吞噬活性，并增强外周血单个核细胞抗病毒基因的表达[662]，而热灭活菌体的安全性也被证实，受试者过量摄入后并不会引起血液、生化和泌尿系统检查等各项指标异常[663]。近年来，多项研究对乳酸乳球菌乳亚种 JCM5805 在运动疲劳中的作用进行了探索，证实该菌株可以影响浆细胞样树突状细胞的活化，进而减弱肌肉退行性基因表达水平和控制疲劳的细胞因子的浓度，显著改善运动员在连续高强度运动期间的疲劳积累，并降低上呼吸道感染的发病率和减轻感染症状。

3.3.9 片球菌属

片球菌属包括戊糖片球菌、乳酸片球菌、有害片球菌、阿根廷片球菌等，菌体形态呈均匀的球形，与其他乳酸菌的不同之处在于在适宜条件下，菌体可交替分裂导致四联体形成。片球菌属存在于各种各样的环境生态位中，包括植物、发酵饮料、肉类、乳制品以及动物和人体内，一些菌株能够产生抗菌肽，可应用于食品保鲜或医药行业，因此它们对食品生产以及临床研究非常重要[666]。

乳酸片球菌 CCFM7902 是一株专利益生菌，具有耐酸、耐胆盐的能力，能够体外抑制单增李斯特菌的生长，保护肠上皮细胞免受致病菌感染。该菌株还可以抑制单增李斯特菌对小鼠肝脾等脏器的感染，具有开发潜力，可作为发酵剂制备青贮饲料以及发酵香肠等[667]。

3.3.10　魏茨曼氏菌属

凝结魏茨曼氏菌在此前被分类为凝结芽孢杆菌，基于最新的系统发育和分子学证据，芽孢杆菌属中除了枯草芽孢杆菌和蜡样芽孢杆菌外，其余大多数物种形成了 17 个新的不同分支，凝结芽孢杆菌所在分支独立为魏茨曼氏菌属[668]。凝结魏茨曼氏菌能够形成孢子，也能产生乳酸，具有芽孢杆菌与乳酸杆菌的双重特征，因此不但具有抵抗外界不利环境的能力，还能够发挥类似乳酸菌的益生特性，在调节微生物菌群组成和活性、增强免疫力和缓解代谢紊乱方面发挥潜在作用[669]。

1. 凝结魏茨曼氏菌 BC99

凝结魏茨曼氏菌 BC99 是一株专利益生菌，分离自健康婴儿的粪便中，对常见的抗生素敏感，无抗生素耐药性，安全可靠。凝结魏茨曼氏菌 BC99 生长速度快，细胞密度高，芽孢率可达到 90%，对高温环境具有良好的耐受性。该菌株对大肠杆菌、金黄色葡萄球菌和沙门氏菌致病菌均具有显著的抑制作用，且能够提升小鼠肠道组织中抗炎因子水平从而提高肠道免疫力，并恢复结肠长度，缓解腹泻情况，有效缓解小鼠结肠炎。凝结魏茨曼氏菌 BC99 和其他益生菌复配还可以更好地抑制病原微生物生长、促进口腔黏膜修复，缓解口腔炎症，具有良好的应用潜力。研究表明，凝结魏茨曼氏菌 BC99 通过其代谢产物发挥抗菌特性，该菌株代谢物在 37℃ 条件下抑菌活性最高，但在温度较低（4℃）或常温（25℃）条件下，其抑菌活性也保持在一个比较好的水平，有作为生物保鲜剂延长食品保质期的潜力，可用于食品加工过程中[673]。此外，凝结魏茨曼氏菌 BC99 可用于功能性食品的开发。研究表明，以燕麦片、奇亚籽、坚果和凝结魏茨曼氏菌为主要原料的益生菌能量棒能通过降低机体中疲劳因子水平，提升糖原、己糖激酶含量缓解疲劳，并调节机体炎症水平，缓解运动导致的氧化应激损伤[674]。

2. 凝结魏茨曼氏菌 GBI-30，6086

凝结魏茨曼氏菌 GBI-30，6086 是从乳制品中分离而来的益生菌菌株，具有在胃肠道中生存的能力，能够产生有助于碳水化合物和蛋白质消化的酶。研究表明，牛奶浓缩蛋白与该菌株一起食用可以增加受试者血液中必需氨基酸和总氨基酸的浓度，证明了该菌株有助于蛋白质的分解，改善蛋白质的吸收效率[675]，这一特点使其具有提高机体运动表现的功效。健康受试者接受阻力训练的同时每天摄入酪蛋白与凝结魏茨曼氏菌 GBI-30，6086 一段时间后，垂直跳跃力要强于单独使用酪蛋白的受试者，并且肌肉损伤减少，促进了运动后的恢复。此外，凝结魏茨曼氏菌 GBI-30，6086 还可以提高肌肉补充剂 β-羟基-β-甲基丁酸酯的利用率，有助于更好地帮助保持肌肉完整性[678]。凝结魏茨曼氏菌 GBI-30，6086 对维护机体健康有众多益处：研究表明该菌株可以增加老年人肠道中的普拉梭菌等有益细菌群水平以及丁酸盐等短链脂肪酸含量，可联合消化酶缓解老年人消化不良；可以缓解肠易激综合征症状，改善受试者腹痛和腹胀程度，并缓解了艰难梭菌诱导的小鼠结肠炎症状；还能够调节免疫功能，可通过调节免疫相关蛋白来减轻上呼吸道和胃肠道症状，并对类风湿性关节炎患者的治疗起辅助作用。

3.3.11 枯草芽孢杆菌属

枯草芽孢杆菌是芽孢杆菌属的一种，广泛分布在土壤及腐败的有机物中，因易在枯草浸汁中繁殖而得名。枯草芽孢杆菌由于能够形成芽孢，因此对高温、低 pH 值等不利环境具有很强的抵抗能力，可产生抗菌肽等活性物质，发挥抗菌止泻、调节免疫、预防肠道炎症、调节肠道菌群等作用。大量的临床前和临床研究表明，枯草芽孢杆菌在治疗和预防各种原因引起的腹泻方面具有良好的效果，其安全性已被美国食品药品监督管理局和欧洲食品安全局认定[687]。

枯草芽孢杆菌 ZB183 是一株基因工程益生菌，采用同源重组设计，通过 DNA 改造将人体肝脏分解乙醛的能力赋予了益生菌，使菌株具备将乙醇和乙醛分解为对人体无害的醋酸盐的能力，从而有效醒酒并缓解醉酒带来的各种不利影响，并起到护肝作用。枯草芽孢杆菌 ZB183 的安全性已被证实，实验研究表明以 10^{11} cfu/kgBW 的剂量连续服用 90 天后，大鼠体重、尿液、血液学等各项指标均无异常，且服用期间大鼠无不良反应发生，说明该菌株安全可靠[688]。

第三部分　代表性益生菌科研分述

第 4 章　不同乳酸菌类益生菌的微生物学研究与功能评价

4.1　乳酸菌类益生菌株的生物学特性研究

益生菌必须是活体进入并定殖于肠道才可发挥其益生功能，外界温度与其存放时间对益生菌的活性有直接的影响，并且其进入肠道必须通过口腔经过胃后到达肠道，其中胃中的胃酸及胃蛋白酶和小肠中胆盐及胰蛋白酶都具有抗菌作用[1]，会影响活菌数目，从而影响益生菌发挥其效用，因此考量外界因素对活菌的影响与通过消化道且存活并定殖于肠道是益生菌筛选的重要标准之一。植物乳杆菌 8P-A3、德式乳杆菌 TS1-06、粪肠球菌 L3、乳酸乳球菌乳酸亚种 194 4 种益生菌菌株经过外耐受性测定，在与胃酸、胆碱、肠液与高盐作用情况下，皆具有较好的外环境耐受，符合益生菌的应用标准，其中粪肠球菌 L3 与德式乳杆菌保加利亚亚种 TS1-06 表现特别优良，这为下一步开发更多的益生菌剂型提供了事实基础。

4.1.1　材料与方法

4.1.1.1　菌株

植物乳杆菌 8P-A3 菌株从塔吉克斯坦北部的传统乳制品中分离得到；德式乳杆菌 TS1-06 菌株从俄罗斯北高加索地区的传统乳制品分离得到；粪肠球菌 L3 菌株由山东省农业科学院农产品研究所从俄罗斯圣彼得堡实验医学研究所引进；乳酸乳球菌乳酸亚种 194 菌株由俄罗斯布里亚特地区（贝加尔湖地区乌兰乌德市附近）当地农场未经加工的生牛奶中分离得到。上述菌株均由山东省农业科学院农产品研究所中俄国际微生态研究中心提供。

4.1.1.2　实验试剂与培养基

试剂：牛肉膏（生化试剂，北京奥博生物技术有限公司）；酵母浸出粉（生化试剂，北京奥博生物技术有限公司）；蛋白质（生化试剂，北京奥博生物技术有限公司）；葡萄糖（分析纯，国药集团化学试剂有限公司）；胃蛋白酶（生化试剂，北京奥博星生物科技有限公司）；胰蛋白酶（生化试剂，北京奥博星生物科技有限公司）；乙酸钠（分析纯，上海试四赫维化工有限公司）；柠檬酸三铵（分析纯，国药集团化学试剂有限公司）；硫酸镁（分析纯，国药集团化学试剂有限公司）；硫酸锰（分析纯，国药集团化学试剂有限公司）；磷酸二氢钾（分析纯，国药集团化学试剂有限公司）；溴钾酚紫（分析纯，国药集团化学试剂有限公司）；氯化钠（分析纯，国药集团化学试剂有限公司）；盐酸（分析纯，西安优博科技有限公司）；次甲基蓝（分析纯，西安优博科技有限公司）；氧化镁（分析纯，西安优博科技有限公司）；氢氧化钠（分析纯，西安优博科技有限公司）

培养基：FIRSBroth 和 FIRSagar（MIERCH 公司）；BS 琼脂；LB 平板培养基；TSP 琼脂培养基；BHI 琼脂培养基；紫红胆盐琼脂培养基（北京陆桥技术有限公司）。MRS 培养基：葡萄糖 20.0g，蛋白质 10.0g，酵母浸出粉 5.0g，乙酸钠 5.0g，柠檬酸三铵 2.0g，吐温 801.0mL，硫酸镁 100.0mg，硫酸锰 35.0mg，磷酸二氢钾 2.0g，1000.0mL 蒸馏水，盐酸调 pH 值至 6.5，120℃灭菌 30min，固体培养基加入琼脂 15.0g（北京奥博生物技术有限公司）。

4.1.1.3 仪器与设备

4℃冰箱（SC-276，海尔集团）；-86℃冰箱（DW-FW351，中科美菱低温科技有限公司）；电子天平（JA2003，上海精密科学仪器有限公司）；数显酸度计（PHS-25，上海仪电科学仪器股份有限公司）；无菌超净工作台（SW-CJ-1F，苏净 AIRTECH）；高压灭菌锅（LDZX-30KB，上海三申医疗器械有限公司）；恒温培养箱（JB202，上海锦屏仪器仪表有限公司）；无菌过滤装置（250mL，美国 Nalgene 公司）；数显恒温水浴锅（HH-2，金坛区富华仪器有限公司）；紫外可见分光光度计（U-2000，HITACHI）；高速台式离心机（TGL-168，Eppendorf）；光学显微镜（BX50，OLYMPUS，含 OLYMPUSBX50 型摄像系统）；722 型分光光度计（HITACHI）；厌氧罐（BBL Gas park）；250mL 聚丙烯离心管（Gilson）；巴斯德吸管、吸管、微量加样器 8 道排枪（Eppendorf 公司）。

4.1.1.4 实验方法

1. 耐胃酸能力测定

实验采用植物乳杆菌 8P-A3、德式乳杆菌 TS1-06、粪肠球菌 L3 和乳酸乳球菌乳酸亚种 194 的单一菌株在不同 pH 值的人工胃液中，在不同时间测定其活菌数，所有菌株一般在 37℃24~48h 的条件下培养。

（1）人造胃液的配制。取浓度为 1 mol/L 的稀盐酸，加水稀释，将 pH 值分别调至 1.5、2.0、2.5、3.5，每 100mL 液体中加入 1g 胃蛋白酶（酶活力 453U/mg），混匀，用 0.20μm 的无菌滤器过滤待用[1][2]。

（2）具体操作流程。将活化好的三种益生菌液以 1%接种量分别接入上述不同 pH 值的人造胃液中，37℃恒温水浴培养，在 0、0.5、1、1.5、2、3h 进行活菌平板计数。每组重复 3 个平行，求代数平均值[3]。

2. 耐肠液能力测定

实验采用植物乳杆菌 8P-A3、德式乳杆菌 TS1-06、粪肠球菌 L3 和乳酸乳球菌乳酸亚种 194 4 株菌在不同 pH 值的人工肠液中，37℃恒温水浴培养，在不同时间测定其活菌数。

（1）人造肠液的配制。取磷酸二氢钾 0.8g，加水 500mL 溶解，用质量分数为 0.4%的氢氧化钠溶液调 pH 值至 6.8，加水稀释至 1000mL，每 100mL 液体中加入 1g 胰蛋白酶（酶活力 11800U/mg），混匀，用 0.20μm 的无菌滤器过滤待用[4]。

（2）具体操作流程。将活化好的 3 种益生菌液以 1%接种量分别接入上述不同 pH 值的人造肠液中，37℃恒温水浴培养，在 0、0.5、1、1.5、2、3h 进行活菌平板计数。每组重复 3 个平行，求代数平均值[5]。

3. 耐胆盐能力测定

在 MRSBroth 培养基中加入猪胆酸盐，使其质量分数分别为 0.15%、0.2%、0.25%、0.3%、0.35%、0.4%，分装于离心试管中，每支 3mL，每个浓度 5 支，以质量分数为 0.4%的溴钾酚紫为指示剂。在 121℃灭菌 15min。将已活化好的植物乳杆菌 8P-A3、德式乳杆菌 TS1-06、粪肠球菌 L3 和乳酸乳球菌乳酸亚种 194 4 种益生菌液以 1%接种量接入上述已处理好的培养基中，于 37℃恒温培养箱中培养 24h，每组重复 3 个平行，观察其颜色的变化[6]-[8]。

4. 耐盐能力测定

用不同浓度的氯化钠形成不同的渗透压，比较研究单一菌体与其组成共生菌体在不同渗透压下的生长状况。在 MRSBroth 培养基中加入氯化钠，使其质量分数分别为 6%、6.5%、7%、7.5%、8%，分装于离心试管中，每支 3mL，每个浓度 5 支，以质量分数为 0.4%的溴钾酚紫为指示剂，在 121℃灭菌 15min[9]。将已活化好的植物乳杆菌 8P-A3、德式乳杆菌 TS1-06、粪肠球菌 L3 和乳酸乳球菌乳酸亚种 194 4 种益生菌液以 1%接种量接入上述已处理好的培养基中，于 37℃恒温培养箱中培养 24h，每组重复 3 个平行，观察其颜色的变化。

4.1.2　结果与分析——益生菌菌株外耐受性测定结果

4.1.2.1　耐胃酸能力测定

对于调节肠道菌群的乳酸菌而言，必须进入人的肠道才能发挥其疗效功能，然而在从口腔到肠道的过程中，乳酸菌必须经过人体的胃，因此研究乳酸菌在胃液中的耐受性就十分必要。在空腹时，胃液的 pH 值在 1.5~1.8；在进食过程中，由于食物成分、进食量以及个体之间的差异，一般胃液的 pH 值在 1.8~5.0 波动，通常在 3.0 左右，食用酸性食品可达 1.5，食用碱性食品时可达 4~5。此外，不同食物形态也影响其在胃中的消化时间，流体食物通常在胃中的平均消化时间是 1.5~2h[10]。

益生菌菌体在不同 pH 值人造胃液中的存活状况见表 4-1 所列。

表 4-1　益生菌菌体在不同 pH 值人造胃液中的耐受性试验结果（lgcfu/mL）

受测菌体	pH 值	时间					
		0h	0.5h	1h	1.5h	2h	3h
植物乳杆菌 8P-A3	1.5	6.13	0	0	0	0	0
	2.0	6.91	6.76	5.98	5.49	0	0
	2.5	7.13	7.25	7.18	7.67	6.85	6.73
	3.5	7.21	7.14	7.36	7.08	6.97	6.85
德式乳杆菌 S1-06	1.5	6.57	0	0	0	0	0
	2.0	7.01	5.83	3.05	2.88	2.55	0
	2.5	7.18	7.06	7.82	7.43	5.78	6.93
	3.5	7.12	7.06	7.44	7.03	7.19	6.97
粪肠球菌 L3	1.5	8.35	6.71	0	0	0	0
	2.0	8.59	7.83	7.76	7.54	7.21	7.05
	2.5	8.68	8.21	7.53	7.66	7.34	7.12
	3.5	8.71	8.53	7.87	7.67	7.54	7.23
乳酸乳球菌乳酸亚种 194	1.5	7.08	0	0	0	0	0
	2.0	7.86	6.31	5.12	4.28	2.90	0
	2.5	8.12	7.57	7.32	6.97	6.85	5.79
	3.5	8.10	7.71	7.63	7.38	7.29	7.91

结果表明：在 pH=1.5 时，受测的 4 种菌株均不能存活；在 pH=2.0 时，4 种菌株均可以存活，但在较短时间内检测的存活菌数明显高于较长时间点的存活菌数；在 pH 值为 2.5 及以上时，人造胃液对单一菌株均有一定的影响，但对粪肠球菌 L3 菌株的影响极小，这显示该菌的良好耐酸稳定性。在 pH 值 2.5 以上时有的菌甚至出现了生长，这可能是因为：(1) 人工胃液在该 pH 值下几乎对该菌没有影响；(2) 1%的接种量带进了一定的营养物质；(3) 所取菌种是处于对数生长期的生长旺盛的菌[11]-[15]。

4.1.2.2　耐肠液能力测定

在小肠内生存着大量的微生物，不仅数量大，而且种类繁多。这里是各种口服益生菌发挥作用的场所，无论怎样，保持一定数量的存活菌数是益生菌发挥作用的先决条件。小肠液的作用、小肠的蠕动等是影响益生菌数量的因素。小肠液的 pH 值约为 7.6，食物通过小肠的平均时间约为 1.5h[16]-[18]。根据实验条件得到结果见表 4-2 所列。

表 4-2　不同时间下益生菌菌体在人造肠液中的耐受性试验结果（lgcfu/mL）

受测菌株	时间					
	0h	0.5h	1h	1.5h	2h	3h
植物乳杆菌 8P-A3	7.36	7.21	7.20	7.11	6.87	6.31
德式乳杆菌 TS1-06	7.24	7.19	7.14	7.19	6.90	6.78
粪肠球菌 L3	7.91	7.87	7.93	7.76	7.42	7.31
乳酸乳球菌乳酸亚种 194	7.86	7.73	7.64	7.38	7.16	7.23

结果表明：上述 4 种单一菌体在人工肠液中均有较高的存活数，人造肠液在时间变化过程中几乎对活菌数没有影响。因此，在模拟人体肠液环境下，上述 4 种益生菌具有优良的肠液耐受性能。

4.1.2.3　耐胆盐能力测定

胆汁耐受力是乳杆菌重要的特征之一，乳杆菌要到达并定殖于人的肠道，必须对胆盐有一定的耐受性，其耐受力的高低意味着该菌株在肠道中存活能力的高低。人体小肠中胆汁盐含量在 0.03%~0.3%范围内波动[19]。益生菌在不同浓度胆盐中的生长情况见表 4-3 所列。

表 4-3　益生菌在不同浓度胆盐中的生长情况

受测菌体	猪胆汁盐浓度（%）					
	0.15	0.2	0.25	0.3	0.35	0.4
植物乳杆菌 8P-A3	++	++	+	-	-	-
德式乳杆菌 TS1-06	++	++	+	+	-	-
粪肠球菌 L3	+++	+++	++	+	+	+
乳酸乳球菌乳酸亚种 194	++	++	++	+	+	-

注：“-”不生长；“+”生长；“++”生长良好；“+++”生长非常好。

该实验结果显示了 4 种益生菌菌体在不同浓度猪胆汁盐中的生长情况。可以看出，每种菌体都具有优良的耐胆汁酸能力，而粪肠球菌 L3 耐受胆盐能力极强，在 0.2%时可生长旺盛，在胆盐浓度 0.4%时仍可以生长，德式乳杆菌 TS1-06 和乳酸乳球菌乳酸亚种 194 能生长的最高胆盐浓度分别为 0.3%和 0.35%。

4.1.2.4 耐盐能力测定

微生物对渗透压有一定的适应能力，逐渐改变渗透压，对微生物的生长影响不大，但突然较大程度地改变渗透压，则对微生物的生长不利，甚至死亡。微生物最适在等渗溶液中生长，如果把微生物置于低渗溶液中，微生物会出现水溶现象，溶液中的水分进入细胞而使其膨胀破裂，最后死亡；如果把微生物置于高渗透压溶液中，微生物会产生质壁分离现象，细胞内的水分渗透到胞外，而造成细胞质与细胞壁的分离[20]。

表 4-4 益生菌在不同浓度盐中的生长情况

受测菌体	氯化钠浓度（%）					
	6.0	6.5	7.0	7.5	8.0	8.5
植物乳杆菌 8P-A3	+++	+++	+	–	–	–
德式乳杆菌 TS1-06	+++	+++	+	+	–	–
粪肠球菌 L3	+++	+++	++	+	+	–
乳酸乳球菌乳酸亚种 194	+++	+++	++	+	–	–

注：“-”不生长；“+”生长；“++”生长良好；“+++”生长旺盛。

结果显示，不同菌体可耐受氯化钠浓度的情况有一定的差异。4 种益生菌均有较强的耐盐能力，即可以耐受一定的渗透压，4 种益生菌均在 6.5%浓度时生长旺盛，粪肠球菌 L3 与乳酸乳球菌乳酸亚种 194 在 7.0%浓度时生长良好，特别是粪肠球菌 L3 在 8.0%浓度时仍可以生长，显示出较强的高渗耐受力。

4.1.3 讨论与结论

在胃液测试中，pH 值低至 1.5 时，受测的 4 种菌株均不能存活；在 pH 值为 2.5 及以上时，人造胃液对单一菌株有一定的影响，但 4 种菌株都能存活，并对粪肠球菌 L3 菌株的影响极小，这显示该菌的良好耐酸稳定性。在肠液测试中，上述 4 株单一菌体在人工肠液中均有较高的存活数，人造肠液在时间变化过程中几乎对活菌数没有影响。同时，在耐胆盐与高盐测试中，4 种益生菌菌体在不同浓度的情况下，每种菌体都具有优良的耐胆汁盐与抗高盐能力。此外，耐受测试反映出上述 4 种益生菌广阔的剂型研发方向。

4.2　乳杆菌属益生菌株的分子生物学鉴定

通过 Illumina Hiseq 测序平台，对植物乳杆菌 8P-A3 与德氏乳杆菌 TS1-06 进行全基因组测序。作者所在研究团队已测定，植物乳杆菌 8P-A3 具有极高的致病菌拮抗能力，能抑制无乳链球菌、化脓性链球菌、金黄色葡萄球菌、大肠杆菌、铜绿假单胞菌和肺炎克雷伯菌等菌株的生长[1][2]。利用 Illumina HiSeq 4000 和 PacBio reads 获得植物乳杆菌 8P-A3 菌株的全基因组序列，得到一条 3.32Mb 染色体和一个 9480Bp 质粒。全基因组包含蛋白编码序列 3005 条，G+C 含量为 44.4%。植物乳杆菌 8P-A3 菌株的染色体含有多个细菌素编码基因，不携带任何获得性抗生素耐药基因。同时，团队前期的研究表明德氏乳杆菌 TS1-06 可抑制一些革兰氏阳性和革兰氏阴性细菌病原体如金黄色葡萄球菌、大肠杆菌、化脓性链球菌的生长[3]。通过 Illumina HiSeq 和 PacBio reads 组合获得德氏乳杆菌 TS1-06 菌株的全基因组序列，产生一条 1.85Mb 的染色体，其中蛋白编码序列为 1567 条，G+C 含量为 49.77%。德氏乳杆菌 TS1-06 菌株的染色体 DNA 含有几个胞外多糖编码基因，即肠溶素 a 样蛋白编码基因，不携带任何获得的抗生素耐药基因。

4.2.1　材料与方法

4.2.1.1　菌株

植物乳杆菌 8P-A3 菌株从塔吉克斯坦北部的传统乳制品中分离得到；德式乳杆菌 TS1-06 菌株从俄罗斯北高加索地区的传统乳制品中分离得到。

4.2.1.2　实验试剂与培养基

LB 液体培养基：10g 胰蛋白酶，5g 酵母浸出物，10g 氧化钠，加蒸馏水溶解，调节 pH 值至 7.0，定容至 1L，121℃高压灭菌 30min。LB 固体培养基：10g 胰蛋白酶，5g 酵母浸出物，10g 氯化钠，18g 琼脂粉，加蒸馏水溶解，调节 pH 值至 7.0，定容至 1L，121℃高压灭菌 30min。

ZP305 细菌基因组 DNA 提取试剂盒（生化制剂，北京庄盟国际生物基因科技有限公司）。

4.2.1.3　仪器与设备

低温摇床（DHZ-032LR，Shenergy Biocolor）；超声波清洗（KQ-500，昆山市超声仪器有限公司）；高速冷冻离心机（5805XK334796，Eppendorf）；微波炉（WP750A，Galanz）；细菌基因组测序仪（Hiseq 4000，Illumina，USA）；DNA 浓度测定仪（NanoDropND-1000，Thereto Scientific）；PCR 基因扩增仪（PTC-200，Bio-Rad）；电泳电源（EPS301，GE）等。详见表 4-5 所列。

表 4-5 测序试验试剂与仪器表

实验步骤	试剂仪器名称	厂商
总 DNA 提取	E. Z. N. A ® xxx DNA Kit	OMEGA
建库试剂	TruSeq™Nano DNA Sample Prep Kit	Illumina
定量	TBS380 Picogreen	Invitrogen
文库回收	Certified Low Range Ultra Agarose	Bio-Rad
桥式扩增	cBot TruSeq PE Cluster Kit v3-cBot-HS	Illumina
上机测序	TruSeq SBS Kit（300cycles）	Illumina

4.2.1.4 实验方法

1. IlluminaHiseq 测序实验流程

采用 Illumina TruSeq™Nano DNA Sample Prep Kit 方法构建文库。

具体实验步骤如下。

（1）以 1μgDNA 起始量建库；

（2）Covaris M220 超声打断 DNA 到 300~500bp；

（3）补平、3'端加 A、连接 index 接头（TruSeq™Nano DNA Sample Prep Kit）；

（4）文库富集，PCR 扩增 8 个 cycles；

（5）2%琼脂糖胶回收目的条带（Certified Low Range Ultra Agarose）；

（6）TBS380 Picogreen 定量，按数据比例混合上机；

（7）cBot 固相载体上进行桥式 PCR 扩增，生成 clusters；

（8）Illumina Hiseq 测序平台，进行 2×150bp 测序。

2. 单分子 PacBio 测序实验流程

具体实验步骤如下。

（1）利用 G-tubes 方法将基因组 DNA 处理成 15~20k 的片段；

（2）末端补平，两端分别连接环状单链：单链两端分别与双链正负链连接上，得到一个类似哑铃（“套马环”）的结构，称为 SMRTBell，如图 4-1 所示。

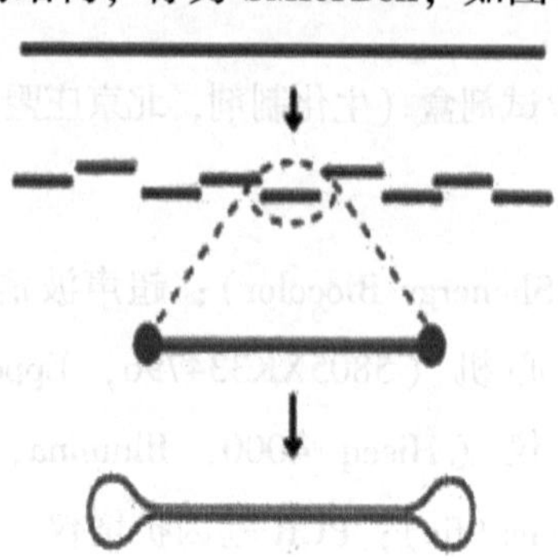

图 4-1 SMRTBell

(3) 将文库单链环退火，结合到固定的 ZMW（Zero-Mode Waveguides，零模波导孔）底部的聚合酶上。

(4) 结合完成即可上机测序（PacBio Sequel），生物信息分析流程如图 4-2 所示。

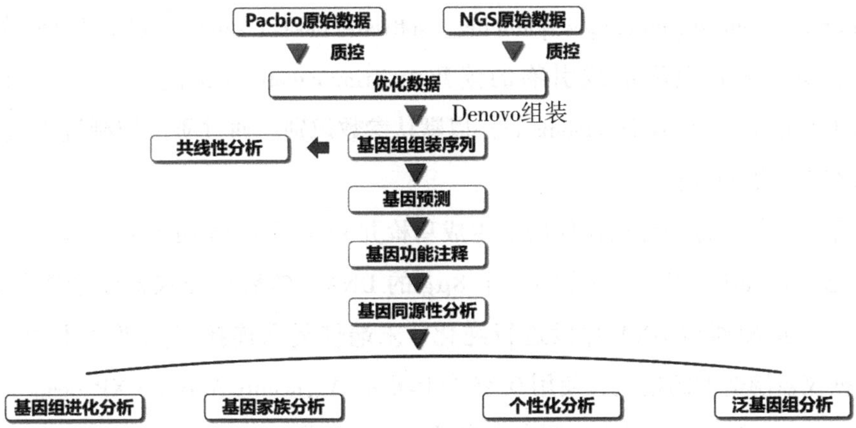

图 4-2　生物信息分析流程

生物信息分析是一个复杂而系统的过程，主要可以分为以下几个关键步骤，以确保数据分析的准确性和可靠性。

下机数据质控：过滤低质量测序数据，获得高质量的 Clean Data。

基因组组装：利用组装软件对 Clean Data 进行组装，多次调整参数及补丁后获得基因组序列。

编码与非编码基因分析：包括编码基因 codinggene、ncRNA 和 repeat 重复序列。

基因功能注释：与通用功能数据库比对，注释 codinggene。

高级数据库检索：在特殊的生物学二级功能数据库中注释 codinggene，包括 PHI、P450、VFDB、CAZy、分泌蛋白和次级代谢基因数据库。

比较基因组分析：从基因组层面比较样品与参考基因组的结构差异，包括共线性、SNP、InDel、Core-Pan 分析、物种进化分析等。

4.2.2　数据处理与统计分析

使用软件 pbdagcon（https：//github.com/PacificBiosciences/pbdagcon）对读取进行校正。使用 Celeraassembler 8.3 对草案基因组进行组装，选出最佳的组装结果。使用 Quiver、GATK（https：//www.broadinstitute.org/gatk/）、SOAPsnp/SOAPindel 进行单碱基校正。

4.2.3　结果与分析

4.2.3.1　植物乳杆菌 8P-A3 的全基因组序列

采用标准苯酚/氯仿萃取法从细菌培养物中提取并纯化植物乳杆菌菌株 8P-A3 的基因

组 DNA。结合 PacBio RS II 和 Illumina Hiseq 4000 测序平台（上海 BIOZERON Co. Ltd）对基因组进行测序。Illumina 对端测序文库使用 TruSeq™Nano DNA 样品准备试剂盒（Illumina，美国）构建。原始测序数据由 Illumina Base 调用软件 casavav 1. 8. 2（http：//support. illumina. com/sequencing/sequencing_ software/casava. ilmn）根据相应的文库生成。污染读数，例如包含适配器或引物的读数由 Trimmomatic（http：//www. usadellab. org/cms/uploads/supplementary/Trimmomatic）以默认参数识别。通过质量控制过程获得的纯数据被用来作进一步的分析。

在测序中，使用标准方法在仪器上生成鸟枪并测序了 20kb 插入的全基因组文库。在 Covaris G 管（Covaris，MA）中旋转一个 8μg 的 DNA，然后按照仪器制造商的建议，用 SMRTbell 测序适配器对 DNA 片段进行纯化、末端修复和连接（太平洋生物科学公司，CA）。根据仪器制造商的建议，使用 0. 45 倍体积的 Agencourt AMPure XP beads（Beckman Coulter Genomics，MA）对得到的测序文库进行 3 次纯化。

使用软件 pbdagcon（https：//github. com/PacificBiosciences/pbdagcon）对子读取进行校正。使用 Celeraassembler 8. 3（https：//www. mybiosoftware. com/celera - assembler - 6 - 1 - genome - shotgun - assembler. html）和 Falcon v0. 3. 0（https：//github. com/PacificBiosciences/falco）对草案基因组 contig 进行组装，选出最佳的组装结果。为了提高基因组序列的准确性，使用 Quiver、GATK（https：//www. broadinstitute. org/gatk/）、SOAPsnp/SOAPindel 进行单碱基校正。采用基因组流行病学服务中心（Resfinder3. 2）和耐药综合数据库（CARD3. 0. 8）耐药基因标识符（RGI5. 1. 0）评估耐药基因（13，20）。利用 CRISPRCasFinder[4] 鉴定了有规律的丛生间隔短回文重（CRISPR）-Cas 阵列。Phaster Web 服务器用于识别噬菌体[5]。使用 BAGEL4（vanHeel，deJongetal. 2018）软件和 BLAST 算法评估细菌素基因的存在和类型。[6]

将植物乳杆菌 8P-A3 的基因组组装成 1 条染色体和 1 个质粒，平均基因组覆盖率为 431x。植物乳杆菌 8P-A3 染色体大小为 3323296bp，G+C 含量为 44. 4%。该菌株也有一个质粒，大小为 9480bp，G+C 含量为 367%。总共有 3174 个基因（3005 蛋白质编码序列）、4NcRNA、16 rRNA（包括 5s、16s 和 23s 基因）和 71 个假性基因的基因组中发现了植物乳杆菌 8P-A3 突变。

CRISPRCasFinder 发现一个可能的 CRISPR 区域，只有 2 个 23bp 的直接重复和只有 1 个间隔以及 I 型 cas3 基因。共鉴定出 5 个原噬菌体区域，其中 2 个完整区（43. 1kb 和 44. 7kb）、2 个不完整区（15. 6kb 和 28. 1kb）、1 个可疑区（36. 6kb），共检测到 164 个噬菌体蛋白。植物乳杆菌 8P-A3 菌株的染色体和质粒上均未检测到获得的抗生素耐药基因。

经 RAST 分析，结果表明植物乳杆菌 8P-A3 包含几丁质、n-乙酰氨基葡萄糖、蔗糖、

l-阿拉伯糖、果糖和 d-核糖利用相关的基因，以及乳糖、半乳糖、甘油和甘油-3-磷酸摄取和利用相关的基因。

植物乳杆菌 8P-A3 的全基因组序列分析显示，其染色体上存在 30.6kb 大小的基因座，该基因座包含多种不同细菌素的编码基因。其中含有 plNC8A 和 plNC8B 基因，编码双肽细菌素植物素 NC8（PLNC8）和 ORFc，编码其免疫蛋白 doi：10.1128/aem.69.1.383-389.2003。在 plNC8A/B 基因下游 2kb 处发现了 3 个 ORF，其中 2 个为公认的 IIb 类细菌素（lactobina/cerein7B 家族）编码，第三个 ORF 编码免疫蛋白。1kb 后检测到 2 个 ORFs，其中一个编码的是推定的细菌素免疫蛋白，另一个与 plnJ 基因高度相似，编码的是双组分植物素 JK 中的一个。在该位点操纵子 plnABCD、plnEFI 和 plnGHSTUV 中检测到编码信息素 A、响应调节剂 PlnCD、组氨酸蛋白激酶 PlnB；细菌素 PlnE、PlnF 和免疫蛋白 PlnI，ABC 转运系统 PlnG 和 PlnH 的组成部分和一些功能未知的肽。BLAST 分析显示 plnGHSTUV 操纵子中 plnS 基因缺失。

4.2.3.2　德式乳杆菌 TS1-06 菌株的全基因组序列

采用标准苯酚/氯仿提取法从细菌培养物中提取纯化菌株德式乳杆菌 TS1-06 的基因组 DNA。结合 PacBio RS II 和 Illumina Hiseq 4000 测序平台（上海 BIOZERON Co.，Ltd）对基因组进行测序。

Illumina 对端测序文库使用 TruSeq™Nano DNA 样品准备试剂盒（Illumina，美国）构建。原始测序数据 Illumina 公司基地调用软件 casavav 1.8.2（http://support.illumina.com/sequencing/sequencing_software/casava.ilmn）根据其相应的文库。污染读数，例如包含适配器或引物的读数由 Trimmomatic（http://www.usadellab.org/cms/uploads/supplementary/Trimmomatic）以默认参数识别。通过质量控制过程获得的纯数据被用来作进一步的分析。

在太平洋生物科学公司的测序中，使用标准方法在太平洋生物科学公司的仪器上生成并测序了 20kb 插入的全基因组猎枪文库。在 Covaris G 管（Covaris，MA）中旋转一个 8μg 的 DNA。然后按照制造商的建议，用 SMRTbell 测序适配器对 DNA 片段进行纯化、末端修复和连接（太平洋生物科学公司，CA）。根据仪器制造商的建议，使用 0.45 倍体积的 Agencourt AMPure XP beads（Beckman Coulter Genomics，MA）对得到的测序文库进行 3 次纯化。

使用软件 pbdagcon（https://github.com/PacificBiosciences/pbdagcon）对子读取进行校正。Illumina 测序文库的阅读长度为 150bp，总阅读数为 7234434。PacBio 测序文库的子读平均长度为 6385 bp，子读数为 147044。使用 Celeraassembler 8.3（https://www.mybiosoftware.com/celera-assembler-6-1-genome-shotgun-assembler.html）和 Falcon v0.3.0（https://github.com/PacificBiosciences/falco）对草案基因组 contig 进行组装，选

出最佳的组装结果。为了提高基因组序列的准确性，使用 Quiver、GATK（https：//www. broadinstitute. org/gatk/）、SOAPsnp/SOAPindel 进行单碱基校正。

采用基因组流行病学服务中心（Resfinder3. 2）和耐药综合数据库（CARD3. 0. 8）耐药基因标识符（RGI5. 1. 0）评估耐药基因（13，20）。利用 CRISPRCasFinder 鉴定了有规律的丛生间隔短回文重复（CRISPR）-Cas 阵列。Phaster Web 服务器用于识别噬菌体[5][6]。使用 BAGEL4[7] 软件和 BLAST 算法评估细菌素基因的存在和类型。

将德式乳杆菌 TS1-06 的基因组组装成 1 条单染色体，PacBio 短读覆盖率为 501x，Illumina 短读覆盖率为 385x。德式乳杆菌 TS1-06 的染色体大小为 1853687 bp，G+C 含量为 49. 77%。总共有 1928 个基因（1567 蛋白质编码序列）、3NcRNA、27 rRNA（包括 5S、16S 和 23S 基因）和 236 个伪基因的染色体 TS1-06 突变。

CRISPRCasFinder 发现了一个可靠的 CRISPR 区域，其中短直接重复 28 个，间隔段 63 个以及 cas1 基因、cas2 基因、cas5 基因、cas6 基因、cas7 基因、I 型 cas3 基因和 CRISPR 相关基因 cse2 的 caspr 型簇。通过噬菌体 Web 服务器，预测了位于 1800256—1837164（36. 9kb）的一个不完整原噬菌体区域，并检测到 12 个噬菌体基因。毒力基因或收购抗生素抗性基因的染色体上没有发现德式乳杆菌 TS1-06 的基因。

经 RAST 分析，发现德式乳杆菌 TS1-06 含有几个与几丁质、n -乙酰氨基葡萄糖、蔗糖、d -核糖以及甘油和甘油-3-磷酸摄取和利用相关的基因。

BLASTx 算法发现了 11 个负责产生胞外多糖（Eps）的 CDS，包括 EpsA-EpsB-EpsC-EpsD-和 EpsE-编码基因。Eps 在发酵食品流变学特性的建立中发挥重要作用[8]，但也被研究作为抗病毒[9] 和抗肿瘤药物[10]。

德氏乳杆菌 TS1-06 菌株的基因组序列分析显示存在 ORF，经 BAGEL4 软件确定为肠溶素 A（典型的肠球菌细菌素）并指定为核心肽。BLAST 算法显示，检测到的肽段多存在于德式乳杆菌 TS1-06 的基因组中，具有较高的同一性，但与肠球菌菌素溶菌素 A 的同一性不超过 41. 27%。然而，检测到的肽可能具有类似细菌素的潜在作用，使德氏乳杆菌 TS1-06 菌株具有抑制其他细菌生长的能力。

4. 2. 4 讨论与结论

通过 Illumina Hiseq 4000 测序平台，对植物乳杆菌 8P-A3 与德氏乳杆菌 TS1-06 进行全基因组测序。经过序列组装，发现植物乳杆菌 8P-A3 的基因组组装成 1 条染色体和 1 个质粒，平均基因组覆盖率为 431x。植物乳杆菌 8P-A3 染色体大小为 3323296 bp，G+C 含量为 44. 4%。该菌株含有一个质粒，大小为 9480 bp，G+C 含量为 367%。总共有 3174 个基因（3005 蛋白质编码序列）、4NcRNA、16 rRNA（包括 5S、16S 和 23S 基因）和 71 个假性基因的基因组中发现了 8P-A3 突变。德式乳杆菌 TS1-06 的染色体大小为 1853687 bp，G+C 含量为 49.77%。总共有 1928 个基因（1567 蛋白质编码序列），同时含有几个与几丁质、n-乙酰氨基葡萄糖、蔗糖、d-核糖以及甘油和甘油-3-磷酸摄取和利用相关的基因。德氏乳杆菌 TS1-06 菌株的基因组序列分析显示存在 ORF，经 BAGEL4 软件确定为肠溶素 A（典型的肠球菌细菌素）并指定为核心肽。BLAST 算法显示，检测到的肽段多存在于德式乳杆菌 TS1-06 的基因组中，具有较高的同一性，但与肠球菌菌素溶菌素 A 的同一性不超过 41.27%。然而，检测到的肽可能具有类似细菌素的潜在作用，使德氏乳杆菌 TS1-06 菌株具有抑制其他细菌生长的能力。

植物乳杆菌 8P-A3 具有较高的益生菌潜力，其代谢糖和产生细菌素的潜力显著，且基因组中缺乏获得的抗药基因。数据可用性：将植物乳杆菌 8P-A3 菌株的基因组序列保存在 GenBank 中，其登录号为 CP046726.1 - CP046727.1，BioProject 登录号为 PRJNA594549。德式乳杆菌 TS1-06 也具有较高的益生菌潜力，其代谢糖类和产生胞外多糖的潜力显著，且基因组中缺乏获得的耐药基因。肠溶素 a 样蛋白编码基因的存在可以解释德氏乳杆菌 TS1-06 菌株具有较高的拮抗活性。将德式乳杆菌 TS1-06 的基因组序列保存在 GenBank 中，其登录号为 NZ_ CP046390.1，BioProject 登录号为 PRJNA224116，SRA 登录号为 SRR11498025。本文所描述的上述两种菌株的全基因测序均为第一个版本。

4.3　不同乳酸菌属益生菌株混合培养条件优化的研究

应用高细胞密度培养（High-Cell-Density Cultivation，HDCC）或高细胞密度发酵（High-Cell-Density Fermentation，HCDF）技术可以显著提高生物量而获得理想的生产效率和经济效益。影响高密度发酵的因素非常多[1]，如生长所需的营养物质、发酵过程中生长抑制物的积累、溶解氧浓度、培养温度、发酵液的 pH 值、补料方式及发酵液流变学特性等[2][3]。结合益生菌发酵工程经验，对益生菌进行复验数据与拟工业化生产发酵中试测试。选用植物乳杆菌、德式乳杆菌和乳酸乳球菌乳酸亚种作为菌种，对发酵参数进行测定与优化。一方面，对混合培养基的营养成分进行优化，以活菌数为评价指标，拟筛选出一种高密度培养基的营养成分和两种单一氮源的培养基组成。另一方面，以活菌数和黏度作为评价指标，对影响混合培养的多个因素进行单因素实验，在单因素实验结果的基础上，通过正交优化实验确定上述不同乳酸菌混合发酵的最优条件[4][5]。

4.3.1　材料与方法

4.3.1.1　菌株

植物乳杆菌 8P-A3 菌株从塔吉克斯坦北部的传统乳制品中分离得到；德式乳杆菌 TS1

-06 菌株从俄罗斯北高加索地区的传统乳制品中分离得到；乳酸乳球菌乳酸亚种 194 菌种于俄罗斯布里亚特地区（贝加尔湖地区乌兰乌德市附近）当地农场未经加工的生牛奶中分离得到；上述菌株均由山东省农业科学院农产品研究所中俄国际微生态研究中心提供。

4.3.1.2 试剂与培养基

脱脂乳粉（食品级，上海恒天然商贸上海有限公司）；大豆蛋白（食品级，河南金诚生物科技有限公司）；菊粉（食品级，郑州荔诺生物科技有限公司）；低聚果糖（食品级，郑州荔诺生物科技有限公司）；浓缩乳清蛋白粉（美国 Hilmar 公司）；乳清粉（美国 SAPUTO 公司）；MRS 肉汤培养基（生物制剂，国产）；MRS 琼脂培养基（生物制剂，国产）；乳清粉（食用级，新西兰）；脱脂乳粉（食用级，新西兰）；中性蛋白酶（生物制剂，美国）；牛肉膏（生物制剂，国产）；蛋白胨（生物制剂，国产）；酵母浸膏（生物制剂，国产）；磷酸氢二钠（分析纯，国产）；磷酸二氢钠（分析纯，国产）；柠檬酸钠（分析纯，国产）；碳酸钙（分析纯，国产）；氢氧化钠（分析纯，国产）；氯化钠（分析纯，国产）。

4.3.1.3 仪器与设备

精密电子天平；恒温磁力加热搅拌器；立式压力蒸汽灭菌锅；无菌操作台；电热恒温水浴锅；欧诺智能摇床；显微镜 CX31 OLYMPUS；电热恒温鼓风干燥箱 DHG-9123A；精密 pH 计 pH211 HANNA；100L 与 200L 自动控制发酵系统；超高温巴氏消毒系统；CIP 全自动清洗系统；高压均质机；全自动反渗透水处理系统；管式离心机；真空冷冻干燥机等。

4.3.1.4 实验方法

1. 菌种培养

将嗜酸乳杆菌接种于 MRS 液体培养基中，37℃培养 24h 后，于无菌操作台上取 1mL 培养液，用无菌生理盐水稀释至 10-6~10-8 稀释度，再取 1mL 稀释液均匀涂布于 MRS 琼脂固体培养基平板上，37℃培养 24h。用接种环挑取单菌落，MRS 琼脂斜面划线，37℃培养 48h[6]。

2. 活菌计数

采用梯度稀释平板计数法，在无菌操作条件下，将充分混匀的待检样吸取 1mL，加入灭菌生理盐水，制成 1∶10 的均匀稀释液，再依次进行 10 倍递减稀释，至适当稀释度，吸取 1mL 置于灭菌培养皿中，然后倒入约 15mL、50℃左右的 MRS 琼脂计数培养基，摇匀。待其凝固后，于 37℃二氧化碳培养箱中倒置恒温培养 48h 后进行菌落计数[7]。

3. 酸度测定

按照 GB/T 5009.46—2003 中 4.6 条，即滴定酸度（T），同时测定 pH 值。

4. 金针菇浸汁的制备

取新鲜金针菇 100g，洗净、切碎，加 200mL 去离子水煮沸 5min 后用榨汁机捣碎，3

层纱布过滤后即为金针菇浸汁。

5. 胡萝卜汁的制备

取新鲜胡萝卜 200g，洗净、切碎，加 200mL 去离子水煮沸 15min 后用榨汁机捣碎，3 层纱布过滤后的汁液离心，4000r/min，30min，即得胡萝卜汁。

6. 基础培养基的制备

分别在灭过菌的 MRS、10%脱脂乳（w/v）、10%乳清（w/v）、脱脂乳、酶解乳清培养基中接种已经活化好的共生体益生菌混合菌接种量（v/v）4%，37℃摇床培养，14h 后测定活菌数变化[8]。

7. 生长因子的筛选

植物乳杆菌 8P-A3、德式乳杆菌 TS1-06、乳酸乳球菌乳酸亚种 194、菌株属于化能异养型微生物，且对营养的要求较高，需要由外界为其提供维生素等生长因子。虽然益生菌对于生长因子的需求量较少，但是在其生长过程中生长因子起到了非常重要的作用，因此在酶解乳清基础培养基的基础上进行了生长因子的筛选[9]。

本项目结合我国实际情况，选取了目前报道比较多的牛肉膏、酵母浸粉、蛋白胨、金针菇汁和胡萝卜汁 5 种物质进行研究，试验设计见表 4-6 所列。

表 4-6 增殖因子梯度设计

增殖因子	牛肉膏（w/v）	酵母浸粉（w/v）	蛋白胨（w/v）	金针菇汁（v/v）	胡萝卜汁（v/v）
1	0. 5%	0. 5%	0. 5%	5%	5%
2	1. 0%	1. 0%	1. 0%	10%	10%
3	1. 5%	1. 5%	1. 5%	15%	15%
4	2. 0%	2. 0%	2. 0%	20%	20%
5	2. 5%	2. 5%	2. 5%	25%	25%

8. 高密度发酵条件单因素试验

高密度发酵条件单因素试验分别从发酵温度、发酵 pH 值、接种量、转数 4 个方面进行[10]，改变其中 1 个条件，固定其他条件不变以分别考查 4 个因素对活菌数的影响。发酵条件各个因素水平梯度见表 4-7 所列。

表 4-7 高密度发酵条件单因素试验

因素	水平梯队				
发酵温度（℃）	38	40	42	44	46
发酵 pH 值	5. 2	5. 5	5. 7	6. 0	6. 3
接种量（v/v）	2%	4%	6%	8%	10%
转数（r/min）	100	120	140	160	180

9. 发酵条件的正交优化

本试验对发酵条件采用四因素三水平正交试验设计进行优化，根据单因素实验结果，确定了发酵温度、发酵 pH 值、接种量及转数 4 个因素的取值水平范围，并以活菌数为指标确定最佳发酵组合条件[11]。

表 4-8　发酵条件正交试验水平

水平数	A 接种量（v/v）	B 发酵温度（℃）	C 转数（r/min）	D 发酵 pH 值
水平 1	6%	40	140	5.5
水平 2	8%	42	160	5.7
水平 3	10%	44	180	6.0

为了使工艺条件稳定，有利于菌体的生长和代谢，延长发酵周期，提高生产水平，常常从一定时间起开始间歇或连续补加各种必要营养物质[12]。与传统的分批发酵方式相比，采用维持培养基中 pH 值恒定的方法来培养益生菌，生长速率和菌体密度会有较大幅度的提高。在乳酸菌的生长过程中，培养基中营养物质的不断消耗以及有害产物的积累，是益生菌进一步生长的限制条件。基于此，本试验采取了补料分批培养的方式培养混合共生益生菌，在菌体增殖到对数期末期时，以流加全营养物质的方式进行补料培养，尽可能地提高培养液中的菌体浓度，为益生菌发酵剂的工业化生产提供依据[13][14]。

4.3.2 结果与分析

4.3.2.1 基础培养基的测定

将活化好的嗜酸乳杆菌［接种量（v/v）4%v/v］分别接入灭菌的 MRS、10%脱脂乳（w/w）、10%乳清（w/w）、酶解脱脂乳、酶解乳清培养基中，37℃摇床培养 14h 后测定活菌数变化。

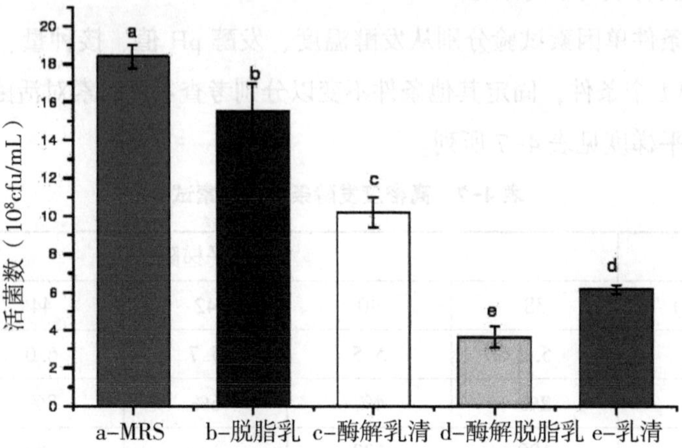

图 4-3　不同基础培养基对乳酸菌增殖的影响

由图 4-3 可知，37℃摇床培养 14h 后，3 种潜在共生益生菌在脱脂乳培养基中的活菌数要明显高于除 MRS 外的培养基。这可能是因为脱脂乳中含有大量的乳糖和蛋白、必需氨基酸、矿物质和 B 族维生素[15]。虽然 MRS 培养基的培养效果要高于其他测试培养基，但是考虑到乳基质培养基可以有效地缩短菌种迟滞期及降低生产成本，因此本试验选择脱脂乳培养基作为基础培养基[16]。

4.3.2.2　培养基浓度的测定

乳清基质浓度对植物乳杆菌、德式乳杆菌和乳酸乳球菌乳酸亚种增殖的影响酶解条件：自然 pH 值，酶和底物比（E/S）为 0.32，温度 50℃，水解时间 3h。将灭菌后的不同浓度的酶解乳清培养基接入已经活化好的植物乳杆菌（1%）、德式乳杆菌（1%）和乳酸乳球菌乳酸亚种（1%），研究乳清基质浓度对 3 种混合菌株增殖的影响，结果如图 4-4 所示。

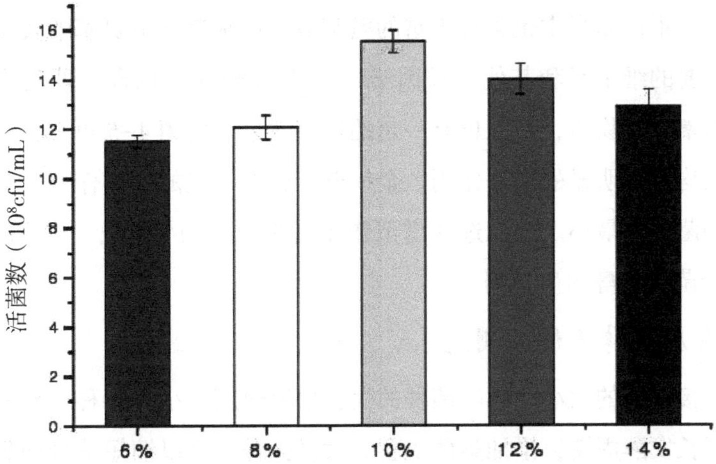

图 4-4　不同脱脂乳浓度培养基基质浓度对共生体益生菌增殖的影响

由图 4-4 可以看出，随着脱脂乳浓度的不断升高，益生菌活菌数逐渐升高，在脱脂乳浓度为 10%的时候活菌数达到最大，超过 10%后又开始减少。这是因为培养基中的脱脂乳基质浓度越高，其中的营养物质如维生素、矿物质含量就越丰富，所以益生菌共生体不断增殖，但是当脱脂乳浓度超过一定范围时，营养物质过于丰富，其中乳糖浓度高于 8%以上，混合菌体增殖过快。增殖过程中菌体产生的过多的代谢产物反而抑制了菌体的生长，所以在脱脂乳浓度超过 10%时活菌数又逐渐下降。

4.3.2.3　生长因子的测定

本试验在脱脂乳基础培养基的基础上进行了生长因子的筛选，选取了牛肉膏、酵母浸粉、蛋白胨、金针菇汁和胡萝卜汁 5 种物质进行研究，结果如图 4-5 所示。

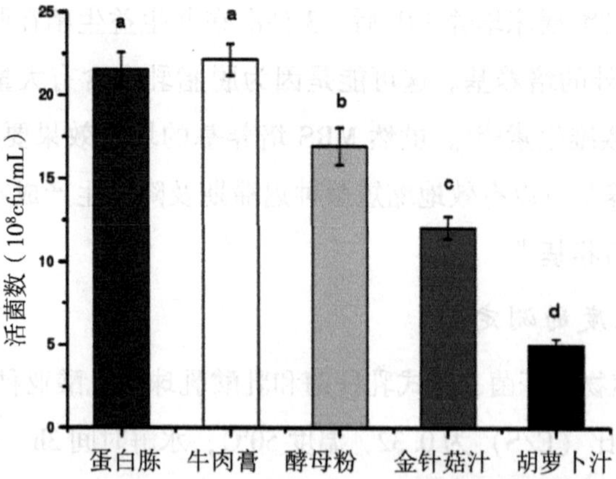

图 4-5　不同生长因子对活菌数的影响

牛肉膏当中含有丰富的肌酸、肌酸酐、多肽类、氨基酸类、核苷酸类、有机酸类、矿物质类及维生素。蛋白胨当中也含有丰富的氨基酸，特别是含硫氨基酸较多，而且含有较多的细菌生长需要的维生素和其他生长因子[17]。金针菇汁中也含有乳酸菌生长繁殖过程中所需要的维生素和矿物质，所以也有一定的增菌效果。由图 4-5 可知，牛肉膏、蛋白胨对益生菌的生长均有较明显的促进作用。金针菇汁也有一定的增菌作用，但胡萝卜汁对混合菌株发酵的增菌作用最小。因此选择增菌作用最为明显的牛肉膏（可加入 1∶1 金针菇原汁）作为混合菌株发酵的生长因子。

4.3.2.4　高密度发酵条件的测定

发酵过程中接种量的大小会影响菌种的生长繁殖速度。小量接种，会引起发酵前期菌体生长缓慢，延长发酵周期，增加染菌机会。大量接种，可以缩短菌种的延迟期，且种子液中含有大量体外水解酶类，有利于菌种对原料的利用，但是过大的接种量容易造成菌体生长过快，导致基质营养缺乏[18]。因此，控制好接种量也是保证发酵正常的一个关键因素，不同接种量对嗜酸乳杆菌增殖的影响如图 4-6 所示。

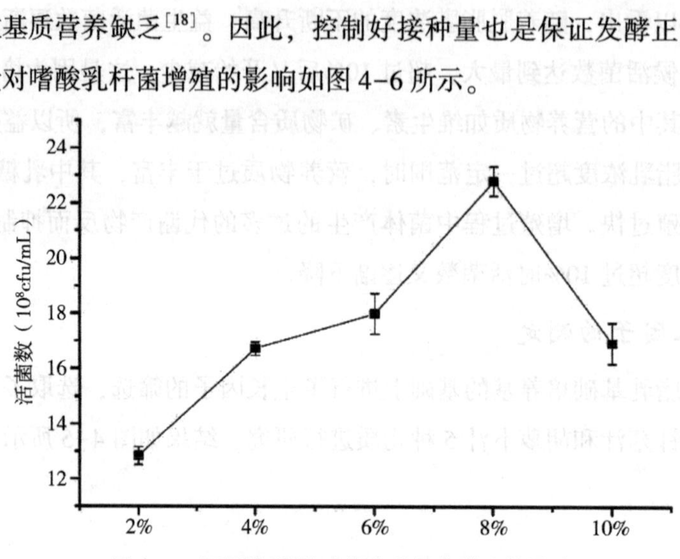

图 4-6　不同接种量对嗜酸乳杆菌增殖的影响

由图 4-6 可以看出，接种量对 3 种混合菌株的生长有很大影响。当接种量为 8%时，益生菌的活菌数最高。低于或高于 8%的接种量，益生菌的增殖程度都会受到不同程度的削弱，因此选择 8%为最佳接种量。

4.3.2.5　最佳初始 pH 值的测定

pH 值会影响微生物原生质膜的改变，同时 pH 值会对发酵液中的部分营养中间产物的离解造成影响，因此每种微生物都有适宜自己的 pH 值范围[12]。如果环境中的氢离子浓度超过了微生物的适应范围，微生物的生命活动就会受到抑制。为了确定共生体益生菌的最佳初始 pH 值，分别测定了培养基在初始 pH 值为 5.2、5.5、5.7、6.0、6.3 时，培养 14h 后的活菌数，其结果如图 4-7 所示。

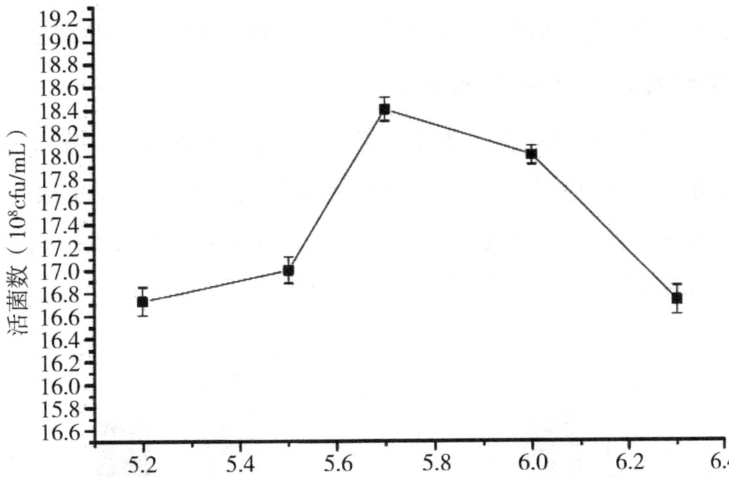

图 4-7　不同初始 pH 值对混合益生菌增殖的影响

由图 4-7 可知，初始 pH 值对共生体益生菌的生长情况影响很大，初始 pH 值为 5.7 时，培养 14h 的益生菌活菌数最高，初始 pH 值过高或过低都不利于益生菌的生长，由此可以确定 pH 值 5.7 为益生菌脱脂乳培养基的最佳初始 pH 值。

4.3.2.6　最佳发酵温度的测定

温度是影响生物机体代谢活动的重要因素之一，每种微生物都有适宜其生长的温度范围。温度可以从两个方面影响微生物的生长，一方面随着温度升高，细胞的生长速率加快；另一方面，蛋白质、核酸等微生物的重要组成部分会随着温度的升高发生变性。为了确定益生菌生长的最佳温度，测定了在培养温度分别为 35℃、36℃、37℃、38℃、39℃时培养 14h 后的活菌数，结果如图 4-8 所示。

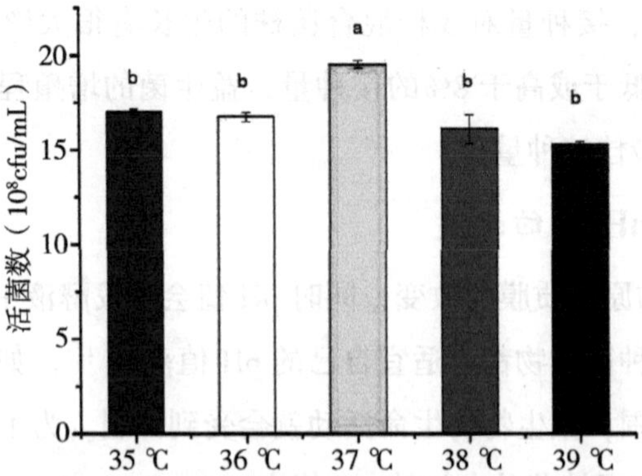

图 4-8　不同发酵温度对益生菌增殖的影响

由图 4-8 可知，温度对菌体的产量影响较大，菌体温度在 37℃时可以达到最大为1.95×10^{11} cfu/mL，说明 37℃对益生菌的生长最有利。因此，确定 37℃为益生菌生长的最佳温度。

4.3.2.7　最佳摇转数（搅拌）的确定

混合共生体益生菌是微需氧菌（兼性厌氧），在无氧或较低的氧分压环境下生长。供氧情况会影响培养基中的氧化还原电位，从而使菌体的代谢途径发生改变，影响菌体生长。因此发酵过程中要供给菌体生长所需的溶解氧，满足菌体生长需要。鉴于此，本试验研究了不同转速对活菌数的影响，结果如图 4-9 所示。

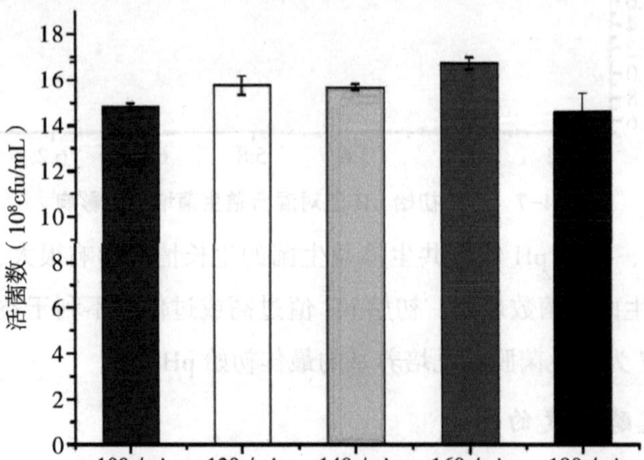

图 4-9　不同摇床转数对益生菌增殖的影响

由图 4-9 可知，不同的转数对菌体的生长有一定的影响。转速在 160r/min 时活菌数最高，转速太高或太低，都不利于菌体生长。这是因为共生体益生菌为微需氧菌，对氧含量有一定的要求范围，而不同的转数使培养基中的溶解氧情况发生改变，在 160r/min 时的溶解氧刚好满足此益生菌的生长需要，因此确定 160r/min 为培养益生菌的最佳转数。

4.3.3　讨论与结论

通过对 5 种不同的基础培养基进行比较，选取了添加 1%（w/v）牛肉膏（为降低成本可选用牛肉膏与金针菇原液 1：1 的比例添加）的脱脂乳为原料制备乳酸菌发酵剂。通过酶解条件单因素试验，确定了最适宜益生菌的酶解工艺条件为：在接种量 8%，培养温度 37℃，初始 pH 值 5.7，振荡频率 160r/min 的条件下培养，培养 6h 后以补料速度 6.3m-3/h 补充营养物质继续培养至收获，可使乳酸菌活菌数达到 10^{10}cfu/mL 以上。至此可能将上述复验实验结论用于 100L 与 200L 发酵罐进行中试生产得到稳定的工艺流程，通过管式离心，真空冷冻干燥或低温喷雾干燥，得到干燥菌粉或发酵剂。

4.4　自体益生菌在动物模型中恢复微生态平衡的基础研究

人类的微生物群是一个复杂的微生物群落，参与生物体几乎每一个系统的正常运作。大多数人类疾病与肠道生态失调的发展有关。微生态失调是引起许多严重感染性或非感染性疾病的关键致病条件。在许多情况下，迅速恢复到原来的微生物群会使疾病迅速恢复。然而，对生态失调的最佳治疗方法仍在讨论中。近年来，我们开发了一种利用分离的本地菌群改善菌群条件的自用益生菌方法。这种以给患者喂食细菌产品为基础的方法已经在 IBS 或慢性肺炎患者身上成功地进行了临床试验。本研究采用抗生素诱导的生态失调大鼠模型，对不同菌种的益生菌应用技术进行评价。6 个实验组的动物在服用抗生素后，分别用各自在生态失调发展前制备的不同变异的自生益生菌（乳酸菌、双歧杆菌、肠球菌及其混合物、粪便菌群或本地菌群厌氧生长复合物）进行处理。从菌群宏基因组学分析、免疫状态和菌群含量等多重参数来看，与对照组相比，生态失调动物中以肠球菌、双歧杆菌或厌氧条件下生长的土著菌群为基础的自生益生菌的阳性变化最为明显。这些自用益生菌能最有效地恢复原有菌群的含量，免疫系统的抗炎反应明显。

4.4.1　材料和方法

4.4.1.1　实验动物

雄性 Wistar 大鼠（200~250g，6~7 周龄）从俄罗斯 Rappolovo 动物育种中心获得。大鼠保存在单独的笼子里，室温恒定（18~22℃），12h 光/暗周期噪声水平不超过 85 分贝，湿度 50%~60%，并提供纯净水和标准鼠丸。

4.4.1.2　自体益生菌菌株与试剂

在使用抗生素之前，从大鼠粪便中分离出本地的肠球菌、乳酸菌或双歧杆菌，并单独培养。利用选择性培养基或 PCR 技术对粪便样品进行分析，并对细菌单克隆（肠球菌、乳酸菌、双歧杆菌）进行鉴定。

使用一种特异性引物和鉴定毒力相关基因的定量 PCR（qPCR）对研究所用的实验室

菌株（肠球菌或乳酸菌）进行基因表征。粪肠球菌是唯一经遗传分析筛选出的肠球菌自产益生菌。检测肠球菌是否存在毒力相关基因，携带这些标记的菌株被排除在研究之外。将本地的乳酸菌、双歧杆菌和肠球菌分别纳入适当的自用益生菌组（LB、BI 和 EN），分别在 MRS 肉汤（HiMedia，印度）、Blaurock 肉汤（Nutrition Medium，俄罗斯）和脑心脏输液肉汤（Gibco Diagnostics，美国）中种植。用无菌磷酸盐缓冲盐洗涤 3 次，悬浮在含蔗糖（20%）和明胶（10%）的无菌 PBS 中，浓度为 5.5×10^8 cfu/mL，储存在-20℃环境中直到使用。

混合组接受相同数量的本地肠球菌、乳酸菌和双歧杆菌的混合物，浓度为 5.5×10^8 cfu/mL。一组细菌以厌氧方式制备，将最初从每只大鼠身上取出的粪便细菌培养到同一只动物身上。为此，将收集的大鼠粪便用 PBS 稀释，在含 10%无菌粪便提取物的硫代糖苷肉汤中厌氧培养 72h。

4.4.1.3 仪器与设备

低温摇床（DHZ-032LR，Shenergy Biocdor）；超声波清洗（KQ-500，昆山市超声仪器有限公司）；高速冷冻离心机（5805XK334796，Eppendorf）；微波炉（WP750A，Galanz）细菌基因组测序仪（Hiseq 4000，Illumina，美国）；DNA 浓度测定仪（NanoDropND-1000，Thereto Scientific）；PCR 基因扩增仪（PTC-200，Bio-Rad）；电泳电源（EPS301，德国）等。

4.4.2 实验方法

将大鼠分为 6 个实验组和 2 个对照组，每组 8 只。所有实验组（LB，BI，EN，MIX，AN、FE）和对照组指定 3AB 组按照先前发表的方案使用抗生素治疗 3 天[8]。在收集粪便微生物群后，对 3AB 组的部分动物再进行 5 天的监测。这些动物被分为 8AB 组。给药 3 天后，给 6 个实验组的大鼠分别喂食不同剂型的自身益生菌——乳酸菌、双歧杆菌、肠球菌、3 种菌株的混合物、厌氧培养的粪便微生物群或从自身粪便样本中制备的原生粪便。第二对照组（C）用清水代替抗生素，用 PBS 代替益生菌。

4.4.2.1 OTU 代别

Fastqc（http://www.bioinformatics.babraham.ac.uk/projects/fastqc）用于评价原始 reads 的质量。OTU 检索采用 CD-HIT-OTU-Miseq[9]。CD-HIT-OTU-Miseq 允许在不合并成对序列的情况下从配对端读取 OTU。这是通过对 R1 和 R2 reads 的聚类结果进行匹配来实现的。CD-HIT-OTU-Miseq 只能使用高质量的读取区域进行集群。采用以下参数进行聚类：R1 和 R2 的高质量区域长度分别为 200Bp 和 180Bp，97%的 Read Similarity 用于聚类截断，0.00001 用于丰度截断。OTUs 使用 Greengenes 数据库 13.5 版本进行注释[10]。

4.4.2.2　微生物群落的免疫学分析

第 4 天和第 9 天收集粪便样本，采用 qPCR 和基于 16S rRNA 基因的宏基因组分析进行分析。第 9 天采集血样和脾脏活检进行免疫学研究。使用 QIAampDNA 粪便迷你试剂盒（Qiagen）按照生产厂家的方案从粪便中提取 DNA。样品在 90°C 的裂解缓冲液中培养 10min，以达到最佳的细菌裂解。微生物基因组测序、DNA 库使用 Illumina Nextera 样品制备试剂盒制备。使用 Illumina MiSeq 对文库进行测序。测序在圣彼得堡大学资源中心“生物银行”进行。

4.4.2.3　微生物群落多样性分析

在少于 5%的样本中，OTU 被丢弃用于噪声滤波。利用 R package phyloseq（McMurdie 和 Holmes，2013）绘制门丰度。使用 R 函数 prcomp 进行主成分分析（PCA）。主成分分析的向量对应于 OTU 丰度，过滤干扰后归一化为相对丰度。为了去除在少于 25%的样本中存在的 OTU，PCA 增加了噪声滤波截止。这样做是为了增加由第一和第二主成分解释的方差百分比，并获得更有代表性的 2D 图片。

使用 Colonoflor 试剂盒（apa，俄罗斯）对 RT-PCR 单元 Mini-Opticon、BioRad 进行结肠中细菌的 qPCR 检测。某些细菌种类的 RT-qPCR 数据被经典细菌学研究证实。

4.4.2.4　血清细胞因子的测定

使用 ELISA 检测血清中 MCP-1、IL-10 和 TGF-β 的水平，使用 Bender Medsystems 试剂盒（美国 eBioscience 公司）根据说明书进行检测。所有样品都在美国 BioRad iMark 上进行了重复测试和阅读。

4.4.2.5　流式细胞仪的测试

在第 9 天通过流式细胞术检测血液和脾脏细胞的表型，采用标准抗体染色程序。用下列抗体对细胞进行染色：CD3、CD4、CD8、CD161、CD25、FOXP3 和 CD45RA。细胞用 3 种不同组合的荧光标记 DNA 单克隆抗体染色。所有抗体均来自 BioLegend，并按照制造商的说明书使用。前两种抗体组合用于细胞表面染色，第三种用于细胞表面和细胞内染色。

第一个组合包括 fitc 标记的小鼠抗大鼠 CD3（克隆 1F4），PE 标记的小鼠抗大鼠 CD8a（克隆 OX-8），PE/Cy7 标记的小鼠抗大鼠 CD4（克隆 W3/25），apc 标记的小鼠抗大鼠 CD161 克隆 3.2.3，识别了 nk-1p1a（CD161a）和 nk-p1b（CD161b）的共同表位。第二组为 fitc 偶联小鼠抗大鼠 CD3 和 PE 偶联小鼠抗 CD45ra 大鼠（克隆 OX-33）。将抗体混合物加入 K3-EDTA 抗凝全鼠血中，轻轻混合，避光室温孵育 15min。加入 OptiLyse C Lysing Solution（Beckman Coulter），混匀，室温暗置孵育 10min。孵化后，加入 250mol/L PBS。10min 后，样本洗两次洗涤缓冲 PBS 含有 2% FCS（西格玛奥德里奇），并通过流式细胞术分析。第三种组合包括两种细胞表面染色 fitc 标记小鼠抗大鼠 CD25（克隆 OX-33）和 PE-Cy7/标记小鼠抗大鼠 CD4（克隆 W3/25）抗体，以及 PE-标记小鼠抗小鼠/大鼠/人 FOXP3（150D 克隆）细胞内染色抗体。使用 FOXP3 固定/Perm 缓冲剂（BioLegend）进行细胞内染色。所有样本分析使用 NaviosTM（贝克曼库尔特）流式细胞分析仪配备两个二极管激光（488 纳米和 635 纳米）。

4.4.3 数据处理与统计分析

采用 Statistica 8.0 软件包进行统计分析（美国 StatSoft）。使用 ANOVA 和 Kruskal-Wallis 检验比较各组间的差异。使用 Navios 软件 v. 1.2 和 KaluzaTM v. 1.2（Beckman Coulter）软件分析数据。$P \leqslant 0.05$ 被认为是显著的。

4.4.4 结果与分析

4.4.4.1 宏基因组分析结果

为了确定微生物组的组成，reads 以 97%的阈值聚集。16S rRNA 序列簇对应的微生物物种是根据前人的研究结果确定的[11]。对所有分析样本的 reads 同时聚类得到 7782 个 OTU。大多数 OTU 存在于低样本量和低绝对量，这是肠道微生物组样本的共同特征[12]。在少于 5%的样本中，OTU 被丢弃用于噪声滤波。大多数低丰度 OTU 无法匹配 Greengenes 数据库 13.5 中的任何序列。注释的 OTUs 数量为 534 个，未分类 reads 占 22.4%。

除 3AB 组主要由变形菌属组成外，所有组的细菌均具有显著的异质性。这表明，自用益生菌对微生物组有积极的作用，使其与对照组 C 相似。3AB 组的高变形菌数是由于鸡尾酒抗生素的作用。与 3AB 组相比，8AB 组在使用抗生素后 5 天内，只接受 PBS，不添加益生菌，细菌组成更加多样化，但仍然富含变形菌门。宏基因组后也获得了类似的调查结果分析类或家庭水平。

样品 OTU 成分的主成分分析 PCA 也得到了类似的结果。具有双歧杆菌或肠球菌自身益生菌的动物组的宏基因组组成与对照组 C 的微生物群共菌落。相反，8AB 组和 3AB 组的宏基因组在图的相反部分聚集。

宏基因组数据分析显示，对照动物“正常”状态下微生物组成存在显著差异，这可以从 PCA 中点的广泛分布看出。抗生素治疗（3AB）后微生物组的组成比代表正常微生物组的组成更（紧密）单一（对照组在 8 天的实验中都接受生理盐水），这说明未经过抗生素处理的动物的正常菌群比抗生素诱导的生态失调后的动物的菌群更具多样性。“正常”组和“生态失调”组距离最远，所有的自生益生菌都将“生态失调”组的菌群条件向对照组靠拢。自然恢复组（8AB）也朝着微生物群落恢复的方向发展，尽管与自用益生菌组相比不那么明显。PCA 表示从含有其他自用益生菌的群体中获得的微生物群，也遵循同样的趋势。使用其他类型的自用益生菌得到的结果相似但不明显。

微生物群落的 qPCR 分析显示，抗生素治疗选择性地耗尽了肠道中的大多数标记菌。还监测了革兰氏阴性机会菌（包括变形杆菌、克雷伯菌、肠杆菌和大肠杆菌）的大量生长。使用益生菌后，微生物群得到了显著的恢复。然而，任何组均未实现完全的恢复。在使用的自生益生菌中，自双歧杆菌（BI）和厌氧混合物（AN）普拉梭菌含量增加最多。

4.4.4.2　细胞免疫学分析结果

血液和脾脏细胞的流式细胞仪检测显示，两组之间存在显著差异。抗生素治疗引起典型的肠道炎症的免疫变化——血液中 NKT 细胞的消耗和 CD4+T 细胞的增加。还能够确定血清中 B 细胞数量的显著增加。血液细胞因子 elisa 检测显示，8AB 组 IL-10 和 MCP-1 的产生减少，TGF-b 略有刺激。在接受益生菌 EN、LB、AN 和 BI 的组中，我们观察到 FOXP3+CD25+细胞中 IL-10 和 MCP-1 的产量增加。免疫学改变铁和混合显示趋势类似于 8AB 组。

4.4.5　讨论与结论

4.4.5.1　讨论

众所周知，人类的健康取决于微生物群的状况，许多疾病都与生态失调有关，各种抗生素或抗生素鸡尾酒会显著降低细菌丰度，改变菌群组成[13]。

然而，尽管许多实验研究将抗生素作为生态失调的主要原因，但对于恢复微生物群的有效策略知之甚少。俄罗斯微生物学家 Boris Shenderov 率先使用本土细菌来治疗生态失调。他开发了一种基于个人乳酸菌和双歧杆菌的修复微生物群的方法并申请了专利[14][15]。

本研究提出了选择最佳的益生菌菌株或最佳的益生菌组成的问题。在大鼠生态失调模型的实验中，选取从同一动物粪便中分离出的本地双歧杆菌、乳酸菌或肠球菌的一个克隆来培养不同的细菌成员；与单菌种自身益生菌一起，测试了 3 种不同的细菌组成（粪便生物量、厌氧培养的个体菌群和 3 种不同菌株的混合菌群）。

仅用生理盐水治疗 5 天的抗生素（8AB 组）的自然恢复呈阳性，但微生物组的组成变化不像用自体益生菌治疗的组那样明显。对未进行益生菌处理的动物粪便进行的微生物分析显示了微生物组的显著变化程度。有趣的是，不管使用何种自体益生菌，处理组的微生物组中的细菌组成都是相似的。

qPCR 获得的数据显示，变形菌门的数量显著增加，如变形杆菌。在抗生素疗法作用下克雷伯菌、大肠杆菌和肠杆菌与普拉梭菌、肠球拟杆菌一起，数量急剧减少。这些负面趋势微生物群组成通常反映肠道炎症。而自体益生菌治疗消除了炎症。不同种类的自用益生菌会根据不同动物的个体特征和所使用的自用益生菌制剂的类型改变菌群中的细菌含量。但是，可以确定各群体之间的不同趋势。例如，以双歧杆菌或厌氧菌群为基础的自产益生菌能够减少以 Proteus spp. 为代表的变形杆菌门的数量[19]。同时，与其他原生肠球菌等自产益生菌不同，双歧杆菌对克雷伯菌的拮抗活性非常低。微生物群落的比较表明，多菌制剂处理并不比单菌制剂具有优势。用本地肠球菌和双歧杆菌制剂处理的动物的微生物群组成最接近对照菌群。提供快速恢复的另一组是 AN 组，接受厌氧条件下生长的混合细菌。接受抗生素治疗的动物血液中的免疫变化以促炎趋势为特征，这是典型的营养不良状况。所有的益生菌都能在一定程度上改善免疫参数。但两组之间存在显著差异。免疫学研究重点关注在免疫学上建立的代表肠道黏膜炎症状态的主要标志物-T 细胞标志物，如脾脏和血液中的 FoxP3+CD25、B 细胞、NKT 细胞和调节细胞因子 IL-10 血液中的含量。已知这些免疫参数在肠道炎症性疾病的临床病例和抗生素诱导炎症的实验模型中都发生了显著变化。这些在使用抗生素后产生的免疫效应与主要丁酸生产者 F. prausnitzii（普拉梭菌）的减少有关，这可能反映了肠道内产生的短链脂肪酸数量的减少。有趣的是，在自用益生菌组中观察到明显的免疫变化。FE 和 MIX 组的特征是血液中 B 细胞增加最多，NKT 细胞减少，与未添加任何益生菌-8AB 组相似。这种免疫反应是炎症后适应性免疫系统的典型反应。而 BI 组、LB 组、EN 组和 AN 组的单株自用益生菌，其调节细胞因子 IL-10 和 CD25+FoxP3+T细胞显著升高，表现出明显的抗炎趋势。在这方面，利用厌氧培养的本土细菌作为益生菌很有希望[20]。显然，不同的益生菌制剂在与不同变异的生态失调相关的不同病理条件下是有益的。然而，要完全了解自用益生菌在控制生态失调中的作用，还需要进一步的研究。

4.4.5.2 结论

一种基于使用自源细菌菌株的益生菌方法被评价为恢复微生物群抗生素相关的生态失调模型。与未加益生菌处理的动物相比，用不同的益生菌菌株处理能使动物体内的微生物迅速恢复。宏基因组和 qPCR 数据反映了服用益生菌后微生物群组成和细菌丰度的显著变化。然而，微生物群落的完全恢复并没有实现。在接受益生菌治疗后，免疫系统发生变化，其特征是免疫状态呈现整体恢复趋势。使用基于双歧杆菌、肠球菌或细菌混合物的益生菌可观察到明显的抗炎反应。厌氧培养的粪便微生物群提供了最理想的益生菌效果。

参考文献

[1] RUSSELL D A, ROSS R P, FITZGERALD G F, et al. Metabolic activities and probiotic potential of bifidobacteria [J]. International Journal of Food Microbiology, 2011, 149 (1): 88-105.

[2] TURRONI F, DURANTI S, MILANI C, et al. Bifidobacterium bifidum: a key member of the early human gut microbiota [J]. Microorganisms, 2019, 7 (11): 544.

[3] GUGLIELMETTI S, FRACASSETTI D, TAVERNITI V, et al. Differential modulation of human intestinal bifidobacterium populations after consumption of a wild blueberry (Vaccinium angustifolium) drink [J]. Journal of Agricultural and Food Chemistry, 2013, 61 (34): 8134-8140.

[4] MANZANO S, DE ANDRES J, CASTRO I, et al. Safety and tolerance of three probiotic strains in healthy infants: A multi-centre randomized, double-blind, placebo-controlled trial [J]. Beneficial Microbes, 2017, 8 (4): 569-578.

[5] DYKSTRA N S, HYDE L, ADAWI D, et al. Pulse probiotic administration induces repeated small intestinal Muc3 expression in rats [J]. Pediatric Research, 2011, 69 (3): 206-211.

[6] CULPEPPER T, CHRISTMAN M C, NIEVES JR C, et al. Bifidobacterium bifidum R0071 decreases stress-associated diarrhoea-related symptoms and self-reported stress: a secondary analysis of a randomised trial [J]. Beneficial Microbes, 2016, 7 (3): 327-336.

[7] LANGKAMP-HENKEN B, ROWE C C, FORD A L, et al. Bifidobacterium bifidum R0071 results in a greater proportion of healthy days and a lower percentage of academically stressed students reporting a day of cold/flu: a randomised, double-blind, placebo-controlled study [J]. British Journal of Nutrition, 2015, 113 (3): 426-434.

[8] KAWAHARA T, MAKIZAKI Y, OIKAWA Y, et al. Oral administration of Bifidobacterium bifidum G9-1 alleviates rotavirus gastroenteritis through regulation of intestinal homeostasis by inducing mucosal protective factors [J]. PLoS One, 2017, 12

(3): e0173979.

[9] TSUNEMINE S, ISA Y, OHNO H, et al. Longitudinal study of effects of oral dosage of Bifidobacterium bifidum G9-1 on Japanese cedar pollen-induced allergic nasal symptoms in guinea pigs [J]. Microbiology and Immunology, 2015, 59 (11): 690-699.

[10] MAKIZAKI Y, MAEDA A, OIKAWA Y, et al. Alleviation of low-fiber diet-induced constipation by probiotic Bifidobacterium bifidum G9-1 is based on correction of gut microbiota dysbiosis [J]. Bioscience of Microbiota, Food and Health, 2019, 38 (2): 49-53.

[11] YOSHIHARA T, OIKAWA Y, KATO T, et al. The protective effect of Bifidobacterium bifidum G9-1 against mucus degradation by Akkermansia muciniphila following small intestine injury caused by a proton pump inhibitor and aspirin [J]. Gut Microbes, 2020, 11 (5): 1385-1404.

[12] MAKIZAKI Y, UEMOTO T, YOKOTA H, et al. Improvement of loperamide-induced slow transit constipation by Bifidobacterium bifidum G9-1 is mediated by the correction of butyrate production and neurotransmitter profile due to improvement in dysbiosis [J]. PLoS One, 2021, 16 (3): e0248584.

[13] MAKIZAKI Y, MAEDA A, YAMAMOTO M, et al. Bifidobacterium bifidum G9-1 ameliorates soft feces induced by metformin without affecting its antihyperglycemic action [J]. Bioscience of Microbiota, Food and Health, 2020, 39 (3): 145-151.

[14] HATA S, NAKAJIMA H, HASHIMOTO Y, et al. Effects of probiotic Bifidobacterium bifidum G9-1 on the gastrointestinal symptoms of patients with type 2 diabetes mellitus treated with metformin: An open-label, single-arm, exploratory research trial [J]. Journal of Diabetes Investigation, 2022, 13 (3): 489-500.

[15] HASHIMOTO Y, KOBAYASHI G, KITAGAWA N, et al. Protocol of efficacy of bifidobacteria intake on gastrointestinal symptoms in symptomatic type 2 diabetes mellitus patients in abdominis: An open-label, randomized controlled trial (Binary STAR study) [J]. PloS One, 2024, 19 (1): e0295998.

[16] SHIBAHARA-SONE H, GOMI A, IINO T, et al. Living cells of probiotic Bifidobacterium bifidum YIT 10347 detected on gastric mucosa in humans [J]. Beneficial Microbes, 2016, 7 (3): 319-326.

[17] AKIYAMA T, OISHI K, WULLAERT A. Bifidobacteria prevent tunicamycin-induced endoplasmic reticulum stress and subsequent barrier disruption in human intestinal epithelial

Caco-2 monolayers [J]. PLoS One, 2016, 11 (9): e0162448.

[18] MIKI K, URITA Y, ISHIKAWA F, et al. Effect of Bifidobacterium bifidum fermented milk on Helicobacter pylori and serum pepsinogen levels in humans [J]. Journal of Dairy Science, 2007, 90 (6): 2630-2640.

[19] GOMI A, YAMAJI K, WATANABE O, et al. Bifidobacterium bifidum YIT 10347 fermented milk exerts beneficial effects on gastrointestinal discomfort and symptoms in healthy adults: A double-blind, randomized, placebo-controlled study [J]. Journal of Dairy Science, 2018, 101 (6): 4830-4841.

[20] 方曙光，卢容燕，郭晓娟，等. 一种缓解便秘的两歧双歧杆菌及其应用 [P]. 江苏省: CN202210408775. 7, 2023-05-05.

[21] DONG Y, HAN M, FEI T, et al. Utilization of diverse oligosaccharides for growth by Bifidobacterium and Lactobacillus species and their in vitro co-cultivation characteristics [J]. International Microbiology, 2023: 1-12.

[22] LIU G, CHU M, XU P, et al. Effects of Ilisha elongata proteins on proliferation and adhesion of Lactobacillus plantarum [J]. Food Chemistry: X, 2022, 13: 100206.

[23] CHENG R, ZHANG Y, YANG Y, et al. Maternal gestational Bifidobacterium bifidum TMC3115 treatment shapes construction of offspring gut microbiota and development of immune system and induces immune tolerance to food allergen [J]. Frontiers in Cellular and Infection Microbiology, 2022, 12: 1045109.

[24] CHENG R, GUO J, PU F, et al. Loading ceftriaxone, vancomycin, and Bifidobacteria bifidum TMC3115 to neonatal mice could differently and consequently affect intestinal microbiota and immunity in adulthood [J]. Scientific Reports, 2019, 9 (1): 3254.

[25] JING W, LIU Q, WANG W. Bifidobacterium bifidum TMC3115 ameliorates milk protein allergy in by affecting gut microbiota: A randomized double-blind control trial [J]. Journal of Food Biochemistry, 2020, 44 (11): e13489.

[26] WANG F, XU T, ZHANG Y, et al. Long-term combined administration of Bifidobacterium bifidum TMC3115 and Lactobacillus plantarum 45 alleviates spatial memory impairment and gut dysbiosis in APP/PS1 mice [J]. FEMS Microbiology Letters, 2020, 367 (7): fnaa048.

[27] WANG K, YU X, LI Y, et al. Bifidobacterium bifidum TMC3115 can characteristically influence glucose and lipid profile and intestinal microbiota in the middle-aged and elderly [J]. Probiotics and Antimicrobial Proteins, 2019, 11: 1182-1194.

[28] 曹维超，侯建亮，刘红亮，等. 一种两歧双歧杆菌 BB-20 及制备改善肤质、减少色斑产品的应用 [P]. 山东省：CN202110860480. 9, 2021-10-08.

[29] SANI AHMAMNA. Antibacterial, simulated digestive system tolerance and colon cancer cell lines adhesion properties of selected lactic acid bacteria of food origin [J]. Food Research, 2023, 6: 236-246.

[30] ABDUL MANAN M, SAAD A Z, RASHID N Y, et al. Prebiotic properties of fermented ceri Terengganu (Lepisanthes fruticosa) beverage by survival of lactic acid bacteria and its antibacterial activity [J]. Food Research, 2023, 6 (2): 171-181.

[31] YAO S, ZHAO Z, WANG W, et al. Bifidobacterium longum: protection against inflammatory bowel disease [J]. Journal of Immunology Research, 2021, 2021: 8030297.

[32] TURRONI F, PEANO C, PASS D A, et al. Diversity of bifidobacteria within the infant gut microbiota [J]. PloS One, 2012, 7 (5): e36957.

[33] DE ANDRéS J, MANZANO S, GARCíA C, et al. Modulatory effect of three probiotic strains on infants' gut microbial composition and immunological parameters on a placebo-controlled, double-blind, randomised study [J]. Beneficial Microbes, 2018, 9 (4): 573-584.

[34] XIAO L, GONG C, DING Y, et al. Probiotics maintain intestinal secretory immunoglobulin A levels in healthy formula-fed infants: a randomised, double-blind, placebo-controlled study [J]. Beneficial Microbes, 2019, 10 (7): 729-739.

[35] CAZZOLA M, PHAM-THI N, KERIHUEL J-C, et al. Efficacy of a synbiotic supplementation in the prevention of common winter diseases in children: a randomized, double-blind, placebo-controlled pilot study [J]. Therapeutic Advances in Respiratory Disease, 2010, 4 (5): 271-278.

[36] ZABEL B E, GERDES S, EVANS K C, et al. Strain-specific strategies of 2′-fucosyllactose, 3-fucosyllactose, and difucosyllactose assimilation by Bifidobacterium longum subsp. infantis Bi-26 and ATCC 15697 [J]. Scientific Reports, 2020, 10 (1): 15919.

[37] ZABEL B, YDE C C, ROOS P, et al. Novel genes and metabolite trends in Bifidobacterium longum subsp. infantis Bi-26 metabolism of human milk oligosaccharide 2′-fucosyllactose [J]. Scientific Reports, 2019, 9 (1): 7983.

[38] DANIELS V C, MONACO M H, WANG M, et al. Evaluation of 2' -fucosyllactose and

Bifidobacterium longum subspecies infantis on growth, organ weights, and intestinal development of piglets [J]. Nutrients, 2021, 14 (1): 199.

[39] SALLI K, HIRVONEN J, ANGLENIUS H, et al. The Effect of Human Milk Oligosaccharides and Bifidobacterium longum subspecies infantis Bi-26 on Simulated Infant Gut Microbiome and Metabolites [J]. Microorganisms, 2023, 11 (6): 1553.

[40] DUAR R M, CASABURI G, MITCHELL R D, et al. Comparative genome analysis of Bifidobacterium longum subsp. infantis strains reveals variation in human milk oligosaccharide utilization genes among commercial probiotics [J]. Nutrients, 2020, 12 (11): 3247.

[41] JACOBS S E, TOBIN J M, OPIE G F, et al. Probiotic effects on late-onset sepsis in very preterm infants: a randomized controlled trial [J]. Pediatrics, 2013, 132 (6): 1055-1062.

[42] MITHA A, KRUTH S S, BJURMAN S, et al. Neonatal Morbidities and Feeding Tolerance Outcomes in Very Preterm Infants, before and after Introduction of Probiotic Supplementation [J]. Nutrients, 2022, 14 (17): 3646.

[43] MELSAETHER C, HøTOFT D, WELLEJUS A, et al. Seeding the Infant Gut in Early Life—Effects of Maternal and Infant Seeding with Probiotics on Strain Transfer, Microbiota, and Gastrointestinal Symptoms in Healthy Breastfed Infants [J]. Nutrients, 2023, 15 (18): 4000.

[44] HIRAKU A, NAKATA S, MURATA M, et al. Early probiotic supplementation of healthy term infants with bifidobacterium longum subsp. infantis M-63 is safe and leads to the development of bifidobacterium-predominant gut microbiota: a double-blind, placebo-controlled trial [J]. Nutrients, 2023, 15 (6): 1402.

[45] ISHIZEKI S, SUGITA M, TAKATA M, et al. Effect of administration of bifidobacteria on intestinal microbiota in low-birth-weight infants and transition of administered bifidobacteria: a comparison between one-species and three-species administration [J]. Anaerobe, 2013, 23: 38-44.

[46] MA Z F, YUSOF N, HAMID N, et al. Bifidobacterium infantis M-63 improves mental health in victims with irritable bowel syndrome developed after a major flood disaster [J]. Beneficial Microbes, 2019, 10 (2): 111-120.

[47] LIU Z, QIN H, YANG Z, et al. Randomised clinical trial: the effects of perioperative probiotic treatment on barrier function and post-operative infectious complications in

colorectal cancer surgery-a double - blind study [J]. Alimentary Pharmacology & Therapeutics, 2011, 33 (1): 50-63.

[48] 方曙光，杨帆，姜甜，等. 一种抗衰老益生菌制剂及制备方法 [P]. 江苏省: CN201610809684. 9, 2019-09-27.

[49] 方曙光，吴明科，王思清，等. 具有缓解高尿酸作用的益生菌组合物及其应用 [P]. 江苏省: CN201911330780. 5, 2020-05-26.

[50] 方曙光，杨竹源，郭晓娟，等. 一种具有体重控制功效的无蔗糖益生菌酸奶及其制备方法 [P]. 江苏省: CN202211272786. 3, 2023-01-17.

[51] 方曙光，马凯，姜甜，等. 一种高产胞外多糖的乳酸菌 BL21 及制备方法和应用 [P]. 江苏: CN201510217639. X, 2015-09-09.

[52] 方曙光，郭晓娟，汪欣，等. 长双歧杆菌 BL21 及包含其的菌剂在制备预防、缓解或治疗结直肠癌的产品中的应用 [P]. 江苏省: CN202210449134. 6, 2022-08-05.

[53] 方曙光，吴明科，刘春，等. 具有缓解高血糖的益生菌组合物及其制备方法 [P]. 江苏省: CN201911346165. 3, 2020-04-28.

[54] HAO J, ZHANG Y, WU T, et al. The antidiabetic effects of Bifidobacterium longum subsp. longum BL21 through regulating gut microbiota structure in type 2 diabetic mice [J]. Food & Function, 2022, 13 (19): 9947-9958.

[55] DONG Y, WU Z, GAI Z, et al. Bifidobacterium longum subsp. longum BL21 ameliorates alcoholic liver disease in mice through enhancement of the hepatic antioxidant capacity and modulation of the gut microbiota [J]. Journal of Applied Microbiology, 2023, 134 (11): lxad251.

[56] WU T, SUN M, LIU R, et al. Bifidobacterium longum subsp. longum remodeled roseburia and phosphatidylserine levels and ameliorated intestinal disorders and liver metabolic abnormalities induced by high-fat diet [J]. Journal of Agricultural and Food Chemistry, 2020, 68 (16): 4632-4640.

[57] WONG C B, ODAMAKI T, XIAO J-Z. Beneficial effects of Bifidobacterium longum subsp. longum BB536 on human health: Modulation of gut microbiome as the principal action [J]. Journal of Functional Foods, 2019, 54: 506-519.

[58] ODAMAKI T, KATO K, SUGAHARA H, et al. Effect of probiotic yoghurt on animal-based diet-induced change in gut microbiota: an open, randomised, parallel-group study [J]. Beneficial Microbes, 2016, 7 (4): 473-484.

[59] OGATA T, NAKAMURA T, ANJITSU K, et al. Effect of Bifidobacterium longum BB536 administration on the intestinal environment, defecation frequency and fecal characteristics of human volunteers [J]. Bioscience and Microflora, 1997, 16 (2): 53-58.

[60] KONDO J, XIAO J-Z, SHIRAHATA A, et al. Modulatory effects of Bifidobacterium longum BB536 on defecation in elderly patients receiving enteral feeding [J]. World Journal of Gastroenterology: WJG, 2013, 19 (14): 2162.

[61] TAMAKI H, NAKASE H, INOUE S, et al. Efficacy of probiotic treatment with Bifidobacterium longum 536 for induction of remission in active ulcerative colitis: a randomized, double-blinded, placebo-controlled multicenter trial [J]. Digestive Endoscopy, 2016, 28 (1): 67-74.

[62] GIANNETTI E, MAGLIONE M, ALESSANDRELLA A, et al. A mixture of 3 bifidobacteria decreases abdominal pain and improves the quality of life in children with irritable bowel syndrome: a multicenter, randomized, double-blind, placebo-controlled, crossover trial [J]. Journal of Clinical Gastroenterology, 2017, 51 (1): e5-e10.

[63] NAMBA K, HATANO M, YAESHIMA T, et al. Effects of Bifidobacterium longum BB536 administration on influenza infection, influenza vaccine antibody titer, and cell-mediated immunity in the elderly [J]. Bioscience, Biotechnology, and Biochemistry, 2010, 74 (5): 939-945.

[64] XIAO J Z, KONDO S, YANAGISAWA N, et al. Probiotics in the treatment of Japanese cedar pollinosis: a double-blind placebo-controlled trial [J]. Clinical & Experimental Allergy, 2006, 36 (11): 1425-1435.

[65] CHITAPANARUX T, THONGSAWAT S, PISESPONGSA P, et al. Effect of Bifidobacterium longum on PPI-based triple therapy for eradication of Helicobacter pylori: A randomized, double-blind placebo-controlled study [J]. Journal of Functional Foods, 2015, 13: 289-294.

[66] KAGEYAMA T, TOMODA T, NAKANO Y. The effect of Bifidobacterium administration in patients with leukemia [J]. Bifidobacteria and Microflora, 1984, 3 (1): 29-33.

[67] INOUE T, KOBAYASHI Y, MORI N, et al. Effect of combined bifidobacteria supplementation and resistance training on cognitive function, body composition and bowel habits of healthy elderly subjects [J]. Beneficial Microbes, 2018, 9 (6): 843-853.

[68] ORIKASA S, NABESHIMA K, IWABUCHI N, et al. Effect of repeated oral administration of Bifidobacterium longum BB536 on apomorphine-induced rearing behavior

in mice [J]. Bioscience of Microbiota, Food and Health, 2016, 35 (3): 141–145.

[69] FUJIWARA S. Bifidobacterium longum SBT2928 and its biological significance [J]. Bioscience and Microflora, 2002, 21 (4): 225–238.

[70] FUJIWARA S, HASHIBA H, HIROTA T, et al. Purification and characterization of a novel protein produced by Bifidobacterium longum SBT2928 that inhibits the binding of enterotoxigenic Escherichia coli Pb176 (CFA/II) to gangliotetraosylceramide [J]. Journal of Applied Microbiology, 1999, 86 (4): 615–621.

[71] NISHIHIRA J, KAGAMI-KATSUYAMA H, TANAKA A, et al. Elevation of natural killer cell activity and alleviation of mental stress by the consumption of yogurt containing Lactobacillus gasseri SBT2055 and Bifidobacterium longum SBT2928 in a double-blind, placebo-controlled clinical trial [J]. Journal of Functional Foods, 2014, 11: 261–268.

[72] WANG K, LV L, YAN R, et al. Bifidobacterium longum R0175 protects rats against d-galactosamine - induced acute liver failure [J]. Msphere, 2020, 5 (1): e00791–00719.

[73] LI S, ZHUGE A, XIA J, et al. Bifidobacterium longum R0175 protects mice against APAP-induced liver injury by modulating the Nrf2 pathway [J]. Free Radical Biology and Medicine, 2023, 203: 11–23.

[74] TRUDEAU F, GILBERT K, TREMBLAY A, et al. Bifidobacterium longum R0175 attenuates post-myocardial infarction depressive-like behaviour in rats [J]. PLoS One, 2019, 14 (4): e0215101.

[75] MESSAOUDI M, VIOLLE N, BISSON J-F, et al. Beneficial psychological effects of a probiotic formulation (Lactobacillus helveticus R0052 and Bifidobacterium longum R0175) in healthy human volunteers [J]. Gut Microbes, 2011, 2 (4): 256–261.

[76] DE OLIVEIRA F L, SALGAçO M K, DE OLIVEIRA M T, et al. Exploring the potential of lactobacillus helveticus R0052 and Bifidobacterium longum R0175 as promising Psychobiotics using SHIME [J]. Nutrients, 2023, 15 (6): 1521.

[77] SONG W, YAN X, ZHAI Y, et al. Probiotics attenuate valproate-induced liver steatosis and oxidative stress in mice [J]. PloS One, 2023, 18 (11): e0294363.

[78] NI Y, YANG X, ZHENG L, et al. Lactobacillus and Bifidobacterium improves physiological function and cognitive ability in aged mice by the regulation of gut microbiota [J]. Molecular Nutrition & Food Research, 2019, 63 (22): 1900603.

[79] NI Y, ZHANG Y, ZHENG L, et al. Bifidobacterium and Lactobacillus improve

inflammatory bowel disease in zebrafish of different ages by regulating the intestinal mucosal barrier and microbiota [J]. Life Sciences, 2023, 324: 121699.

[80] CHEN Y-W, LEE M-L, CHIANG C-Y, et al. Effects of systemic Bifidobacterium longum and Lactobacillus rhamnosus probiotics on the ligature-induced periodontitis in rat [J]. Journal of Dental Sciences, 2023, 18 (4): 1477-1485.

[81] KARAçALı R, ÖZDEMiR N, ÇON A H. Aromatic and functional aspects of kefir produced using soya milk and Bifidobacterium species [J]. International Journal of Dairy Technology, 2018, 71 (4): 921-933.

[82] 司书锋，李翠华，潘玉林，等. 一种能够消除体内自由基的长双歧杆菌 JBLC-141 及其应用 [P]. 山东省：CN202110227019. X，2021-08-17.

[83] 司书锋，潘玉林，曹维超，等. 具有细胞修复、保湿作用的长双歧杆菌 BLG-19、应用及产品 [P]. 山东省：CN202110715710. 2，2021-09-10.

[84] SHEHATA H R, HASSANE B, NEWMASTER S G. Real-time PCR methods for identification and stability monitoring of Bifidobacterium longum subsp. longum UABl-14 during shelf life [J]. Frontiers in Microbiology, 2024, 15: 1360241.

[85] MARTONI C J, EVANS M, CHOW C E T, et al. Impact of a probiotic product on bowel habits and microbial profile in participants with functional constipation: a randomized controlled trial [J]. Journal of Digestive Diseases, 2019, 20 (9): 435-446.

[86] SERGEEV I N, ALJUTAILY T, WALTON G, et al. Effects of synbiotic supplement on human gut microbiota, body composition and weight loss in obesity [J]. Nutrients, 2020, 12 (1): 222.

[87] BOZZI CIONCI N, BAFFONI L, GAGGìA F, et al. Therapeutic microbiology: the role of Bifidobacterium breve as food supplement for the prevention/treatment of paediatric diseases [J]. Nutrients, 2018, 10 (11): 1723.

[88] WONG C B, IWABUCHI N, XIAO J-Z. Exploring the science behind Bifidobacterium breve M-16V in infant health [J]. Nutrients, 2019, 11 (8): 1724.

[89] TOSCANO M, DE VECCHI E, GABRIELI A, et al. Probiotic characteristics and in vitro compatibility of a combination of Bifidobacterium breve M-16 V, Bifidobacterium longum subsp. infantis M-63 and Bifidobacterium longum subsp. longum BB536 [J]. Annals of Microbiology, 2015, 65: 1079-1086.

[90] OHTSUKA Y, IKEGAMI T, IZUMI H, et al. Effects of Bifidobacterium breve on inflammatory gene expression in neonatal and weaning rat intestine [J]. Pediatric

Research, 2012, 71 (1): 46-53.

[91] IZUMI H, MINEGISHI M, SATO Y, et al. Bifidobacterium breve alters immune function and ameliorates DSS-induced inflammation in weanling rats [J]. Pediatric Research, 2015, 78 (4): 407-416.

[92] PATOLE S K, RAO S C, KEIL A D, et al. Benefits of Bifidobacterium breve M-16V supplementation in preterm neonates-a retrospective cohort study [J]. PloS One, 2016, 11 (3): e0150775.

[93] PATOLE S, KEIL A D, CHANG A, et al. Effect of Bifidobacterium breve M-16V supplementation on fecal bifidobacteria in preterm neonates-a randomised double blind placebo controlled trial [J]. PloS One, 2014, 9 (3): e89511.

[94] SATOH T, IZUMI H, IWABUCHI N, et al. Bifidobacterium breve prevents necrotising enterocolitis by suppressing inflammatory responses in a preterm rat model [J]. Beneficial Microbes, 2016, 7 (1): 75-82.

[95] MIRAGLIA DEL GIUDICE M, INDOLFI C, CAPASSO M, et al. Bifidobacterium mixture (B longum BB536, B infantis M-63, B breve M-16V) treatment in children with seasonal allergic rhinitis and intermittent asthma [J]. Italian Journal of Pediatrics, 2017, 43: 1-6.

[96] KOSTADINOVA A I, PABLOS-TANARRO A, DIKS M A P, et al. Dietary intervention with β-lactoglobulin-derived peptides and a specific mixture of fructo-oligosaccharides and Bifidobacterium breve M-16V facilitates the prevention of whey-induced allergy in mice by supporting a tolerance-prone immune environment [J]. Frontiers in Immunology, 2017, 8: 296914.

[97] MäKELäINEN H, SAARINEN M, STOWELL J, et al. Xylo-oligosaccharides and lactitol promote the growth of Bifidobacterium lactis and Lactobacillus species in pure cultures [J]. Beneficial Microbes, 2010, 1 (2): 139-148.

[98] SALLI K, HIRVONEN J, SIITONEN J, et al. Selective utilization of the human milk oligosaccharides 2′-fucosyllactose, 3-fucosyllactose, and difucosyllactose by various probiotic and pathogenic bacteria [J]. Journal of Agricultural and Food Chemistry, 2020, 69 (1): 170-182.

[99] 梁庄万，张群，蒋秋燕. 新型复方益生菌对 2 型糖尿病患者代谢标志物的影响 [J]. 中国微生态学杂志, 2023, 35 (8): 943-949.

[100] 方曙光，于惠，陈珂可，等. 一种具有修复紫外损伤、缓解炎症、预防皮肤光老化

作用的短双歧杆菌及其制备方法和应用［P］. 江苏省：CN202010105941. 7, 2020-06-05.

［101］ YE Z, LIANG L, XU Y, et al. Probiotics influence gut microbiota and tumor immune microenvironment to enhance anti-tumor efficacy of doxorubicin［J］. Probiotics and Antimicrobial Proteins, 2023：1-17.

［102］ KUROSE Y, MINAMI J, SEN A, et al. Bioactive factors secreted by Bifidobacterium breve B-3 enhance barrier function in human intestinal Caco-2 cells［J］. Beneficial Microbes, 2019, 10 (1)：89-100.

［103］ KONDO S, XIAO J-Z, SATOH T, et al. Antiobesity effects of Bifidobacterium breve strain B-3 supplementation in a mouse model with high-fat diet-induced obesity［J］. Bioscience, Biotechnology, and Biochemistry, 2010, 74 (8)：1656-1661.

［104］ MINAMI J-I, KONDO S, YANAGISAWA N, et al. Oral administration of Bifidobacterium breve B-3 modifies metabolic functions in adults with obese tendencies in a randomised controlled trial［J］. Journal of Nutritional Science, 2015, 4：e17.

［105］ MINAMI J, IWABUCHI N, TANAKA M, et al. Effects of Bifidobacterium breve B-3 on body fat reductions in pre-obese adults：A randomized, double-blind, placebo-controlled trial［J］. Bioscience of Microbiota, Food and Health, 2018, 37 (3)：67-75.

［106］ TODA K, YAMAUCHI Y, TANAKA A, et al. Heat-killed Bifidobacterium breve B-3 enhances muscle functions：possible involvement of increases in muscle mass and mitochondrial biogenesis［J］. Nutrients, 2020, 12 (1)：219.

［107］ KIWAKI M, SATO T. Antimicrobial susceptibility of Bifidobacterium breve strains and genetic analysis of streptomycin resistance of probiotic B. breve strain Yakult［J］. International Journal of Food Microbiology, 2009, 134 (3)：211-215.

［108］ SHIGEHISA A, SOTOYA H, SATO T, et al. Characterization of a bifidobacterial system that utilizes galacto-oligosaccharides［J］. Microbiology, 2015, 161 (Pt_ 7)：1463-1470.

［109］ ISHIKAWA H, MATSUMOTO S, OHASHI Y, et al. Beneficial effects of probiotic bifidobacterium and galacto-oligosaccharide in patients with ulcerative colitis：a randomized controlled study［J］. Digestion, 2011, 84 (2)：128-133.

［110］ KANO M, MASUOKA N, KAGA C, et al. Consecutive intake of fermented milk containing Bifidobacterium breve strain Yakult and galacto-oligosaccharides benefits skin condition in healthy adult women [J]. Bioscience of Microbiota, Food and Health, 2013, 32 (1): 33-39.

[111] MIYAZAKI K, MASUOKA N, KANO M, et al. Bifidobacterium fermented milk and galacto-oligosaccharides lead to improved skin health by decreasing phenols production by gut microbiota [J]. Beneficial Microbes, 2014, 5 (2): 121-128.

[112] 魏艳玲, 肖志凤, 吕林玲, 等. 一种治疗腹泻型肠易激综合征的益生菌组合物及其应用 [P]. 重庆市: CN202210802714. 9, 2022-09-16.

[113] 李珮铷, 贾长生, 边高瑞, 等. 一种短双歧杆菌及其应用 [P]. 广东省: CN202010984015. 1, 2022-02-15.

[114] CHEN S, CHEN L, QI Y, et al. Bifidobacterium adolescentis regulates catalase activity and host metabolism and improves healthspan and lifespan in multiple species [J]. Nature Aging, 2021, 1 (11): 991-1001.

[115] ARAúJO M M, VOGADO C D O, MENDES M M, et al. Effects of Bifidobacterium animalis subspecies lactis supplementation on gastrointestinal symptoms: systematic review with meta-analysis [J]. Nutrition Reviews, 2022, 80 (6): 1619-1633.

[116] PERAN L, CAMUESCO D, COMALADA M, et al. A comparative study of the preventative effects exerted by three probiotics, Bifidobacterium lactis, Lactobacillus casei and Lactobacillus acidophilus, in the TNBS model of rat colitis [J]. Journal of Applied Microbiology, 2007, 103 (4): 836-844.

[117] YALçıN S, RAMAY M S, GüNTüRKüN O B, et al. Efficacy of mono-and multistrain synbiotics supplementation in modifying performance, caecal fermentation, intestinal health, meat and bone quality, and some blood biochemical indices in broilers [J]. Journal of Animal Physiology and Animal Nutrition, 2023, 107 (1): 262-274.

[118] MAHONEY M, HENRIKSSON A. The effect of processed meat and meat starter cultures on gastrointestinal colonization and virulence of Listeria monocytogenes in mice [J]. International Journal of Food Microbiology, 2003, 84 (3): 255-261.

[119] ISLEK A, SAYAR E, YILMAZ A, et al. The role of Bifidobacterium lactis B94 plus inulin in the treatment of acute infectious diarrhea in children [J]. Turk J Gastroenterol, 2014, 25 (6): 628-633.

[120] USTUNDAG G H, ALTUNTAS H, SOYSAL Y D, et al. The effects of synbiotic "Bifidobacterium lactis B94 plus inulin" addition on standard triple therapy of Helicobacter pylori eradication in children [J]. Canadian Journal of Gastroenterology and

Hepatology, 2017, 2017: 8130596.

[121] ARTAN R, BASTURK A, YILMAZ A. Are Synbiotics (bifidobacterium Lactis B94, Inulin) Better Than Probiotics (bifidobacterium Lactis B94) And Prebiotics (inulin) For Irritable Bowel Syndrome In Children? [J]. Joural of Pediatric Gastroenterology and Nutrition, 2016, 63: S55-S56.

[122] VERNAZZA C L, GIBSON G R, RASTALL R A. Carbohydrate preference, acid tolerance and bile tolerance in five strains of Bifidobacterium [J]. Journal of Applied Microbiology, 2006, 100 (4): 846-853.

[123] LAPARRA J M, SANZ Y. Comparison of in vitro models to study bacterial adhesion to the intestinal epithelium [J]. Letters in Applied Microbiology, 2009, 49 (6): 695-701.

[124] RINKINEN M, WESTERMARCK E, SALMINEN S, et al. Absence of host specificity for in vitro adhesion of probiotic lactic acid bacteria to intestinal mucus [J]. Veterinary Microbiology, 2003, 97 (1-2): 55-61.

[125] HE F, OUWEHAND A C, HASHIMOTO H, et al. Adhesion of Bifidobacterium spp. to human intestinal mucus [J]. Microbiology and Immunology, 2001, 45 (3): 259-262.

[126] COLLADO M C, MERILUOTO J, SALMINEN S. Role of commercial probiotic strains against human pathogen adhesion to intestinal mucus [J]. Letters in Applied Microbiology, 2007, 45 (4): 454-460.

[127] AMIRI S, MOKARRAM R R, KHIABANI M S, et al. Characterization of antimicrobial peptides produced by Lactobacillus acidophilus LA-5 and Bifidobacterium lactis BB-12 and their inhibitory effect against foodborne pathogens [J]. Lwt, 2022, 153: 112449.

[128] CASTRO-HERRERA V M, RASMUSSEN C, WELLEJUS A, et al. In vitro effects of live and heat-inactivated Bifidobacterium animalis subsp. lactis, BB-12 and Lactobacillus rhamnosus GG on Caco-2 Cells [J]. Nutrients, 2020, 12 (6): 1719.

[129] DONG J, PING L, CAO T, et al. Immunomodulatory effects of the Bifidobacterium longum BL-10 on lipopolysaccharide-induced intestinal mucosal immune injury [J]. Frontiers in Immunology, 2022, 13: 947755.

[130] LóPEZ P, GUEIMONDE M, MARGOLLES A, et al. Distinct Bifidobacterium strains drive different immune responses in vitro [J]. International Journal of Food Microbiology, 2010, 138 (1-2): 157-165.

[131] LARSEN C N, NIELSEN S, KAESTEL P, et al. Dose-response study of probiotic bacteria Bifidobacterium animalis subsp lactis BB-12 and Lactobacillus paracasei subsp paracasei CRL-341 in healthy young adults [J]. European Journal of Clinical Nutrition, 2006, 60 (11): 1284-1293.

[132] ALANDER M, MäTTö J, KNEIFEL W, et al. Effect of galacto-oligosaccharide supplementation on human faecal microflora and on survival and persistence of Bifidobacterium lactis Bb-12 in the gastrointestinal tract [J]. International Dairy Journal, 2001, 11 (10): 817-825.

[133] SAVARD P, LAMARCHE B, PARADIS M-E, et al. Impact of Bifidobacterium animalis subsp. lactis BB-12 and, Lactobacillus acidophilus LA-5-containing yoghurt, on fecal bacterial counts of healthy adults [J]. International Journal of Food Microbiology, 2011, 149 (1): 50-57.

[134] ESKESEN D, JESPERSEN L, MICHELSEN B, et al. Effect of the probiotic strain Bifidobacterium animalis subsp. lactis, BB-12 ©, on defecation frequency in healthy subjects with low defecation frequency and abdominal discomfort: a randomised, double-blind, placebo-controlled, parallel-group trial [J]. British Journal of Nutrition, 2015, 114 (10): 1638-1646.

[135] CHOURAQUI J-P, VAN EGROO L-D, FICHOT M-C. Acidified milk formula supplemented with Bifidobacterium lactis: impact on infant diarrhea in residential care settings [J]. Journal of Pediatric Gastroenterology and Nutrition, 2004, 38 (3): 288-292.

[136] DE VRESE M, KRISTEN H, RAUTENBERG P, et al. Probiotic lactobacilli and bifidobacteria in a fermented milk product with added fruit preparation reduce antibiotic associated diarrhea and Helicobacter pylori activity [J]. Journal of Dairy Research, 2011, 78 (4): 396-403.

[137] RIZZARDINI G, ESKESEN D, CALDER P C, et al. Evaluation of the immune benefits of two probiotic strains Bifidobacterium animalis ssp. lactis, BB-12 © and Lactobacillus paracasei ssp. paracasei, L. casei 431 © in an influenza vaccination model: a randomised, double-blind, placebo-controlled study [J]. British Journal of Nutrition, 2012, 107 (6): 876-884.

[138] MENG H, LEE Y, BA Z, et al. Consumption of Bifidobacterium animalis subsp. lactis BB-12 impacts upper respiratory tract infection and the function of NK and T cells in

healthy adults [J]. Molecular Nutrition & Food Research, 2016, 60 (5): 1161-1171.

[139] MOROVIC W, ROOS P, ZABEL B, et al. Transcriptional and functional analysis of Bifidobacterium animalis subsp. lactis exposure to tetracycline [J]. Applied and Environmental Microbiology, 2018, 84 (23): e01999-01918.

[140] SIMS I M, RYAN J L J, KIM S H. In vitro fermentation of prebiotic oligosaccharides by Bifidobacterium lactis HN019 and Lactobacillus spp [J]. Anaerobe, 2014, 25: 11-17.

[141] MäKELäINEN H, SAARINEN M, STOWELL J, et al. Xylo-oligosaccharides and lactitol promote the growth of Bifidobacterium lactis and Lactobacillus species in pure cultures [J]. Beneficial Microbes, 2010, 1 (2): 139-148.

[142] LIU C, ZHANG Z-Y, DONG K, et al. Adhesion and immunomodulatory effects of Bifidobacterium lactis HN019 on intestinal epithelial cells INT-407 [J]. World Journal of Gastroenterology: WJG, 2010, 16 (18): 2283.

[143] INVERNICI M M, FURLANETO F A C, SALVADOR S L, et al. Bifidobacterium animalis subsp lactis HN019 presents antimicrobial potential against periodontopathogens and modulates the immunological response of oral mucosa in periodontitis patients [J]. PLoS One, 2020, 15 (9): e0238425.

[144] SHU Q, GILL H S. A dietary probiotic (Bifidobacterium lactis HN019) reduces the severity of Escherichia coli O157: H7 infection in mice [J]. Medical Microbiology and Immunology, 2001, 189: 147-152.

[145] WALLER P A, GOPAL P K, LEYER G J, et al. Dose - response effect of Bifidobacterium lactis HN019 on whole gut transit time and functional gastrointestinal symptoms in adults [J]. Scandinavian Journal of Gastroenterology, 2011, 46 (9): 1057-1064.

[146] AIRAKSINEN K, YEUNG N, LYRA A, et al. The effect of a probiotic blend on gastrointestinal symptoms in constipated patients: a double blind, randomised, placebo controlled 2-week trial [J]. Beneficial Microbes, 2019, 10 (6): 617-627.

[147] WAITZBERG D L, LOGULLO L C, BITTENCOURT A F, et al. Effect of synbiotic in constipated adult women - a randomized, double-blind, placebo-controlled study of clinical response [J]. Clinical Nutrition, 2013, 32 (1): 27-33.

[148] HUANG L, LV X, ZE X, et al. Combined probiotics attenuate chronic unpredictable

mild stress-induced depressive-like and anxiety-like behaviors in rats [J]. Frontiers in Psychiatry, 2022, 13: 990465.

[149] MOROVIC W, ROPER J M, SMITH A B, et al. Safety evaluation of HOWARU © Restore (Lactobacillus acidophilus NCFM, Lactobacillus paracasei Lpc - 37, Bifidobacterium animalis subsp. lactis Bl - 04 and B. lactis Bi - 07) for antibiotic resistance, genomic risk factors, and acute toxicity [J]. Food and Chemical Toxicology, 2017, 110: 316-324.

[150] RASINKANGAS P, FORSSTEN S D, MARTTINEN M, et al. Bifidobacterium animalis subsp. lactis Bi-07 supports lactose digestion in vitro and in randomized, placebo-and lactase-controlled clinical trials [J]. The American Journal of Clinical Nutrition, 2022, 116 (6): 1580-1594.

[151] CHILDS C E, RöYTIö H, ALHONIEMI E, et al. Xylo-oligosaccharides alone or in synbiotic combination with Bifidobacterium animalis subsp. lactis induce bifidogenesis and modulate markers of immune function in healthy adults: a double-blind, placebo-controlled, randomised, factorial cross-over study [J]. British Journal of Nutrition, 2014, 111 (11): 1945-1956.

[152] FAVRETTO D C, PONTIN B, MOREIRA T R. Effect of the consumption of a cheese enriched with probiotic organisms (Bifidobacterium lactis bi-07) in improving symptoms of constipation [J]. Arquivos de Gastroenterologia, 2013, 50: 196-201.

[153] MANEERAT S, LEHTINEN M J, CHILDS C E, et al. Consumption of Bifidobacterium lactis Bi-07 by healthy elderly adults enhances phagocytic activity of monocytes and granulocytes [J]. Journal of Nutritional Science, 2013, 2: e44.

[154] MARTINEZ F A C, DOMíNGUEZ J M, CONVERTI A, et al. Production of bacteriocin-like inhibitory substance by Bifidobacterium lactis in skim milk supplemented with additives [J]. Journal of Dairy Research, 2015, 82 (3): 350-355.

[155] LEHTINEN M J, HIBBERD A A, MäNNIKKö S, et al. Nasal microbiota clusters associate with inflammatory response, viral load, and symptom severity in experimental rhinovirus challenge [J]. Scientific Reports, 2018, 8 (1): 11411.

[156] FOLIGNE B, NUTTEN S, GRANGETTE C, et al. Correlation between in vitro and in vivo immunomodulatory properties of lactic acid bacteria [J]. World Journal of Gastroenterology: WJG, 2007, 13 (2): 236.

[157] HUUSKONEN L, LYRA A, LEE E, et al. Effects of Bifidobacterium animalis subsp.

lactis Bl-04 on Skin Wrinkles and Dryness: A Randomized, Triple-Blinded, Placebo-Controlled Clinical Trial [J]. Dermato, 2022, 2 (2): 30-52.

[158] CHEN Y T, HSIEH P S, HO H H, et al. Antibacterial activity of viable and heat-killed probiotic strains against oral pathogens [J]. Letters in Applied Microbiology, 2020, 70 (4): 310-317.

[159] TSAI H Y, WANG Y C, LIAO C A, et al. Safety and the probiotic potential of Bifidobacterium animalis CP-9 [J]. Journal of Food Science, 2022, 87 (5): 2211-2228.

[160] TSAI M-L, LIN W-Y, CHEN Y-T, et al. Adjuvant probiotic Bifidobacterium animalis subsp. lactis CP-9 improve phototherapeutic treatment outcomes in neonatal jaundice among full-term newborns: A randomized double-blind clinical study [J]. Medicine, 2022, 101 (45): e31030.

[161] CHEN J-F, OU-YANG M-C, HSIA K-C, et al. A Three-Arm, Randomized, Double-Blind, Placebo-Controlled Study to Evaluate the Safety of Lactobacillus salivarius AP-32 and Bifidobacterium animalis CP-9 Used Individually in Healthy Infants [J]. Nutrients, 2023, 15 (15): 3426.

[162] ISHIZUKA A, TOMIZUKA K, AOKI R, et al. Effects of administration of Bifidobacterium animalis subsp. lactis GCL2505 on defecation frequency and bifidobacterial microbiota composition in humans [J]. Journal of Bioscience and Bioengineering, 2012, 113 (5): 587-591.

[163] AOKI R, TSUCHIDA S, ARAI Y, et al. Effect of Bifidobacterium animalis subsp. lactis GCL2505 on the physiological function of intestine in a rat model [J]. Food Science & Nutrition, 2016, 4 (6): 782-790.

[164] AOKI R, KAMIKADO K, SUDA W, et al. A proliferative probiotic Bifidobacterium strain in the gut ameliorates progression of metabolic disorders via microbiota modulation and acetate elevation [J]. Scientific Reports, 2017, 7 (1): 43522.

[165] TAKAHASHI S, ANZAWA D, TAKAMI K, et al. Effect of Bifidobacterium animalis ssp. lactis GCL2505 on visceral fat accumulation in healthy Japanese adults: a randomized controlled trial [J]. Bioscience of Microbiota, Food and Health, 2016, 35 (4): 163-171.

[166] HORIUCHI H, KAMIKADO K, AOKI R, et al. Bifidobacterium animalis subsp. lactis GCL2505 modulates host energy metabolism via the short-chain fatty acid receptor GPR43

[J]. Scientific Reports, 2020, 10 (1): 4158.

[167] MATSUMOTO M, OHISHI H, BENNO Y. H+-ATPase activity in Bifidobacterium with special reference to acid tolerance [J]. International Journal of Food Microbiology, 2004, 93 (1): 109-113.

[168] MATSUMOTO M, TANI H, ONO H, et al. Adhesive property of Bifidobacterium lactis LKM512 and predominant bacteria of intestinal microflora to human intestinal mucin [J]. Current Microbiology, 2002, 44: 212-215.

[169] MATSUMOTO M, BENNO Y. Consumption of Bifidobacterium lactis LKM512 yogurt reduces gut mutagenicity by increasing gut polyamine contents in healthy adult subjects [J]. Mutation Research/Fundamental and Molecular Mechanisms of Mutagenesis, 2004, 568 (2): 147-153.

[170] MATSUMOTO M, KURIHARA S, KIBE R, et al. Longevity in mice is promoted by probiotic-induced suppression of colonic senescence dependent on upregulation of gut bacterial polyamine production [J]. PloS One, 2011, 6 (8): e23652.

[171] MATSUMOTO M, KITADA Y, SHIMOMURA Y, et al. Bifidobacterium animalis subsp. lactis LKM512 reduces levels of intestinal trimethylamine produced by intestinal microbiota in healthy volunteers: A double-blind, placebo-controlled study [J]. Journal of Functional Foods, 2017, 36: 94-101.

[172] JOHO D, TAKAHASHI M, SUZUKI T, et al. Probiotic treatment with Bifidobacterium animalis subsp. lactis LKM512+ arginine improves cognitive flexibility in middle-aged mice [J]. Brain Communications, 2023, 5 (6): fcad311.

[173] MARTONI C J, SRIVASTAVA S, LEYER G J. Lactobacillus acidophilus DDS-1 and Bifidobacterium lactis UABla-12 improve abdominal pain severity and symptomology in irritable bowel syndrome: randomized controlled trial [J]. Nutrients, 2020, 12 (2): 363.

[174] GERASIMOV S V, IVANTSIV V A, BOBRYK L M, et al. Role of short-term use of L. acidophilus DDS-1 and B. lactis UABLA-12 in acute respiratory infections in children: a randomized controlled trial [J]. European Journal of Clinical Nutrition, 2016, 70 (4): 463-469.

[175] GAN D, CHEN J, TANG X, et al. Impact of a probiotic chewable tablet on stool habits and microbial profile in children with functional constipation: a randomized controlled clinical trial [J]. Frontiers in Microbiology, 2022, 13: 985308.

[176] GERASIMOV S V, VASJUTA V V, MYHOVYCH O O, et al. Probiotic supplement reduces atopic dermatitis in preschool children: a randomized, double-blind, placebo-controlled, clinical trial [J]. American Journal of Clinical Dermatology, 2010, 11: 351-361.

[177] MARTORELL P, LLOPIS S, GONZALEZ N, et al. Probiotic strain Bifidobacterium animalis subsp. lactis CECT 8145 reduces fat content and modulates lipid metabolism and antioxidant response in Caenorhabditis elegans [J]. Journal of Agricultural and Food Chemistry, 2016, 64 (17): 3462-3472.

[178] CAIMARI A, DEL BAS J M, BOQUé N, et al. Heat-killed Bifidobacterium animalis subsp. Lactis CECT 8145 increases lean mass and ameliorates metabolic syndrome in cafeteria-fed obese rats [J]. Journal of Functional Foods, 2017, 38: 251-263.

[179] PEDRET A, VALLS R M, CALDERóN-PéREZ L, et al. Effects of daily consumption of the probiotic Bifidobacterium animalis subsp. lactis CECT 8145 on anthropometric adiposity biomarkers in abdominally obese subjects: a randomized controlled trial [J]. International Journal of Obesity, 2019, 43 (9): 1863-1868.

[180] BALAGUER F, ENRIQUE M, LLOPIS S, et al. Lipoteichoic acid from Bifidobacterium animalis subsp. lactis BPL1: a novel postbiotic that reduces fat deposition via IGF-1 pathway [J]. Microbial Biotechnology, 2022, 15 (3): 805-816.

[181] 路江浩, 贾晓蒙, 杨玲. 婴儿粪便来源: 双歧杆菌的筛选、鉴定及生物学表征 [J]. 中国酿造, 2023, 42 (5): 119-124.

[182] 李思童, 贾晓蒙, 杨玲, 等. 乳杆菌及双歧杆菌缓解便秘的机制 [J]. 中国微生态学杂志, 2023, 35 (7): 778-783.

[183] 李思童, 贾晓蒙, 路江浩, 等. 体外条件下不同乳酸菌对旅行者腹泻的干预机制 [J]. 中国酿造, 2023, 42 (9): 85-90.

[184] 孙怡兰, 苏维敏, 汪亦婷, 等. 四株益生菌对非酒精性脂肪性肝病的改善作用 [J]. 现代食品科技, 2023, 39 (11): 25-32.

[185] STENMAN L K, WAGET A, GARRET C, et al. Potential probiotic Bifidobacterium animalis ssp. lactis 420 prevents weight gain and glucose intolerance in diet-induced obese mice [J]. Beneficial Microbes, 2014, 5 (4): 437-445.

[186] STENMAN L K, LEHTINEN M J, MELAND N, et al. Probiotic with or without fiber controls body fat mass, associated with serum zonulin, in overweight and obese adults—randomized controlled trial [J]. EBioMedicine, 2016, 13: 190-200.

[187] DANILO C A, CONSTANTOPOULOS E, MCKEE L A, et al. Bifidobacterium animalis subsp. lactis 420 mitigates the pathological impact of myocardial infarction in the mouse [J]. Beneficial Microbes, 2017, 8 (2): 257-269.

[188] KLEIN A, FRIEDRICH U, VOGELSANG H, et al. Lactobacillus acidophilus 74-2 and Bifidobacterium animalis subsp lactis DGCC 420 modulate unspecific cellular immune response in healthy adults [J]. European Journal of Clinical Nutrition, 2008, 62 (5): 584-593.

[189] 方曙光，朱明明，刘欢，等. 乳双歧杆菌 BLa80 在缓解腹泻和提升肠道免疫能力中的应用 [P]. 江苏省：CN202110978637. 8，2022-01-11.

[190] DONG Y, LIAO W, TANG J, et al. Bifidobacterium BLa80 mitigates colitis by altering gut microbiota and alleviating inflammation [J]. Amb Express, 2022, 12 (1): 67.

[191] XU P, CUI K, CHEN L, et al. Effect of dietary Bifidobacterium animalis subsp. lactis BLa80 on growth, immune response, antioxidant capacity, and intestinal microbiota of juvenile Japanese seabass (Lateolabrax japonicus) [J]. Aquaculture International, 2023: 1-21.

[192] ZHAO T-S, XIE L-W, CAI S, et al. Dysbiosis of gut microbiota is associated with the progression of radiation-induced intestinal injury and is alleviated by oral compound probiotics in mouse model [J]. Frontiers in Cellular and Infection Microbiology, 2021, 11: 717636.

[193] CHEN K, JIN S, MA Y, et al. Adjudicative efficacy of Bifidobacterium animalis subsp. lactis BLa80 in treating acute diarrhea in children: a randomized, double-blinded, placebo-controlled study [J]. European Journal of Clinical Nutrition, 2024: 1-8.

[194] JANSSENDUIJGHUIJSEN L, VAN DEN BELT M, RIJNAARTS I, et al. Acacia fiber or probiotic supplements to relieve gastrointestinal complaints in patients with constipation-predominant IBS: a 4-week randomized double-blinded placebo-controlled intervention trial [J]. European Journal of Nutrition, 2024: 1-12.

[195] RASTOGI S, SINGH A. Gut microbiome and human health: Exploring how the probiotic genus Lactobacillus modulate immune responses [J]. Frontiers in Pharmacology, 2022, 13: 1042189.

[196] 叶朋飞，刘静，李秋达，等. 德氏乳杆菌的益生功能及其在发酵食品中的应用 [J]. 现代食品，2023，29 (11)：80-84.

[197] ROBINS H F, KAMAREI A R. Beneficial Effect of a Juice-Based Probiotic for Colon Health [J]. J Gastroenterol Res, 2021, 5 (1): 190-196.

[198] MAKINO S, IKEGAMI S, KANO H, et al. Immunomodulatory effects of polysaccharides produced by Lactobacillus delbrueckii ssp. bulgaricus OLL1073R-1 [J]. Journal of Dairy Science, 2006, 89 (8): 2873-2881.

[199] KANO H, KITA J, MAKINO S, et al. Oral administration of Lactobacillus delbrueckii subspecies bulgaricus OLL1073R-1 suppresses inflammation by decreasing interleukin-6 responses in a murine model of atopic dermatitis [J]. Journal of Dairy Science, 2013, 96 (6): 3525-3534.

[200] YAMAMOTO Y, FUJINO K, SARUTA J, et al. Effects of yogurt fermented with Lactobacillus delbrueckii ssp. bulgaricus OLL1073R-1 on the IgA flow rate of saliva in elderly persons residing in a nursing home: A before-after non-randomised intervention study [J]. Gerodontology, 2017, 34 (4): 479-485.

[201] ISHIKAWA H, KUNO Y, YOKOO T, et al. In vitro investigation of the effects of Lactobacillus delbrueckii ssp. bulgaricus OLL1073R-1 exopolysaccharides on tight junction damage caused by influenza virus infection [J]. Letters in Applied Microbiology, 2024, 77 (4): ovae029.

[202] ISHIKAWA H, KUNO Y, KOHDA C, et al. Exopolysaccharides from Lactobacillus delbrueckii ssp. bulgaricus OLL1073R-1 prevent influenza virus infection and attenuate secondary bacterial infection risk [J]. Letters in Applied Microbiology, 2022, 74 (5): 632-639.

[203] 张忆如，李幸芬，朱明财，等. 抑制阴道炎病原菌之乳酸杆菌及其用途 [P]. 中国台湾：CN201310016057. 6，2018-07-20.

[204] ANG X Y, CHUNG F Y L, LEE B K, et al. Lactobacilli reduce recurrences of vaginal candidiasis in pregnant women: a randomized, double-blind, placebo-controlled study [J]. Journal of Applied Microbiology, 2022, 132 (4): 3168-3180.

[205] ANG X Y, MAGESWARAN U M, CHUNG Y L F, et al. Probiotics reduce vaginal candidiasis in pregnant women via modulating abundance of Candida and Lactobacillus in vaginal and cervicovaginal regions [J]. Microorganisms, 2022, 10 (2): 285.

[206] BULL M, PLUMMER S, MARCHESI J, et al. The life history of Lactobacillus acidophilus as a probiotic: a tale of revisionary taxonomy, misidentification and commercial success [J]. FEMS Microbiology Letters, 2013, 349 (2): 77-87.

[207] ALTERMANN E, RUSSELL W M, AZCARATE-PERIL M A, et al. Complete genome sequence of the probiotic lactic acid bacterium Lactobacillus acidophilus NCFM [J]. Proceedings of the National Academy of Sciences, 2005, 102 (11): 3906-3912.

[208] SANDERS M E, KLAENHAMMER T R. Invited review: the scientific basis of Lactobacillus acidophilus NCFM functionality as a probiotic [J]. Journal of Dairy Science, 2001, 84 (2): 319-331.

[209] RAMOS M R Z, DE OLIVEIRA CARLOS L, WAGNER N R F, et al. Effects of Lactobacillus acidophilus NCFM and Bifidobacterium lactis Bi-07 supplementation on nutritional and metabolic parameters in the early postoperative period after Roux-en-Y gastric bypass: a randomized, double-blind, placebo-controlled trial [J]. Obesity Surgery, 2021, 31: 2105-2114.

[210] SADRIN S, SENNOUNE S, GOUT B, et al. A 2-strain mixture of Lactobacillus acidophilus in the treatment of irritable bowel syndrome: A placebo-controlled randomized clinical trial [J]. Digestive and Liver Disease, 2020, 52 (5): 534-540.

[211] LAHTINEN S J, FORSSTEN S, AAKKO J, et al. Probiotic cheese containing Lactobacillus rhamnosus HN001 and Lactobacillus acidophilus NCFM © modifies subpopulations of fecal lactobacilli and Clostridium difficile in the elderly [J]. Age, 2012, 34: 133-143.

[212] SHEN S, REN F, QIN H, et al. Lactobacillus acidophilus NCFM and Lactiplantibacillus plantarum Lp-115 inhibit Helicobacter pylori colonization and gastric inflammation in a murine model [J]. Frontiers in Cellular and Infection Microbiology, 2023, 13: 1196084.

[213] VEMURI R, SHINDE T, SHASTRI M D, et al. A human origin strain Lactobacillus acidophilus DDS-1 exhibits superior in vitro probiotic efficacy in comparison to plant or dairy origin probiotics [J]. International Journal of Medical Sciences, 2018, 15 (9): 840.

[214] PAKDAMAN M N, UDANI J K, MOLINA J P, et al. The effects of the DDS-1 strain of lactobacillus on symptomatic relief for lactose intolerance-a randomized, double-blind, placebo-controlled, crossover clinical trial [J]. Nutrition Journal, 2015, 15: 1-11.

[215] VEMURI R, GUNDAMARAJU R, SHINDE T, et al. Lactobacillus acidophilus DDS-1 modulates intestinal-specific microbiota, short-chain fatty acid and immunological profiles in aging mice [J]. Nutrients, 2019, 11 (6): 1297.

[216] VEMURI R, SHINDE T, GUNDAMARAJU R, et al. Lactobacillus acidophilus DDS-1 modulates the gut microbiota and improves metabolic profiles in aging mice [J]. Nutrients, 2018, 10 (9): 1255.

[217] XUE L, LI Z, XUE J, et al. Lactobacillus acidophilus LA85 ameliorates cyclophosphamide-induced immunosuppression by modulating Notch and TLR4/NF-κB signal pathways and remodeling the gut microbiota [J]. Food & Function, 2022, 13 (15): 8107-8118.

[218] HAN M, LIAO W, DONG Y, et al. Sustained ameliorative effect of Lactobacillus acidophilus LA85 on dextran sulfate sodium-induced colitis in mice [J]. Journal of Food Science, 2023, 88 (9): 3893-3904.

[219] 方曙光，左慧玉，朱明明，等. 嗜酸乳杆菌 LA85 的抑菌新用途及其在制备缓解 EIEC 腹泻的药物方面的用途 [P]. 江苏省：CN202310133073. 7，2023-08-25.

[220] 方曙光，高奋，杨琴琴，等. 一种具有益生特性的嗜酸乳杆菌及其应用 [P]. 湖北省：CN202110285880. 1，2022-07-15.

[221] 方曙光，费腾，马春艳，等. 一种抗幽门螺杆菌感染的嗜酸乳杆菌及其培养方法与应用 [P]. 江苏省：CN202210413078. 0，2022-07-22.

[222] TORII S, TORII A, ITOH K, et al. Effects of oral administration of Lactobacillus acidophilus L-92 on the symptoms and serum markers of atopic dermatitis in children [J]. International Archives of Allergy and Immunology, 2011, 154 (3): 236-245.

[223] INOUE Y, KAMBARA T, MURATA N, et al. Effects of oral administration of Lactobacillus acidophilus L-92 on the symptoms and serum cytokines of atopic dermatitis in Japanese adults: a double-blind, randomized, clinical trial [J]. International Archives of Allergy and Immunology, 2015, 165 (4): 247-254.

[224] ISHIDA Y, NAKAMURA F, KANZATO H, et al. Clinical effects of Lactobacillus acidophilus strain L-92 on perennial allergic rhinitis: a double-blind, placebo-controlled study [J]. Journal of Dairy Science, 2005, 88 (2): 527-533.

[225] ISHIDA Y, NAKAMURA F, KANZATO H, et al. Effect of milk fermented with Lactobacillus acidophilus strain L-92 on symptoms of Japanese cedar pollen allergy: a randomized placebo-controlled trial [J]. Bioscience, Biotechnology, and Biochemistry, 2005, 69 (9): 1652-1660.

[226] SHAH M M, SAIO M, YAMASHITA H, et al. Lactobacillus acidophilus strain L-92 induces CD4+ CD25+ Foxp3+ regulatory T cells and suppresses allergic contact dermatitis

[J]. Biological and Pharmaceutical Bulletin, 2012, 35 (4): 612-616.

[227] KOOHESTANI M, MORADI M, TAJIK H, et al. Effects of cell-free supernatant of Lactobacillus acidophilus LA5 and Lactobacillus casei 431 against planktonic form and biofilm of Staphylococcus aureus [J]. Veterinary Research Forum : An International Quarterly Journal , 2018, 9: 301-306.

[228] MEDELLIN-PEñA M J, GRIFFITHS M W. Effect of molecules secreted by Lactobacillus acidophilus strain La-5 on Escherichia coli O157: H7 colonization [J]. Applied and Environmental Microbiology, 2009, 75 (4): 1165-1172.

[229] ONDEE T, PONGPIRUL K, VISITCHANAKUN P, et al. Lactobacillus acidophilus LA5 improves saturated fat-induced obesity mouse model through the enhanced intestinal Akkermansia muciniphila [J]. Scientific Reports, 2021, 11 (1): 6367.

[230] DA SILVA COSTA N, DE ARAUJO J R, DA SILVA MELO M F, et al. Effects of Probiotic-Enriched Minas Cheese (Lactobacillus acidophilus La-05) on Cardiovascular Parameters in 5/6 Nephrectomized Rats [J]. Probiotics and Antimicrobial Proteins, 2023: 1-15.

[231] SHEU B S, WU J J, LO C Y, et al. Impact of supplement with Lactobacillus-and Bifidobacterium-containing yogurt on triple therapy for Helicobacter pylori eradication [J]. Alimentary Pharmacology & Therapeutics, 2002, 16 (9): 1669-1675.

[232] LINN Y H, THU K K, WIN N H H. Effect of probiotics for the prevention of acute radiation-induced diarrhoea among cervical cancer patients: a randomized double-blind placebo-controlled study [J]. Probiotics and Antimicrobial Proteins, 2019, 11: 638-647.

[233] ŠMID A, STRNIŠA L, BAJC K, et al. Randomized clinical trial: The effect of fermented milk with the probiotic cultures Lactobacillus acidophilus La-5 © and Bifidobacterium BB-12 © and Beneo dietary fibres on health-related quality of life and the symptoms of irritable bowel syndrome in adults [J]. Journal of Functional Foods, 2016, 24: 549-557.

[234] ELAWADLI I, BRISBIN J T, MALLARD B A, et al. Differential effects of lactobacilli on activation and maturation of mouse dendritic cells [J]. Beneficial Microbes, 2014, 5 (3): 323-334.

[235] LOLLO P C B, DE MOURA C S, MORATO P N, et al. Probiotic yogurt offers higher immune-protection than probiotic whey beverage [J]. Food Research International,

2013, 54 (1): 118-124.

[236] LOLLO P C B, CRUZ A G, MORATO P N, et al. Probiotic cheese attenuates exercise-induced immune suppression in Wistar rats [J]. Journal of Dairy Science, 2012, 95 (7): 3549-3558.

[237] PAINEAU D, CARCANO D, LEYER G, et al. Effects of seven potential probiotic strains on specific immune responses in healthy adults: a double-blind, randomized, controlled trial [J]. FEMS Immunology & Medical Microbiology, 2008, 1: 107-113.

[238] JANG S-E, JEONG J-J, CHOI S-Y, et al. Lactobacillus rhamnosus HN001 and Lactobacillus acidophilus La-14 attenuate Gardnerella vaginalis-infected bacterial vaginosis in mice [J]. Nutrients, 2017, 9 (6): 531.

[239] BERTUCCINI L, RUSSO R, IOSI F, et al. Effects of Lactobacillus rhamnosus and Lactobacillus acidophilus on bacterial vaginal pathogens [J]. International Journal of Immunopathology and Pharmacology, 2017, 30 (2): 163-167.

[240] DE ALBERTI D, RUSSO R, TERRUZZI F, et al. Lactobacilli vaginal colonisation after oral consumption of Respecta © complex: a randomised controlled pilot study [J]. Archives of Gynecology and Obstetrics, 2015, 292: 861-867.

[241] 马凯，季锋. 拮抗幽门螺杆菌的嗜酸乳杆菌 LA16 及其应用 [P]. 江苏省: CN202210524303. 8, 2023-05-12.

[242] 赵林森，孙新凯，路江浩，等. 嗜酸乳杆菌 La28 在吸附有害物质中的应用 [P]. 河北省: CN201910612967. 8, 2023-04-28.

[243] 鄢梦洁，郭润晴，杨玲，等. 嗜酸乳杆菌 La28 在抗流感病毒中的新应用 [P]. 河北省: CN202111170929. 5, 2022-10-18.

[244] 李思童，贾晓蒙，杨玲，等. 乳杆菌及双歧杆菌缓解便秘的机制 [J]. 中国微生态学杂志, 2023, 35 (7): 778-783.

[245] 鄢梦洁，朱磊磊，郭润晴，等. 嗜酸乳杆菌 La28 和植物乳杆菌 LP45 对过敏小鼠的干预作用 [J]. 微生物学报, 2022, 62 (3): 797-805.

[246] 孔庆敏，朱慧越，田培郡，等. 嗜酸乳杆菌 La28 对丙戊酸暴露引起的子代大鼠外周炎症和肝损伤的缓解作用 [J]. 食品与发酵工业, 2021, 47 (1): 125-131.

[247] 莫凡，高宗跃，周晓丽，等. 嗜酸乳杆菌 La28 对新生大鼠坏死性小肠结肠炎肠道菌群及肠道免疫功能的影响 [J]. 胃肠病学和肝病学杂志, 2023, 32 (11): 1201-1208.

[248] XIAO J, WANG T, XU Y, et al. Long-term probiotic intervention mitigates memory

dysfunction through a novel H3K27me3-based mechanism in lead-exposed rats [J]. Translational Psychiatry, 2020, 10 (1): 25.

[249] SUN W-S, LEE Y-J, TSAI K-N, et al. Probiotic cocktail identified by microbial network analysis inhibits growth, virulence gene expression, and host cell colonization of vancomycin-resistant enterococci [J]. Microorganisms, 2020, 8 (6): 816.

[250] CHEN Y-T, HSU A-H, CHIOU S-Y, et al. AB-kefir reduced body weight and ameliorated inflammation in adipose tissue of obese mice fed a high-fat diet, but not a high-sucrose diet [J]. Nutrients, 2021, 13 (7): 2182.

[251] WANG M-C, ZAYDI A I, LIN W-H, et al. Putative probiotic strains isolated from kefir improve gastrointestinal health parameters in adults: a randomized, single-blind, placebo-controlled study [J]. Probiotics and Antimicrobial Proteins, 2020, 12: 840-850.

[252] 郑岩，包维臣，李慧. 一株可改善肠道菌群和调节免疫力的嗜酸乳杆菌及其应用 [P]. 北京市: CN201910648236. 9, 2021-05-28.

[253] 潘仕城，司书锋，周文浩，等. 一种降低血液中胆固醇含量的嗜酸乳杆菌 JYLA-191 及其应用 [P]. 山东省: CN202110237827. 4, 2021-05-28.

[254] 曹维超，孙在宏，孙川，等. 预防幽门螺杆菌感染的复合菌剂及其制备方法、应用 [P]. 山东省: CN202410050928. 4, 2024-04-16.

[255] WU X-R, CHEN Z-Z, DONG X-L, et al. A Novel Symbiotic Formulation Reduces Obesity and Concomitant Metabolic Syndrome in Rats by Raising the Relative Abundance of Blautia [J]. Nutrients, 2023, 15 (4): 956.

[256] KIRBY T O, TOWNSEND J R, SAPP P A, et al. AG1, A Novel Synbiotic, Demonstrates the Capability to Enhance Fermentation Using the Simulator of the Human Intestinal Microbial Ecosystem (SHIME©), F, 2023 [C]. MDPI.

[257] KIRBY T O, SAPP P A, TOWNSEND J R, et al. AG1© Induces a Favorable Impact on Gut Microbial Structure and Functionality in the Simulator of Human Intestinal Microbial Ecosystem© Model [J]. Current Issues in Molecular Biology, 2024, 46 (1): 557-569.

[258] WONG W-Y, CHAN B D, LEUNG T-W, et al. Beneficial and anti-inflammatory effects of formulated prebiotics, probiotics, and synbiotics in normal and acute colitis mice [J]. Journal of Functional Foods, 2022, 88: 104871.

[259] MAHBOUBI M. Lactobacillus gasseri as a functional food and its role in obesity [J].

International Journal of Medical Reviews, 2019, 6 (2): 59-64.

[260] 方曙光，吴明科，朱建国，等. 具有降解尿酸作用的格氏乳杆菌 LG08 及其应用 [P]. 江苏省: CN201911191600. X, 2022-05-27.

[261] LIANG L, MENG Z, ZHANG F, et al. Lactobacillus gasseri LG08 and Leuconostoc mesenteroides LM58 exert preventive effect on the development of hyperuricemia by repairing antioxidant system and intestinal flora balance [J]. Frontiers in Microbiology, 2023, 14: 1211831.

[262] USHIYAMA A, TANAKA K, AIBA Y, et al. Lactobacillus gasseri OLL2716 as a probiotic in clarithromycin-resistant Helicobacter pylori infection [J]. Journal of Gastroenterology and Hepatology, 2003, 18 (8): 986-991.

[263] SAKAMOTO I, IGARASHI M, KIMURA K, et al. Suppressive effect of Lactobacillus gasseri OLL 2716 (LG21) on Helicobacter pylori infection in humans [J]. Journal of Antimicrobial Chemotherapy, 2001, 47 (5): 709-710.

[264] BOONYARITICHAIKIJ S, KUWABARA K, NAGANO J, et al. Long - term administration of probiotics to asymptomatic pre-school children for either the eradication or the prevention of Helicobacter pylori infection [J]. Helicobacter, 2009, 14 (3): 202-207.

[265] TAKAGI A, YANAGI H, OZAWA H, et al. Effects of Lactobacillus gasseri OLL2716 on Helicobacter pylori - associated dyspepsia: a multicenter randomized double - blind controlled trial [J]. Gastroenterology Research and Practice, 2016, 2016: 7490452.

[266] OHTSU T, HARUMA K, IDE Y, et al. The effect of continuous intake of lactobacillus gasseri oll2716 on mild to moderate delayed gastric emptying: a randomized controlled study [J]. Nutrients, 2021, 13 (6): 1852.

[267] YAMADA N, SAITO C, KANO H, et al. Lactobacillus gasseri PA - 3 directly incorporates purine mononucleotides and utilizes them for growth [J]. Nucleosides, Nucleotides & Nucleic Acids, 2022, 41 (3): 221-230.

[268] YAMADA N, SAITO-IWAMOTO C, NAKAMURA M, et al. Lactobacillus gasseri PA-3 uses the purines IMP, inosine and hypoxanthine and reduces their absorption in rats [J]. Microorganisms, 2017, 5 (1): 10.

[269] YAMANAKA H, TANIGUCHI A, TSUBOI H, et al. Hypouricaemic effects of yoghurt containing Lactobacillus gasseri PA - 3 in patients with hyperuricaemia and/or gout: A randomised, double - blind, placebo - controlled study [J]. Modern Rheumatology,

2019, 29 (1): 146-150.

[270] KURAJOH M, MORIWAKI Y, KOYAMA H, et al. Yogurt containing Lactobacillus gasseri PA-3 alleviates increases in serum uric acid concentration induced by purine ingestion: a randomized, double-blind, placebo-controlled study [J]. Gout and Nucieic Acid Metabolism, 2018, 42 (1): 31-40.

[271] NISHIYAMA K, SETO Y, YOSHIOKA K, et al. Lactobacillus gasseri SBT2055 reduces infection by and colonization of Campylobacter jejuni [J]. PLoS One, 2014, 9 (9): e108827.

[272] KOBAYASHI R, KOBAYASHI T, SAKAI F, et al. Oral administration of Lactobacillus gasseri SBT2055 is effective in preventing Porphyromonas gingivalis-accelerated periodontal disease [J]. Scientific Reports, 2017, 7 (1): 545.

[273] MIYOSHI M, OGAWA A, IIIGURASHI S, et al. Anti-obesity effect of Lactobacillus gasseri SBT2055 accompanied by inhibition of pro-inflammatory gene expression in the visceral adipose tissue in diet-induced obese mice [J]. European Journal of Nutrition, 2014, 53: 599-606.

[274] KADOOKA Y, SATO M, OGAWA A, et al. Effect of Lactobacillus gasseri SBT2055 in fermented milk on abdominal adiposity in adults in a randomised controlled trial [J]. British Journal of Nutrition, 2013, 110 (9): 1696-1703.

[275] NIIBO M, SHIROUCHI B, UMEGATANI M, et al. Probiotic Lactobacillus gasseri SBT2055 improves insulin secretion in a diabetic rat model [J]. Journal of Dairy Science, 2019, 102 (2): 997-1006.

[276] KOBATAKE E, IWAMA Y, ARAI T, et al. Lactobacillus paragasseri SBT2055 Activates Plasmacytoid Dendritic Cells and Improves Subjective Symptoms of Common Cold in Healthy Adults: A Randomized, Double-Blind, Placebo-Controlled Parallel-Group Comparative Trial [J]. Nutrients, 2023, 15 (20): 4458.

[277] NAKAGAWA H, SHIOZAKI T, KOBATAKE E, et al. Effects and mechanisms of prolongevity induced by Lactobacillus gasseri SBT2055 in Caenorhabditis elegans [J]. Aging Cell, 2016, 15 (2): 227-236.

[278] KOBATAKE E, NAKAGAWA H, SEKI T, et al. Protective effects and functional mechanisms of Lactobacillus gasseri SBT2055 against oxidative stress [J]. PloS One, 2017, 12 (5): e0177106.

[279] LARSSON P-G, STRAY-PEDERSEN B, RYTTIG K R, et al. Human lactobacilli as

supplementation of clindamycin to patients with bacterial vaginosis reduce the recurrence rate; a 6-month, double-blind, randomized, placebo-controlled study [J]. BMC Women's Health, 2008, 8: 1-8.

[280] JEPSEN I E, SAXTORPH M H, ENGLUND A L M, et al. Probiotic treatment with specific lactobacilli does not improve an unfavorable vaginal microbiota prior to fertility treatment—A randomized, double-blinded, placebo-controlled trial [J]. Frontiers in Endocrinology, 2022, 13: 1057022.

[281] ANGLENIUS H, MäKIVUOKKO H, AHONEN I, et al. In vitro screen of lactobacilli strains for gastrointestinal and vaginal benefits [J]. Microorganisms, 2023, 11 (2): 329.

[282] PALACIOS T, VITETTA L, COULSON S, et al. Targeting the intestinal microbiota to prevent type 2 diabetes and enhance the effect of metformin on glycaemia: a randomised controlled pilot study [J]. Nutrients, 2020, 12 (7): 2041.

[283] POLEWSKI M A, KRUEGER C G, REED J D, et al. Ability of cranberry proanthocyanidins in combination with a probiotic formulation to inhibit in vitro invasion of gut epithelial cells by extra-intestinal pathogenic E. coli [J]. Journal of Functional Foods, 2016, 25: 123-134.

[284] SOTO-DáVILA M, WEBB R A, RODRíGUEZ-RAMOS T, et al. Effect of dietary supplementation of probiotic on growth, survival, and immune-related biomarkers in Chinook Salmon (Oncorhynchus tshawytscha) challenged with Vibrio anguillarum [J]. Aquaculture, 2024, 583: 740582.

[285] KANG J-H, YUN S-I, PARK M-H, et al. Anti-obesity effect of Lactobacillus gasseri BNR17 in high-sucrose diet-induced obese mice [J]. PloS One, 2013, 8 (1): e54617.

[286] JUNG S-P, LEE K-M, KANG J-H, et al. Effect of Lactobacillus gasseri BNR17 on overweight and obese adults: a randomized, double-blind clinical trial [J]. Korean Journal of Family Medicine, 2013, 34 (2): 80.

[287] KIM J, YUN J M, KIM M K, et al. Lactobacillus gasseri BNR17 supplementation reduces the visceral fat accumulation and waist circumference in obese adults: a randomized, double-blind, placebo-controlled trial [J]. Journal of Medicinal Food, 2018, 21 (5): 454-461.

[288] SHIN S P, CHOI Y M, KIM W H, et al. A double blind, placebo-controlled,

randomized clinical trial that breast milk derived-Lactobacillus gasseri BNR17 mitigated diarrhea-dominant irritable bowel syndrome [J]. Journal of Clinical Biochemistry and Nutrition, 2018, 62 (2): 179-186.

[289] KIM J Y, PARK Y J, LEE H J, et al. Effect of Lactobacillus gasseri BNR17 on irritable bowel syndrome: A randomized, double-blind, placebo-controlled, dose-finding trial [J]. Food Science and Biotechnology, 2018, 27: 853-857.

[290] LEE S, JUNG D H, PARK M, et al. The effect of Lactobacillus gasseri BNR17 on postmenopausal symptoms in ovariectomized rats [J]. Journal of Microbiology and Biotechnology, 2021, 31 (9): 1281.

[291] LEE S, PARK H-O, YOO W. Anti-melanogenic and antioxidant effects of cell-free supernatant from Lactobacillus gasseri BNR17 [J]. Microorganisms, 2022, 10 (4): 788.

[292] TOMPKINS T A, BARREAU G, BROADBENT J R. Complete genome sequence of Lactobacillus helveticus R0052, a commercial probiotic strain [M]. Am Soc Microbiol. 2012: 6349.

[293] WINE E, GAREAU M G, JOHNSON-HENRY K, et al. Strain-specific probiotic (Lactobacillus helveticus) inhibition of Campylobacter jejuni invasion of human intestinal epithelial cells [J]. FEMS Microbiology Letters, 2009, 300 (1): 146-152.

[294] JOHNSON-HENRY K C, HAGEN K E, GORDONPOUR M, et al. Surface-layer protein extracts from Lactobacillus helveticus inhibit enterohaemorrhagic Escherichia coli O157: H7 adhesion to epithelial cells [J]. Cellular Microbiology, 2007, 9 (2): 356-367.

[295] WANG Q, LV L, JIANG H, et al. Lactobacillus helveticus R0052 alleviates liver injury by modulating gut microbiome and metabolome in D-galactosamine-treated rats [J]. Applied Microbiology and Biotechnology, 2019, 103: 9673-9686.

[296] AIT-BELGNAOUI A, PAYARD I, ROLLAND C, et al. Bifidobacterium longum and Lactobacillus helveticus synergistically suppress stress-related visceral hypersensitivity through hypothalamic-pituitary-adrenal axis modulation [J]. Journal of Neurogastroenterology and Motility, 2018, 24 (1): 138.

[297] WANG L, ZHANG H, LEI H. Phenolics profile, antioxidant activity and flavor volatiles of pear juice: Influence of lactic acid fermentation using three Lactobacillus strains in monoculture and binary mixture [J]. Foods, 2021, 11 (1): 11.

[298] WU C, LI T, QI J, et al. Effects of lactic acid fermentation-based biotransformation on phenolic profiles, antioxidant capacity and flavor volatiles of apple juice [J]. Lwt, 2020, 122: 109064.

[299] WANG Z, FENG Y, YANG N, et al. Fermentation of kiwifruit juice from two cultivars by probiotic bacteria: Bioactive phenolics, antioxidant activities and flavor volatiles [J]. Food Chemistry, 2022, 373: 131455.

[300] ROZHKOVA I V, YUROVA E A, LEONOVA V A. evaluation of the amino acid composition and content of organic acids of complex postbiotic substances obtained on the basis of metabolites of probiotic bacteria Lacticaseibacillus paracasei ABK and Lactobacillus helveticus H9 [J]. Fermentation, 2023, 9 (5): 460.

[301] ZHOU T, HUO R, KWOK L-Y, et al. Effects of applying Lactobacillus helveticus H9 as adjunct starter culture in yogurt fermentation and storage [J]. Journal of Dairy Science, 2019, 102 (1): 223-235.

[302] CHEN Y, LIU W, XUE J, et al. Angiotensin-converting enzyme inhibitory activity of Lactobacillus helveticus strains from traditional fermented dairy foods and antihypertensive effect of fermented milk of strain H9 [J]. Journal of Dairy Science, 2014, 97 (11): 6680-6692.

[303] WANG J, LI C, XUE J, et al. Fermentation characteristics and angiotensin I-converting enzyme-inhibitory activity of Lactobacillus helveticus isolate H9 in cow milk, soy milk, and mare milk [J]. Journal of Dairy Science, 2015, 98 (6): 3655-3664.

[304] 杨玲，仵红岩，贾洪利，等. 弱后酸化瑞士乳杆菌的筛选及发酵特性研究 [J]. 微生物学报，2022，62 (3)：824-835.

[305] 赵林森，赵星，孙新凯，等. 一种能够缓解酒精性肝损伤的瑞士乳杆菌及应用 [P]. 河北省：CN201910558554. 6，2021-05-18.

[306] 杨锁华，何卫星，刘倩倩，等. 一种瑞士乳杆菌 LH43 及其制作乳酸菌饮料的方法 [P]. 江苏省：CN201410749841. 2，2017-05-10.

[307] BOASIAKO T A, XIONG Y, BOATENG I D, et al. Innovative Bicultured Lactic-Acetic Acid Co-fermentation Improves Jujube Puree´s Functionality and Volatile Compounds [J]. Fermentation, 2024, 10 (1): 71.

[308] ZHANG K, TANG H, FARID M S, et al. Effect of Lactobacillus helveticus exopolysaccharides molecular weight on yogurt gel properties and its internal mechanism [J]. International Journal of Biological Macromolecules, 2024: 130006.

[309] ZAGO M, MASSIMILIANO L, BONVINI B, et al. Functional characterization and immunomodulatory properties of Lactobacillus helveticus strains isolated from Italian hard cheeses [J]. PloS One, 2021, 16 (1): e0245903.

[310] 孙佳慧, 宋丽雅. 卷曲乳杆菌对女性生殖道健康的影响及抑菌和抗炎机制 [J]. 中山大学学报（医学科学版), 2024, 45 (1): 28-34.

[311] ATASSI F, BRASSART D, GROB P, et al. Lactobacillus strains isolated from the vaginal microbiota of healthy women inhibit Prevotella bivia and Gardnerella vaginalis in coculture and cell culture [J]. FEMS Immunology & Medical Microbiology, 2006, 48 (3): 424-432.

[312] ZHENG J, WITTOUCK S, SALVETTI E, et al. A taxonomic note on the genus Lactobacillus: Description of 23 novel genera, emended description of the genus Lactobacillus Beijerinck 1901, and union of Lactobacillaceae and Leuconostocaceae [J]. International Journal of Systematic and Evolutionary Microbiology, 2020, 70 (4): 2782-2858.

[313] CUI Y, QU X. Genetic mechanisms of prebiotic carbohydrate metabolism in lactic acid bacteria: Emphasis on Lacticaseibacillus casei and Lacticaseibacillus paracasei as flexible, diverse and outstanding prebiotic carbohydrate starters [J]. Trends in Food Science & Technology, 2021, 115: 486-499.

[314] 和明涓, 鲍悦悦, 倪敏. 干酪乳杆菌治疗功能性便秘的研究进展 [J]. 临床医学研究与实践, 2023, 8 (23): 191-194.

[315] XUE Y, CHEN J, WANG L, et al. Exploring the flavor changes in mung bean flour through lactobacillus fermentation: insights from volatile compounds and non-targeted metabolomics analysis [J]. Journal of the Science of Food and Agriculture 2024, 104 (12): 7238-7248.

[316] 方曙光, 严涛, 陈珂可, 等. 一种高产短链脂肪酸的干酪乳杆菌、培养方法及其应用 [P]. 江苏省: CN201911054563. 8, 2022-07-15.

[317] ZHANG Y, WU T, LI W, et al. Lactobacillus casei LC89 exerts antidiabetic effects through regulating hepatic glucagon response and gut microbiota in type 2 diabetic mice [J]. Food & Function, 2021, 12 (18): 8288-8299.

[318] SCHWENDICKE F, KORTE F, DöRFER C E, et al. Inhibition of Streptococcus mutans Growth and Biofilm Formation by Probiotics in vitro [J]. Caries Research, 2017, 51 (2): 87-95.

[319] GOMES A C, HOFFMANN C, MOTA J F. Gut microbiota is associated with adiposity markers and probiotics may impact specific genera [J]. European Journal of Nutrition, 2020, 59: 1751-1762.

[320] GOMES A C, DE SOUSA R G M, BOTELHO P B, et al. The additional effects of a probiotic mix on abdominal adiposity and antioxidant Status: a double-blind, randomized trial [J]. Obesity, 2017, 25 (1): 30-38.

[321] CANNARELLA L A T, MARI N L, ALCâNTARA C C, et al. Mixture of probiotics reduces inflammatory biomarkers and improves the oxidative/nitrosative profile in people with rheumatoid arthritis [J]. Nutrition, 2021, 89: 111282.

[322] DIMITROVSKI D, DIMITROVSKA-VETADJOKA M, HRISTOV H, et al. Developing probiotic pumpkin juice by fermentation with commercial probiotic strain Lactobacillus casei 431 [J]. Journal of Food Processing and Preservation, 2021, 45 (3): e15245.

[323] ALWIS A D P, PERERA O D A, WEERAHEWA H D. Development of a Novel Carrot -based Synbiotic Beverage using Lactobacillus casei 431 © [J]. Journal of Agricultural Sciences, 2016: 178-185.

[324] DABAJ F K, LASEKAN O, MANAP M Y A, et al. Evaluation of the volatilomic potentials of the Lactobacillus casei 431 and Lactobacillus acidophilus La-5 in fermented milk [J]. CyTA-Journal of Food, 2020, 18 (1): 291-300.

[325] 陆文伟，陆静，杨震南，等. 发酵乳杆菌 PCC 及干酪乳杆菌 431 对免疫低下型小鼠的免疫调节作用研究 [J]. 中国乳品工业，2017，45 (12)：9-14.

[326] HONG-XIN J, MI-YA S, GUANG-YU G. Influence of Lactobacillus casei LC2W on the proteolysis and aroma compounds of Cheddar cheese during ripening period [J]. CyTA-Journal of Food, 2015, 13 (3): 464-471.

[327] WANG G, TANG H, ZHANG Y, et al. The intervention effects of Lactobacillus casei LC2W on Escherichia coli O157: H7-induced mouse colitis [J]. Food Science and Human Wellness, 2020, 9 (3): 289-294.

[328] WANG G, ZHANG Y, SONG X, et al. Lactobacillus casei LC2W can inhibit the colonization of Escherichia coli O157: H7 in vivo and reduce the severity of colitis [J]. Food & function, 2019, 10 (9): 5843-5852.

[329] AI L, ZHANG H, GUO B, et al. Preparation, partial characterization and bioactivity of exopolysaccharides from Lactobacillus casei LC2W [J]. Carbohydrate Polymers, 2008, 74 (3): 353-357.

[330] 李瑞君，郭本恒，吴正钧，等. LC2W 胞外多糖对大肠杆菌脂多糖诱导 RAW264.7 细胞因子表达的影响 [J]. 中国药理学通报，2011，27 (3)：441-443.

[331] FERNáNDEZ DE PALENCIA P, LóPEZ P, CORBí A L, et al. Probiotic strains: survival under simulated gastrointestinal conditions, in vitro adhesion to Caco-2 cells and effect on cytokine secretion [J]. European Food Research and Technology, 2008, 227: 1475-1484.

[332] ZHANG H, WANG Y, SUN J, et al. Safety evaluation of Lactobacillus paracasei subsp. paracasei LC-01, a probiotic bacterium [J]. Journal of Microbiology, 2013, 51: 633-638.

[333] 陆文伟，胡文兵，曹文金，等. 干酪乳杆菌 LC01 对小鼠肠道菌群和肠道转运调节作用的剂量效应 [J]. 食品科学，2019，40 (15)：211-217.

[334] PAN T, GUO H Y, ZHANG H, et al. Oral administration of Lactobacillus paracasei alleviates clinical symptoms of colitis induced by dextran sulphate sodium salt in BALB/c mice [J]. Beneficial Microbes, 2014, 5 (3): 315-322.

[335] HOU Q, HUANG Y, WANG Y, et al. Lactobacillus casei LC01 regulates intestinal epithelial permeability through miR-144 targeting of OCLN and ZO1 [J]. Journal of Microbiology and Biotechnology, 2020, 30 (10): 1480.

[336] VAGHEF-MEHRABANY E, ALIPOUR B, HOMAYOUNI-RAD A, et al. Probiotic supplementation improves inflammatory status in patients with rheumatoid arthritis [J]. Nutrition, 2014, 30 (4): 430-435.

[337] WANG R, CHEN S, JIN J, et al. Survival of Lactobacillus casei strain Shirota in the intestines of healthy Chinese adults [J]. Microbiology and Immunology, 2015, 59 (5): 268-276.

[338] OU Y, CHEN S, REN F, et al. Lactobacillus casei strain shirota alleviates constipation in adults by increasing the pipecolinic acid level in the gut [J]. Frontiers in Microbiology, 2019, 10: 324.

[339] OGAWA M, SHIMIZU K, NOMOTO K, et al. Inhibition of in vitro growth of Shiga toxin-producing Escherichia coli O157: H7 by probiotic Lactobacillus strains due to production of lactic acid [J]. International Journal of Food Microbiology, 2001, 68 (1-2): 135-140.

[340] OGAWA M, SHIMIZU K, NOMOTO K, et al. Protective effect of Lactobacillus casei strain Shirota on Shiga toxin-producing Escherichia coli O157: H7 infection in infant

rabbits [J]. Infection and Immunity, 2001, 69 (2): 1101-1108.

[341] ASAHARA T, SHIMIZU K, TAKADA T, et al. Protective effect of Lactobacillus casei strain Shirota against lethal infection with multi-drug resistant Salmonella enterica serovar Typhimurium DT104 in mice [J]. Journal of Applied Microbiology, 2011, 110 (1): 163-173.

[342] SGOURAS D, MARAGKOUDAKIS P, PETRAKI K, et al. In vitro and in vivo inhibition of Helicobacter pylori by Lactobacillus casei strain Shirota [J]. Applied and Environmental Microbiology, 2004, 70 (1): 518-526.

[343] NAITO E, YOSHIDA Y, KUNIHIRO S, et al. Effect of Lactobacillus casei strain Shirota-fermented milk on metabolic abnormalities in obese prediabetic Japanese men: a randomised, double-blind, placebo-controlled trial [J]. Bioscience of Microbiota, Food and Health, 2018, 37 (1): 9-18.

[344] ISHIKAWA H, MUTOH M, YOSHIMURA K, et al. Very long-term treatment with a Lactobacillus probiotic preparation, Lactobacillus Casei strain shirota, suppresses weight loss in the elderly [J]. Nutrients, 2020, 12 (6): 1599.

[345] KARIMI G, SABRAN M R, JAMALUDDIN R, et al. The anti-obesity effects of Lactobacillus casei strain Shirota versus Orlistat on high fat diet-induced obese rats [J]. Food & Nutrition Research, 2015, 59 (1): 29273.

[346] NAITO E, YOSHIDA Y, MAKINO K, et al. Beneficial effect of oral administration of Lactobacillus casei strain Shirota on insulin resistance in diet-induced obesity mice [J]. Journal of Applied Microbiology, 2011, 110 (3): 650-657.

[347] ZHANG X, CHEN S, ZHANG M, et al. Effects of fermented milk containing Lacticaseibacillus paracasei strain Shirota on constipation in patients with depression: a randomized, double-blind, placebo-controlled trial [J]. Nutrients, 2021, 13 (7): 2238.

[348] 周琦，王记成，郭壮，等. 益生菌 Lactobacillus casei Zhang 在马乳中发酵特性及人工消化液耐受性研究 [J]. 乳业科学与技术，2009，32 (1)：5-9.

[349] 张和平，张七斤，任贵强，等. 乳酸杆菌对攻毒小鼠的保护作用和对肠道菌群的影响 [J]. 微生物学通报，2007，(3)：447-450.

[350] 托娅，杜瑞亭，张和平. 益生菌 Lb. casei Zhang 对 H22 荷瘤小鼠的抗肿瘤作用及机制 [J]. 肿瘤防治研究，2010，37 (4)：463-465.

[351] YA T, ZHANG Q, CHU F, et al. Immunological evaluation of Lactobacillus casei

Zhang: a newly isolated strain from koumiss in Inner Mongolia, China [J]. BMC Immunology, 2008, 9: 1-9.

[352] WANG Y, XIE J, WANG N, et al. Lactobacillus casei Zhang modulate cytokine and Toll-like receptor expression and beneficially regulate poly I: C-induced immune responses in RAW264. 7 macrophages [J]. Microbiology and Immunology, 2013, 57 (1): 54-62.

[353] ZHANG Y, DU R, WANG L, et al. The antioxidative effects of probiotic Lactobacillus casei Zhang on the hyperlipidemic rats [J]. European Food Research and Technology, 2010, 231: 151-158.

[354] ZHONG Z, ZHANG W, DU R, et al. Lactobacillus casei Zhang stimulates lipid metabolism in hypercholesterolemic rats by affecting gene expression in the liver [J]. European Journal of Lipid Science and Technology, 2012, 114 (3): 244-252.

[355] WANG Y, LI Y, XIE J, et al. Protective effects of probiotic Lactobacillus casei Zhang against endotoxin-and d-galactosamine-induced liver injury in rats via anti-oxidative and anti-inflammatory capacities [J]. International Immunopharmacology, 2013, 15 (1): 30-37.

[356] ZHANG Y, WANG L, ZHANG J, et al. Probiotic Lactobacillus casei Zhang ameliorates high-fructose-induced impaired glucose tolerance in hyperinsulinemia rats [J]. European Journal of Nutrition, 2014, 53: 221-232.

[357] ZHANG Y, GUO X, GUO J, et al. Lactobacillus casei reduces susceptibility to type 2 diabetes via microbiota-mediated body chloride ion influx [J]. Scientific Reports, 2014, 4 (1): 5654.

[358] ZHU H, CAO C, WU Z, et al. The probiotic L. casei Zhang slows the progression of acute and chronic kidney disease [J]. Cell Metabolism, 2021, 33 (10): 1926-1942.

[359] LI Y, WANG S, QUAN K, et al. Co-administering yeast polypeptide and the probiotic, Lacticaseibacillus casei Zhang, significantly improves exercise performance [J]. Journal of Functional Foods, 2022, 95: 105161.

[360] LYON III J, CONNELL M, CHANDRASEKARAN K, et al. Effect of synbiotics on weight loss and metabolic health in adults with overweight and obesity: A randomized controlled trial [J]. Obesity, 2023, 31 (8): 2009-2020.

[361] 王一帆，薛云德，张宝平，等. 副干酪乳杆菌的益生特性及其机制研究进展 [J]. 食品研究与开发，2024，45 (6)：211-217.

[362] 方曙光，朱明明，孔素芬，等. 一种副干酪乳杆菌 LC86 及其在预防或治疗龋齿和牙周炎上的应用［P］. 江苏省：CN202111137110. 9，2022-10-28.

[363] RUI W，ZHONG S，LI X，et al. Evaluating the Role of Postbiotics in the Modulation of Human Oral Microbiota：A Randomized Controlled Clinical Trial［J］. Probiotics and Antimicrobial Proteins，2024：1-11.

[364] CAI Y，DONG Y，HAN M，et al. Lacticaseibacillus paracasei LC86 Mitigates Age-Related Muscle Wasting and Cognitive Impairment in SAMP8 Mice through Gut Microbiota Modulation and the Regulation of Serum Inflammatory Factors［J］. Frontiers in Nutrition，11：1390433.

[365] XIE L-W，LU H-Y，TANG L-F，et al. Probiotic Consortia Protect the Intestine Against Radiation Injury by Improving Intestinal Epithelial Homeostasis［J］. International Journal of Radiation Oncology Biology Physics 2024，120（1）：189-204.

[366] 李良，尚可，彭玲玲，等. 益生菌粉（副干酪乳杆菌 207-27）的毒理学安全性评价［J］. 中国微生态学杂志，2023，35（12）：1398-1406.

[367] 张旭光，连晓雷，贺瑞坤，等. 一种副干酪乳杆菌 207-27 及其应用［P］. 广东省：CN202111331927. X，2022-06-07.

[368] LIANG H，LUO Z，MIAO Z，et al. Lactobacilli and bifidobacteria derived from infant intestines may activate macrophages and lead to different IL-10 secretion［J］. Bioscience，Biotechnology，and Biochemistry，2020，84（12）：2558-2568.

[369] LIANG H，ZHANG Y，MIAO Z，et al. Anti-allergic effects of two potential probiotic strains isolated from infant feces in China［J］. Journal of Functional Foods，2022，92：105070.

[370] LIANG H，ZE X，WANG S，et al. Potential Health-Promoting Effects of Two Candidate Probiotics Isolated from Infant Feces Using an Immune-Based Screening Strategy［J］. Nutrients，2022，14（17）：3651.

[371] BARKER A K，DUSTER M，VALENTINE S，et al. A randomized controlled trial of probiotics for Clostridium difficile infection in adults（PICO）［J］. Journal of Antimicrobial Chemotherapy，2017，72（11）：3177-3180.

[372] ANDRADE P D S M A D，MARIA E SILVA J，CARREGARO V，et al. Efficacy of probiotics in children and adolescents with atopic dermatitis：A randomized，double-blind，placebo-controlled study［J］. Frontiers in Nutrition，2022，8：833666.

[373] DE WOLFE T J，EGGERS S，BARKER A K，et al. Oral probiotic combination of

Lactobacillus and Bifidobacterium alters the gastrointestinal microbiota during antibiotic treatment for Clostridium difficile infection [J]. PLoS One, 2018, 13 (9): e0204253.

[374] GRIFFIN S M, LEHTINEN M J, MEUNIER J, et al. Restorative effects of probiotics on memory impairment in sleep-deprived mice [J]. Nutritional Neuroscience, 2023, 26 (3): 254-264.

[375] PATTERSON E, GRIFFIN S M, IBARRA A, et al. Lacticaseibacillus paracasei Lpc-37 © improves psychological and physiological markers of stress and anxiety in healthy adults: a randomized, double-blind, placebo-controlled and parallel clinical trial (the Sisu study) [J]. Neurobiology of Stress, 2020, 13: 100277.

[376] MäKELä S M, GRIFFIN S M, REIMARI J, et al. Efficacy and safety of Lacticascibacillus paracasei Lpc - 37 © in students facing examination stress: A randomized, triple-blind, placebo-controlled clinical trial (the ChillEx study) [J]. Brain, Behavior, & Immunity-Health, 2023, 32: 100673.

[377] XIAO L, YANG Y, HAN S, et al. Effects of genes required for exopolysaccharides biosynthesis in Lacticaseibacillus paracasei S-NB on cell surface characteristics and probiotic properties [J]. International Journal of Biological Macromolecules, 2023, 224: 292-305.

[378] XIAO L, ZHANG C, ZHANG X, et al. Effects of Lacticaseibacillus paracasei SNB-derived postbiotic components on intestinal barrier dysfunction and composition of gut microbiota [J]. Food Research International, 2024, 175: 113773.

[379] NISHIDA S, MICHINAKA A, NAKASHIMA K, et al. Evaluation of the probiotic potential of Lactobacillus paracasei KW3110 based on in vitro tests and oral administration tests in healthy adults [J]. The Journal of General and Applied Microbiology, 2008, 54 (5): 267-276.

[380] YAMAZAKI T, OHSHIO K, SUGAMATA M, et al. Lactic acid bacterium, Lactobacillus paracasei KW3110, suppresses inflammatory stress-induced caspase-1 activation by promoting interleukin-10 production in mouse and human immune cells [J]. PloS One, 2020, 15 (8): e0237754.

[381] SUZUKI H, YAMAZAKI T, OHSHIO K, et al. A specific strain of lactic acid bacteria, lactobacillus paracasei, inhibits inflammasome activation in vitro and prevents inflammation-related disorders [J]. The Journal of Immunology, 2020, 205 (3):

811-821.

[382] MORITA Y, MIWA Y, JOUNAI K, et al. Lactobacillus paracasei KW3110 prevents blue light-induced inflammation and degeneration in the retina [J]. Nutrients, 2018, 10 (12): 1991.

[383] MORITA Y, JOUNAI K, MIYAKE M, et al. Effect of heat-killed Lactobacillus paracasei KW3110 ingestion on ocular disorders caused by visual display terminal (VDT) loads: a randomized, double-blind, placebo-controlled parallel-group study [J]. Nutrients, 2018, 10 (8): 1058.

[384] YAMAZAKI T, SUZUKI H, YAMADA S, et al. Lactobacillus paracasei KW3110 suppresses inflammatory stress-induced premature cellular senescence of human retinal pigment epithelium cells and reduces ocular disorders in healthy humans [J]. International Journal of Molecular Sciences, 2020, 21 (14): 5091.

[385] MORITA Y, JOUNAI K, SAKAMOTO A, et al. Long-term intake of Lactobacillus paracasei KW3110 prevents age-related chronic inflammation and retinal cell loss in physiologically aged mice [J]. Aging (Albany NY), 2018, 10 (10): 2723.

[386] 刘凯龙，康小红，张哲，等. 副干酪乳杆菌 PC-01 益生特性和安全性研究 [J]. 中国食品学报，2021，21 (11)：47-52.

[387] 张哲，于学健，李宏，等. 副干酪乳杆菌 PC-01 复配剂量对发酵乳产品特性的影响 [J]. 食品与发酵工业，2023，49 (18)：89-96.

[388] SUN Y, GUO S, WU T, et al. Bifidobacterium adolescentis B8589 - and Lacticaseibacillus paracasei PC-01-co-fermented milk has more γ-aminobutyric acid and short-chain fatty acids than Lacticaseibacillus paracasei PC-01-fermented milk [J]. Lwt, 2023, 179: 114645.

[389] HAO Y, WU T, GUO S, et al. Metabolic dynamics of fermented milk beverages co-fermented with Bifidobacterium animalis subsp. lactis Probio-M8 and Lacticaseibacillus paracasei PC-01 during storage [J]. LWT, 2023, 185: 115196.

[390] 苗壮壮，杨淑娟，刘凯龙，等. 乳双歧杆菌 Probio-M8 和副干酪乳杆菌 PC-01 对发酵乳微流变学特性及稳定性的影响 [J]. 中国食品学报，2022，22 (3)：103-110.

[391] 张哲，于学健，姚粟. 不同剂量类干酪乳杆菌 PC-01 对葡聚糖硫酸钠 (DSS) 诱导小鼠结肠炎恢复的促进作用 [J]. 食品与发酵工业，2023，49 (7)：41-48，58.

[392] 陈庆源，邱雪惠，宋璧君，等. 新颖乳酸菌株及其调节免疫反应的用途 [P]. 中国台湾：CN201110404611. 9，2012-07-25.

[393] LIN W-Y，FU L-S，LIN H-K，et al. Evaluation of the effect of Lactobacillus paracasei (HF. A00232) in children (6 - 13 years old) with perennial allergic rhinitis：a 12-week，double-blind，randomized，placebo-controlled study [J]. Pediatrics & Neonatology，2014，55 (3)：181-188.

[394] 张欢，丘小汕. 婴儿早期应用乳酸杆菌四联菌对预防过敏性疾病的临床研究 [J]. 实用医院临床杂志，2018，15 (4)：71-74.

[395] VANITCHANONT M，VALLIBHAKARA S A-O，SOPHONSRITSUK A，et al. Effects of Multispecies Probiotic Supplementation on Serum Bone Turnover Markers in Postmenopausal Women with Osteopenia：A Randomized，Double-Blind，Placebo-Controlled Trial [J]. Nutrients，2024，16 (3)：461.

[396] CHEN J-F，HSIA K-C，KUO Y-W，et al. Safety Assessment and Probiotic Potential Comparison of Bifidobacterium longum subsp. infantis BLI-02，Lactobacillus plantarum LPL28，Lactobacillus acidophilus TYCA06，and Lactobacillus paracasei ET-66 [J]. Nutrients，2023，16 (1)：126.

[397] 谢佩珊，郭仲伟，蔡宜钧，等. 用于抑制口腔病原菌的乳酸菌菌株的食品、口腔清洁以及医药组合物 [P]. 中国台湾：CN201711155468. 8，2018-07-31.

[398] LIN C W，CHEN Y T，HO H H，et al. Lozenges with probiotic strains enhance oral immune response and health [J]. Oral Diseases，2022，28 (6)：1723-1732.

[399] MAFTEI N-M，BOGDAN R E G，BOEV M，et al. Innovative Fermented Soy Drink with the Sea Buckthorn Syrup and the Probiotics Co-Culture of Lactobacillus Paracasei ssp. Paracasei (L. Casei © 431) and Bifidobacterium Animalis ssp. Lactis (Bb-12 ©) [J]. Fermentation，2023，9 (9)：806.

[400] JESPERSEN L，TARNOW I，ESKESEN D，et al. Effect of Lactobacillus paracasei subsp. paracasei，L. casei 431 on immune response to influenza vaccination and upper respiratory tract infections in healthy adult volunteers：a randomized，double-blind，placebo-controlled，parallel-group study [J]. The American Journal of Clinical Nutrition，2015，101 (6)：1188-1196.

[401] SHIN Y J，BAE J-M，CHO H-R，et al. Antiobesity effects of lactobacillus paracasei Subsp. paracasei，L. casei 431 on high-fat diet-induced obese rats [J]. Journal of Medicinal Food，2023，26 (7)：445-453.

[402] NABIZADEHASL L, SENDUR S N, OZER B, et al. Acute and short-term effects of Lactobacillus paracasei subsp. paracasei 431 and inulin intake on appetite control and dietary intake: A two-phases randomized, double blind, placebo-controlled study [J]. Appetite, 2022, 169: 105855.

[403] VERDENELLI M C, GHELFI F, SILVI S, et al. Probiotic properties of Lactobacillus rhamnosus and Lactobacillus paracasei isolated from human faeces [J]. European Journal of Nutrition, 2009, 48: 355-363.

[404] GU Y, CHEN H, LI X, et al. Lactobacillus paracasei IMC 502 ameliorates type 2 diabetes by mediating gut microbiota-SCFA-hormone/inflammation pathway in mice [J]. Journal of the Science of Food and Agriculture, 2023, 103 (6): 2949-2959.

[405] COMAN M M, VERDENELLI M C, CECCHINI C, et al. In vitro evaluation of antimicrobial activity of Lactobacillus rhamnosus IMC 501 ©, Lactobacillus paracasei IMC 502 © and SYNBIO © against pathogens [J]. Journal of Applied Microbiology, 2014, 117 (2): 518-527.

[406] VERDENELLI M C, CECCHINI C, COMAN M M, et al. Impact of probiotic SYNBIO © administered by vaginal suppositories in promoting vaginal health of apparently healthy women [J]. Current Microbiology, 2016, 73: 483-490.

[407] VERDENELLI M C, SILVI S, CECCHINI C, et al. Influence of a combination of two potential probiotic strains, Lactobacillus rhamnosus IMC 501 © and Lactobacillus paracasei IMC 502 © on bowel habits of healthy adults [J]. Letters in Applied Microbiology, 2011, 52 (6): 596-602.

[408] MARTARELLI D, VERDENELLI M C, SCURI S, et al. Effect of a probiotic intake on oxidant and antioxidant parameters in plasma of athletes during intense exercise training [J]. Current Microbiology, 2011, 62: 1689-1696.

[409] 仵红岩，杨玲，贾洪利，等. 一种微生物组合发酵剂及其制备方法和应用 [P]. 河北省：CN202110523041. 9，2022-03-04.

[410] 赵林森，杨玲，李玲，等. 具有降压活性的那曲 4580 益生菌及其制剂和应用 [P]. 河北省：CN202010704422. 2，2021-11-23.

[411] 赵林森，孙策，杨玲，等. 那曲 4580 益生菌及制剂在改善睡眠质量的食品中的应用 [P]. 河北省：CN202010705870. 4，2020-09-11.

[412] 赵林森，路江浩，贾晓蒙，等. 一种能够缓解抗生素引起腹泻的益生菌组合物 [P]. 河北省：CN202011279475. 0，2021-02-12.

[413] 曹维超，司书锋，李翠华，等. 抑制幽门螺杆菌感染的副干酪乳杆菌 JLPF-176 的应用及产品 [P]. 山东省: CN202110066239. 9, 2021-04-06.

[414] LIN Q, LIU M, NI H, et al. High-degree polymerizate IMOs of dextranase hydrolysates enhance Lactobacillus acid metabolism: Based on growth, and metabolomic and transcriptomic analyses [J]. LWT, 2023, 187: 115345.

[415] TAO R, CHEN Q, LI Y, et al. Physicochemical, nutritional, and phytochemical profile changes of fermented citrus puree from enzymatically hydrolyzed whole fruit under cold storage [J]. LWT, 2022, 169: 114009.

[416] 林华嗣，黄庆，田胜兰，等. 乳酸菌发酵前后铁皮石斛汁中功能活性物质与风味成分的比较 [J]. 现代食品科技, 2023, 39 (12): 253-261.

[417] MARTONI C J, FREDERIKSEN A K S, DAMHOLT A, et al. Effects of a 10-strain oral probiotic on parameters of vaginal health and microbial community: A pilot clinical study [J]. International Journal of Women's Health, 2022: 29-39.

[418] LJUNGH A, LAN J, YANAGISAWA N. Isolation, selection and characteristics of Lactobacillus paracasei subsp. paracasei F19 [J]. Microbial Ecology in Health and Disease, 2002, 14 (1): 4-6.

[419] CRITTENDEN R, SAARELA M, MäTTö J, et al. Lactobacillus paracasei subsp. paracasei F19: Survival, ecology and safety in the human intestinal tract-A survey of feeding studies within the PROBDEMO project [J]. Microbial Ecology in Health and Disease, 2002, 14 (1): 22-26.

[420] LOMBARDO L, VERNETTO A, BLANCO I. Clinical evaluation of Lactobacillus paracasei subsp. paracasei F19 with gluco-oligosaccharides in the short-term treatment of irritable bowel syndrome [J]. Microbial Ecology in Health and Disease, 2009, 21 (1): 28-32.

[421] LEE H, LI Z, CHRISTENSEN B, et al. Metabolic phenotype and microbiome of infants fed formula containing Lactobacillus paracasei strain F-19 [J]. Frontiers in Pediatrics, 2022, 10: 856951.

[422] SULLIVAN Å, NORD C E, EVENGåRD B. Effect of supplement with lactic-acid producing bacteria on fatigue and physical activity in patients with chronic fatigue syndrome [J]. Nutrition Journal, 2009, 8 (1): 4.

[423] KHONGRUM J, YINGTHONGCHAI P, BOONYAPRANAI K, et al. Safety and effects of Lactobacillus paracasei TISTR 2593 supplementation on improving cholesterol

metabolism and atherosclerosis-related parameters in subjects with hypercholesterolemia: a randomized, double-blind, placebo-controlled clinical trial [J]. Nutrients, 2023, 15 (3): 661.

[424] 岑秋宇，庞日朝，崔艳如，等. 鼠李糖乳杆菌对炎症性肠病的影响机制研究进展[J]. 中国全科医学，2022，25（36）：4595-4600.

[425] SHULMAN R J, CHICHLOWSKI M, OROZCO F G, et al. Infant behavioral state and stool microbiome in infants receiving Lactocaseibacillus rhamnosus GG in formula: randomized controlled trial [J]. BMC Pediatrics, 2022, 22 (1): 580.

[426] CLAES I J J, SEGERS M E, VERHOEVEN T L A, et al. Lipoteichoic acid is an important microbe-associated molecular pattern of Lactobacillus rhamnosus GG [J]. Microbial Cell Factories, 2012, 11: 1-8.

[427] YAN F, LIU L, DEMPSEY P J, et al. A Lactobacillus rhamnosus GG-derived soluble protein, p40, stimulates ligand release from intestinal epithelial cells to transactivate epidermal growth factor receptor [J]. Journal of Biological Chemistry, 2013, 288 (42): 30742-30751.

[428] YAN F, CAO H, COVER T L, et al. Soluble proteins produced by probiotic bacteria regulate intestinal epithelial cell survival and growth [J]. Gastroenterology, 2007, 132 (2): 562-575.

[429] LEBEER S, CLAES I J J, VERHOEVEN T L A, et al. Exopolysaccharides of Lactobacillus rhamnosus GG form a protective shield against innate immune factors in the intestine [J]. Microbial Biotechnology, 2011, 4 (3): 368-374.

[430] ZHANG Z, ZHOU Z, LI Y, et al. Isolated exopolysaccharides from Lactobacillus rhamnosus GG alleviated adipogenesis mediated by TLR2 in mice [J]. Scientific Reports, 2016, 6 (1): 36083.

[431] PEDERSEN N, ANDERSEN N N, VéGH Z, et al. Ehealth: low FODMAP diet vs Lactobacillus rhamnosus GG in irritable bowel syndrome [J]. World Journal of Gastroenterology: WJG, 2014, 20 (43): 16215.

[432] SZAJEWSKA H, KOŁODZIEJ M. Systematic review with meta-analysis: Lactobacillus rhamnosus GG in the prevention of antibiotic-associated diarrhoea in children and adults [J]. Alimentary Pharmacology & Therapeutics, 2015, 42 (10): 1149-1157.

[433] BAJRAMAGIC S, HODZIC E, MULABDIC A, et al. Usage of probiotics and its clinical significance at surgically treated patients sufferig from colorectal carcinoma [J].

Medical Archives, 2019, 73 (5): 316.

[434] BAJAJ J S, HEUMAN D M, HYLEMON P B, et al. Randomised clinical trial: Lactobacillus GG modulates gut microbiome, metabolome and endotoxemia in patients with cirrhosis [J]. Alimentary Pharmacology & Therapeutics, 2014, 39 (10): 1113-1125.

[435] LUNDELIN K, POUSSA T, SALMINEN S, et al. Long-term safety and efficacy of perinatal probiotic intervention: Evidence from a follow-up study of four randomized, double-blind, placebo-controlled trials [J]. Pediatric Allergy and Immunology, 2017, 28 (2): 170-175.

[436] SANBORN V, AZCARATE-PERIL M A, UPDEGRAFF J, et al. A randomized clinical trial examining the impact of LGG probiotic supplementation on psychological status in middle-aged and older adults [J]. Contemporary Clinical Trials Communications, 2018, 12: 192-197.

[437] MOLUDI J, ALIZADEH M, MOHAMMADZAD M H S, et al. The effect of probiotic supplementation on depressive symptoms and quality of life in patients after myocardial infarction: results of a preliminary double-blind clinical trial [J]. Psychosomatic Medicine, 2019, 81 (9): 770-777.

[438] PäRTTY A, KALLIOMäKI M, WACKLIN P, et al. A possible link between early probiotic intervention and the risk of neuropsychiatric disorders later in childhood: a randomized trial [J]. Pediatric Research, 2015, 77 (6): 823-828.

[439] 方曙光，刘欢，朱明明，等. 鼠李糖乳杆菌 LRa05 在制备缓解便秘制品或调解肠道菌群制品方面的用途 [P]. 江苏省：CN202210382569. 3, 2024-01-26.

[440] 方曙光，朱明明，左慧玉，等. 一株鼠李糖乳杆菌菌株 LRa05 及其用途与产品 [P]. 江苏省：CN202210382570. 6, 2023-12-19.

[441] 方曙光，孔素芬，朱明明，等. 鼠李糖乳杆菌菌株 LRa05 在制备抑制幽门螺杆菌和/或变异链球菌制品方面的用途 [P]. 江苏省：CN202210382754. 2, 2024-01-26.

[442] 方曙光，左慧玉，朱明明，等. 鼠李糖乳杆菌菌株 LRa05 在制备增强免疫力制品和/或缓解湿疹制品方面的用途 [P]. 江苏省：CN202210382762. 7, 2023-12-19.

[443] CHEN T, SHAO Y, ZHANG Y, et al. In vitro and in vivo genome-based safety evaluation of Lacticaseibacillus rhamnosus LRa05 [J]. Food and Chemical Toxicology,

2024, 186: 114600.

[444] WU T, ZHANG Y, LI W, et al. Lactobacillus rhamnosus LRa05 ameliorate hyperglycemia through a regulating glucagon-mediated signaling pathway and gut microbiota in type 2 diabetic mice [J]. Journal of Agricultural and Food Chemistry, 2021, 69 (31): 8797-8806.

[445] SUN M, WU T, ZHANG G, et al. Lactobacillus rhamnosus LRa05 improves lipid accumulation in mice fed with a high fat diet via regulating the intestinal microbiota, reducing glucose content and promoting liver carbohydrate metabolism [J]. Food & Function, 2020, 11 (11): 9514-9525.

[446] GAI Z, DONG Y, XU F, et al. Changes in the gut microbiota composition of healthy young volunteers after administration of lacticaseibacillus rhamnosus LRa05: a placebo-controlled study [J]. Frontiers in Nutrition, 2023, 10: 1105694.

[447] MONTOYA C A, YOUNG W, RYAN L, et al. The probiotic Lacticaseibacillus rhamnosus HN001 influences the architecture and gene expression of small intestine tissue in a piglet model [J]. British Journal of Nutrition, 2024, 131 (8): 1289-1297.

[448] 王东旭, 尹成男, 叶华, 等. 热灭活鼠李糖乳杆菌 HN001 对 DSS 诱导的小鼠结肠炎保护作用 [J]. 食品与发酵工业, 2021, 47 (13): 30-35.

[449] EGGERS S, BARKER A K, VALENTINE S, et al. Effect of Lactobacillus rhamnosus HN001 on carriage of Staphylococcus aureus: results of the impact of probiotics for reducing infections in veterans (IMPROVE) study [J]. BMC Infectious Diseases, 2018, 18: 1-8.

[450] SHEIH Y-H, CHIANG B-L, WANG L-H, et al. Systemic immunity-enhancing effects in healthy subjects following dietary consumption of the lactic acid bacterium Lactobacillus rhamnosus HN001 [J]. Journal of the American College of Nutrition, 2001, 20 (2): 149-156.

[451] WICKENS K, BARTHOW C, MITCHELL E A, et al. Effects of Lactobacillus rhamnosus HN001 in early life on the cumulative prevalence of allergic disease to 11 years [J]. Pediatric Allergy and Immunology, 2018, 29 (8): 808-814.

[452] LONSTEIN J S, MEINHARDT T A, PAVLIDI P, et al. Maternal probiotic Lactocaseibacillus rhamnosus HN001 treatment alters postpartum anxiety, cortical monoamines, and the gut microbiome [J]. Psychoneuroendocrinology, 2024, 165: 107033.

[453] DALZIEL J E, ZOBEL G, DEWHURST H, et al. A diet enriched with Lacticaseibacillus rhamnosus HN001 and milk fat globule membrane alters the gut microbiota and decreases amygdala GABA a receptor expression in stress-sensitive rats [J]. International Journal of Molecular Sciences, 2023, 24 (13): 10433.
[454] ZHANG B, LYNCH B, ZHAO J, et al. Lactobacillus rhamnosus MP108: Toxicological evaluation [J]. Journal of Food Science, 2021, 86 (1): 228-241.
[455] 陈庆源，邱雪惠，宋璧君，等. 新颖乳酸菌株及其调节免疫反应的用途 [P]. 中国台湾: CN201310269240. 7, 2015-03-11.
[456] 严浩东，王鹏，于俊娟，等. 低聚糖与鼠李糖乳杆菌 MP108 协同调节大鼠免疫功能的研究 [J/OL]. 食品与发酵工业，2024，4 (28) 1-11.
[457] 赵玥明，侯艳梅，赵怡晴. 鼠李糖乳杆菌 MP108 缓解细菌性腹泻的作用研究 [J]. 食品工业科技，2022，43 (21): 20-27.
[458] 谢佩珊，郭仲伟，蔡宜钧，等. 用于抑制口腔病原菌的乳酸菌菌株的食品、口腔清洁以及医药组合物 [P]. 中国台湾: CN201711155468. 8, 2021-09-14.
[459] HSIEH P-S, AN Y, TSAI Y-C, et al. Potential of probiotic strains to modulate the inflammatory responses of epithelial and immune cells in vitro [J]. New Microbiol, 2013, 36 (2): 167-179.
[460] 袁凯涛，刘冠环，左继东. 唾液乳杆菌、嗜酸乳杆菌及植物乳杆菌三联活菌制剂联合三联疗法根除幽门螺杆菌的临床研究 [J]. 中国医学创新，2017，14 (10): 36-39.
[461] AGüERO N D L, FRIZZO L S, OUWEHAND A C, et al. Technological characterisation of probiotic lactic acid bacteria as starter cultures for dry fermented sausages [J]. Foods, 2020, 9 (5): 596.
[462] VALE G C, MAYER M P A. Effect of probiotic Lactobacillus rhamnosus by-products on gingival epithelial cells challenged with Porphyromonas gingivalis [J]. Archives of Oral Biology, 2021, 128: 105174.
[463] MATSUBARA V H, ISHIKAWA K H, ANDO-SUGUIMOTO E S, et al. Probiotic bacteria alter pattern-recognition receptor expression and cytokine profile in a human macrophage model challenged with Candida albicans and lipopolysaccharide [J]. Frontiers in Microbiology, 2017, 8: 2280.
[464] MIYAZIMA T Y, ISHIKAWA K H, MAYER M P A, et al. Cheese supplemented with probiotics reduced the Candida levels in denture wearers—RCT [J]. Oral Diseases, 2017, 23 (7): 919-925.

[465] HUANG C, YUE Q, SUN L, et al. Restorative effects of Lactobacillus rhamnosus LR-32 on the gut microbiota, barrier integrity, and 5-HT metabolism in reducing feather-pecking behavior in laying hens with antibiotic-induced dysbiosis [J]. Frontiers in Microbiology, 2023, 14: 1173804.

[466] SALVA S, NUñEZ M, VILLENA J, et al. Development of a fermented goats′ milk containing Lactobacillus rhamnosus: in vivo study of health benefits [J]. Journal of the Science of Food and Agriculture, 2011, 91 (13): 2355-2362.

[467] ZELAYA H, TSUKIDA K, CHIBA E, et al. Immunobiotic lactobacilli reduce viral-associated pulmonary damage through the modulation of inflammation - coagulation interactions [J]. International Immunopharmacology, 2014, 19 (1): 161-173.

[468] SALVA S, MERINO M C, AGüERO G, et al. Dietary supplementation with probiotics improves hematopoiesis in malnourished mice [J]. PloS One, 2012, 7 (2): e31171.

[469] SALVA S, VILLENA J, ALVAREZ S. Immunomodulatory activity of Lactobacillus rhamnosus strains isolated from goat milk: impact on intestinal and respiratory infections [J]. International Journal of Food Microbiology, 2010, 141 (1-2): 82-89.

[470] TOMOSADA Y, CHIBA E, ZELAYA H, et al. Nasally administered Lactobacillus rhamnosus strains differentially modulate respiratory antiviral immune responses and induce protection against respiratory syncytial virus infection [J]. BMC Immunology, 2013, 14: 1-16.

[471] VILLENA J C, SALVA M S, NUñEZ M S, et al. Probiotics for everyone! The novel immunobiotic Lactobacillus rhamnosus CRL1505 and the beginning of Social Probiotic Programs in Argentina [J]. International Journal of Biotechnology for Wellness Industries, 2012, 1: 189-198.

[472] KöHLER G A, ASSEFA S, REID G. Probiotic interference of Lactobacillus rhamnosus GR-1 and Lactobacillus reuteri RC-14 with the opportunistic fungal pathogen Candida albicans [J]. Infectious Diseases in Obstetrics and Gynecology, 2012, 2012: 636474.

[473] BRUCE A W, REID G. Intravaginal instillation of lactobacilli for prevention of recurrent urinary tract infections [J]. Canadian Journal of Microbiology, 1988, 34 (3): 339-343.

[474] PETROVA M I, MACKLAIM J M, WUYTS S, et al. Comparative genomic and phenotypic analysis of the vaginal probiotic Lactobacillus rhamnosus GR-1 [J]. Frontiers in Microbiology, 2018, 9: 1278.

[475] YANG S, REID G, CHALLIS J R G, et al. Effect of oral probiotic Lactobacillus rhamnosus GR-1 and Lactobacillus reuteri RC-14 on the vaginal microbiota, cytokines and chemokines in pregnant women [J]. Nutrients, 2020, 12 (2): 368.

[476] VUJIC G, KNEZ A J, STEFANOVIC V D, et al. Efficacy of orally applied probiotic capsules for bacterial vaginosis and other vaginal infections: a double - blind, randomized, placebo-controlled study [J]. European Journal of Obstetrics & Gynecology and Reproductive Biology, 2013, 168 (1): 75-79.

[477] MARTINEZ R C R, FRANCESCHINI S A, PATTA M C, et al. Improved treatment of vulvovaginal candidiasis with fluconazole plus probiotic Lactobacillus rhamnosus GR-1 and Lactobacillus reuteri RC-14 [J]. Letters in Applied Microbiology, 2009, 48 (3): 269-274.

[478] LIU J, FENG X, LI B, et al. Lactobacillus rhamnosus GR-1 alleviates Escherichia coli -induced inflammation via NF-κB and MAPKs signaling in bovine endometrial epithelial cells [J]. Frontiers in Cellular and Infection Microbiology, 2022, 12: 809674.

[479] KIM B, SHYNLOVA O, LYE S. Probiotic Lactobacillus rhamnosus GR-1 is a unique prophylactic agent that suppresses infection-induced myometrial cell responses [J]. Scientific Reports, 2019, 9 (1): 4698.

[480] GU X, BI N, WANG T, et al. Probiotic Lactobacillus rhamnosus GR-1 supplementation attenuates Pb-induced learning and memory deficits by reshaping the gut microbiota [J]. Frontiers in Nutrition, 2022, 9: 934118.

[481] SPACOVA I, VAN BEECK W, SEYS S, et al. Lactobacillus rhamnosus probiotic prevents airway function deterioration and promotes gut microbiome resilience in a murine asthma model [J]. Gut Microbes, 2020, 11 (6): 1729-1744.

[482] ROSE JøRGENSEN M, THESTRUP RIKVOLD P, LICHTENBERG M, et al. Lactobacillus rhamnosus strains of oral and vaginal origin show strong antifungal activity in vitro [J]. Journal of Oral Microbiology, 2020, 12 (1): 1832832.

[483] DARDMEH F, NIELSEN H I, ALIPOUR H, et al. Potential nociceptive regulatory effect of probiotic Lactobacillus rhamnosus PB01 (DSM 14870) on mechanical sensitivity in diet - induced obesity model [J]. Pain Research and Management, 2016, 2016: 5080438.

[484] ALIPOUR H, GAZERANI P, HEIDARI M, et al. Modulatory effect of probiotic Lactobacillus rhamnosus PB01 on mechanical sensitivity in a female diet-induced obesity

model [J]. Pain Research and Management, 2021, 2021: 5563959.

[485] DARDMEH F, ALIPOUR H, GAZERANI P, et al. Lactobacillus rhamnosus PB01 (DSM 14870) supplementation affects markers of sperm kinematic parameters in a diet-induced obesity mice model [J]. PloS One, 2017, 12 (10): e0185964.

[486] ALEMKA A, CLYNE M, SHANAHAN F, et al. Probiotic colonization of the adherent mucus layer of HT29MTXE12 cells attenuates Campylobacter jejuni virulence properties [J]. Infection and Immunity, 2010, 78 (6): 2812-2822.

[487] SHERMAN P M, JOHNSON-HENRY K C, YEUNG H P, et al. Probiotics reduce enterohemorrhagic Escherichia coli O157: H7-and enteropathogenic E. coli O127: H6-induced changes in polarized T84 epithelial cell monolayers by reducing bacterial adhesion and cytoskeletal rearrangements [J]. Infection and Immunity, 2005, 73 (8): 5183-5188.

[488] JEFFREY M P, TAGGART H J, STRAP J L, et al. Milk fermented with Lactobacillus rhamnosus R0011 induces a regulatory cytokine profile in LPS-challenged U937 and THP-1 macrophages [J]. Current Research in Food Science, 2020, 3: 51-58.

[489] RAHIMPOUR M, ASHABI G, RAHIMI A M, et al. Lactobacillus rhamnosus R0011 treatment enhanced efficacy of capecitabine against colon cancer in male balb/c mice [J]. Nutrition and Cancer, 2022, 74 (7): 2622-2631.

[490] LI H, WANG J, FU Y, et al. The bioavailability of glycyrrhizinic acid was enhanced by probiotic Lactobacillus rhamnosus R0011 supplementation in liver fibrosis rats [J]. Nutrients, 2022, 14 (24): 5278.

[491] CHERNYSHOV P V. Randomized, placebo-controlled trial on clinical and immunologic effects of probiotic containing Lactobacillus rhamnosus R0011 and L. helveticus R0052 in infants with atopic dermatitis [J]. Microbial Ecology in Health and Disease, 2009, 21 (3-4): 228-232.

[492] EVANS M, SALEWSKI R P, CHRISTMAN M C, et al. Effectiveness of Lactobacillus helveticus and Lactobacillus rhamnosus for the management of antibiotic - associated diarrhoea in healthy adults: a randomised, double-blind, placebo-controlled trial [J]. British Journal of Nutrition, 2016, 116 (1): 94-103.

[493] GUPTA H, KIM S H, KIM S K, et al. Beneficial shifts in gut microbiota by Lacticaseibacillus rhamnosus R0011 and Lactobacillus helveticus R0052 in alcoholic hepatitis [J]. Microorganisms, 2022, 10 (7): 1474.

[494] KIATTIWEERASAK A, AUMPAN N, CHONPRASERTSUK S, et al. Efficacy and safety of Lacticaseibacillus rhamnosus R0011 and Lactobacillus helveticus R0052 as adjuvant for Helicobacter pylori eradication: A double-blind, randomized, placebo-controlled study [J]. Frontiers in Gastroenterology, 2023, 2: 1245993.

[495] DOMINICI L, VILLARINI M, TROTTA F, et al. Protective effects of probiotic Lactobacillus rhamnosus IMC501 in mice treated with PhIP [J]. Journal of Microbiology and Biotechnology, 2014, 24 (3): 371-378.

[496] OFELIO C, PLANAS M, PINTADO J. Administration of the probiotic Lactobacillus rhamnosus IMC 501 as a strategy for the control of Vibrio bacteria in the brine shrimp Artemia [J]. Letters in Applied Microbiology, 2021, 73 (3): 336-342.

[497] 鄢梦洁，张欢欢，路江浩，等. 对阴道炎主要致病菌有抑菌活性乳杆菌的筛选及特性 [J]. 中国微生态学杂志，2021，33 (2)：161-165.

[498] 敖晓琳，蒲彪，蔡义民，等. 发酵乳杆菌及其益生特性研究进展 [J]. 食品与生物技术学报，2015，34 (2)：121-127.

[499] 庞洁，周娜，刘鹏，等. 罗伊氏乳杆菌的益生功能 [J]. 中国生物工程杂志，2011，31 (5)：131-137.

[500] DíAZ-ROPERO M P, MARTIN R, SIERRA S, et al. Two Lactobacillus strains, isolated from breast milk, differently modulate the immune response [J]. Journal of Applied Microbiology, 2007, 102 (2): 337-343.

[501] PEREZ-CANO F J, DONG H, YAQOOB P. In vitro immunomodulatory activity of Lactobacillus fermentum CECT5716 and Lactobacillus salivarius CECT5713: two probiotic strains isolated from human breast milk [J]. Immunobiology, 2010, 215 (12): 996-1004.

[502] GIL-CAMPOS M, LóPEZ M Á, RODRIGUEZ-BENíTEZ M V, et al. Lactobacillus fermentum CECT 5716 is safe and well tolerated in infants of 1-6 months of age: a randomized controlled trial [J]. Pharmacological Research, 2012, 65 (2): 231-238.

[503] OLIVARES M, DíAZ-ROPERO M P, SIERRA S, et al. Oral intake of Lactobacillus fermentum CECT5716 enhances the effects of influenza vaccination [J]. Nutrition, 2007, 23 (3): 254-260.

[504] ARROYO R, MARTíN V, MALDONADO A, et al. Treatment of infectious mastitis during lactation: antibiotics versus oral administration of Lactobacilli isolated from breast milk [J]. Clinical Infectious Diseases, 2010, 50 (12): 1551-1558.

[505] MALDONADO-LOBóN J A, DíAZ-LóPEZ M A, CARPUTO R, et al. Lactobacillus fermentum CECT 5716 reduces Staphylococcus load in the breastmilk of lactating mothers suffering breast pain: A randomized controlled trial [J]. Breastfeeding Medicine, 2015, 10 (9): 425-432.

[506] HURTADO J A, MALDONADO-LOBóN J A, DíAZ-ROPERO M P, et al. Oral administration to nursing women of Lactobacillus fermentum CECT5716 prevents lactational mastitis development: A randomized controlled trial [J]. Breastfeeding Medicine, 2017, 12 (4): 202-209.

[507] ZANETTA P, SQUARZANTI D F, DI COSTE A, et al. In Vitro Selection of Lactobacillus and Bifidobacterium Probiotic Strains for the Management of Oral Pathobiont Infections Associated to Systemic Diseases [J]. International Journal of Molecular Sciences, 2022, 23 (24): 16163.

[508] ZANETTA P, SQUARZANTI D F, DI COSTE A, et al. Growth Conditions Influence Lactobacillus Cell-Free Supernatant Impact on Viability, Biofilm Formation, and Co-Aggregation of the Oral Periodontopathogens Fusobacterium nucleatum and Porphyromonas gingivalis [J]. Biomedicines, 2023, 11 (3): 859.

[509] ROSANDER A, CONNOLLY E, ROOS S. Removal of antibiotic resistance gene-carrying plasmids from Lactobacillus reuteri ATCC 55730 and characterization of the resulting daughter strain, L. reuteri DSM 17938 [J]. Applied and Environmental Microbiology, 2008, 74 (19): 6032-6040.

[510] CUI X, SHI Y, GAO S, et al. Effects of Lactobacillus reuteri DSM 17938 in preterm infants: a double-blinded randomized controlled study [J]. Italian Journal of Pediatrics, 2019, 45: 1-7.

[511] INDRIO F, RIEZZO G, RAIMONDI F, et al. Lactobacillus reuteri accelerates gastric emptying and improves regurgitation in infants [J]. European Journal of Clinical Investigation, 2011, 41 (4): 417-422.

[512] DINLEYICI E C, DALGIC N, GUVEN S, et al. Lactobacillus reuteri DSM 17938 shortens acute infectious diarrhea in a pediatric outpatient setting [J]. Jornal de Pediatria, 2015, 91: 392-396.

[513] WEIZMAN Z, ABU-ABED J, BINSZTOK M. Lactobacillus reuteri DSM 17938 for the management of functional abdominal pain in childhood: a randomized, double-blind, placebo-controlled trial [J]. The Journal of Pediatrics, 2016, 174: 160-164.

[514] KUBOTA M, ITO K, TOMIMOTO K, et al. Lactobacillus reuteri DSM 17938 and magnesium oxide in children with functional chronic constipation: a double-blind and randomized clinical trial [J]. Nutrients, 2020, 12 (1): 225.

[515] ŽAJA O, FIOLIc M, cUK M C, et al. The role of L. reuteri DSM17938 in nutritional recovery and treatment of constipation in children and adolescents with anorexia nervosa-a randomized, double blind, placebo controlled study [J]. Clinical Nutrition ESPEN, 2021, 46: 47-53.

[516] GARCíA-CONTRERAS A A, VáSQUEZ-GARIBAY E M, SáNCHEZ-RAMíREZ C A, et al. Lactobacillus reuteri DSM 17938 and agave inulin in children with cerebral palsy and chronic constipation: a double-blind randomized placebo controlled clinical trial [J]. Nutrients, 2020, 12 (10): 2971.

[517] CRUCIIET S, HIRSCH S, VILLA-LóPEZ D, et al. Limosilactobacillus reuteri DSM 17938 and ATCC PTA 6475 for the treatment of moderate to severe irritable bowel syndrome in adults: a randomized controlled trial [J]. Frontiers in Gastroenterology, 2024, 2: 1296048.

[518] RIEZZO G, CHIMIENTI G, ORLANDO A, et al. Effects of long-term administration of Lactobacillus reuteri DSM-17938 on circulating levels of 5-HT and BDNF in adults with functional constipation [J]. Beneficial Microbes, 2019, 10 (2): 137-147.

[519] HOLZ C, BUSJAHN A, MEHLING H, et al. Significant reduction in Helicobacter pylori load in humans with non-viable Lactobacillus reuteri DSM17648: a pilot study [J]. Probiotics and Antimicrobial Proteins, 2015, 7: 91-100.

[520] BUCKLEY M, LACEY S, DOOLAN A, et al. The effect of Lactobacillus reuteri supplementation in Helicobacter pylori infection: a placebo-controlled, single-blind study [J]. BMC Nutrition, 2018, 4: 1-8.

[521] ISMAIL N I, NAWAWI K N M, HSIN D C C, et al. Probiotic containing Lactobacillus reuteri DSM 17648 as an adjunct treatment for Helicobacter pylori infection: A randomized, double-blind, placebo-controlled trial [J]. Helicobacter, 2023, 28 (6): e13017.

[522] IVASHKIN V, MAEV I, POLUEKTOVA E, et al. Efficacy and Safety of Postbiotic Contained Inactivated Lactobacillus reuteri (Limosilactobacillus reuteri) DSM 17648 as Adjuvant Therapy in the Eradication of Helicobacter pylori in Adults With Functional Dyspepsia: A Randomized Double-Blind Placebo-Controlled Trial. [J]. Clinical and

Translational Gastroenterology, 2024, 15 (9): pe1.

[523] YANG C, LIANG L, LV P, et al. Effects of non-viable Lactobacillus reuteri combining with 14-day standard triple therapy on Helicobacter pylori eradication: A randomized double-blind placebo-controlled trial [J]. Helicobacter, 2021, 26 (6): e12856.

[524] SCHEPPER J D, COLLINS F L, RIOS-ARCE N D, et al. Probiotic Lactobacillus reuteri prevents postantibiotic bone loss by reducing intestinal dysbiosis and preventing barrier disruption [J]. Journal of Bone and Mineral Research, 2019, 34 (4): 681-698.

[525] MCCABE L R, IRWIN R, SCHAEFER L, et al. Probiotic use decreases intestinal inflammation and increases bone density in healthy male but not female mice [J]. Journal of Cellular Physiology, 2013, 228 (8): 1793-1798.

[526] BRITTON R A, IRWIN R, QUACH D, et al. Probiotic L. reuteri treatment prevents bone loss in a menopausal ovariectomized mouse model [J]. Journal of Cellular Physiology, 2014, 229 (11): 1822-1830.

[527] LI P, JI B, LUO H, et al. One-year supplementation with Lactobacillus reuteri ATCC PTA 6475 counteracts a degradation of gut microbiota in older women with low bone mineral density [J]. Npj Biofilms and Microbiomes, 2022, 8 (1): 84.

[528] VARIAN B J, POUTAHIDIS T, DIBENEDICTIS B T, et al. Microbial lysate upregulates host oxytocin [J]. Brain, Behavior, and Immunity, 2017, 61: 36-49.

[529] LIN Y P, THIBODEAUX C H, PEñA J A, et al. Probiotic Lactobacillus reuteri suppress proinflammatory cytokines via c-Jun [J]. Inflammatory Bowel Diseases, 2008, 14 (8): 1068-1083.

[530] ROMANI VESTMAN N, CHEN T, LIF HOLGERSON P, et al. Oral microbiota shift after 12-week supplementation with Lactobacillus reuteri DSM 17938 and PTA 5289; a randomized control trial [J]. PLoS One, 2015, 10 (5): e0125812.

[531] GUPTA N, FERREIRA J, HONG C H L, et al. Lactobacillus reuteri DSM 17938 and ATCC PTA 5289 ameliorates chemotherapy-induced oral mucositis [J]. Scientific Reports, 2020, 10 (1): 16189.

[532] ALFORAIDI S, BRESIN A, ALMOSA N, et al. Effect of drops containing Lactobacillus reuteri (DSM 17938 and ATCC PTA 5289) on plaque acidogenicity and other caries-related variables in orthodontic patients [J]. BMC Microbiology, 2021, 21: 1-10.

[533] BORRELL GARCíA C, RIBELLES LLOP M, GARCíA ESPARZA M Á, et al. The use

of Lactobacillus reuteri DSM 17938 and ATCC PTA 5289 on oral health indexes in a school population: A pilot randomized clinical trial [J]. International Journal of Immunopathology and Pharmacology, 2021, 35: 20587384211031107.

[534] SCHLAGENHAUF U, REHDER J, GELBRICH G, et al. Consumption of Lactobacillus reuteri-containing lozenges improves periodontal health in navy sailors at sea: A randomized controlled trial [J]. Journal of Periodontology, 2020, 91 (10): 1328-1338.

[535] MAYA-BARRIOS A, LIRA-HERNANDEZ K, JIMéNEZ-ESCOBAR I, et al. Limosilactobacillus reuteri ATCC PTA 5289 and DSM 17938 as adjuvants to improve evolution of pharyngitis/tonsillitis in children: randomised controlled trial [J]. Beneficial Microbes, 2021, 12 (2): 137-145.

[536] ZHANG C, XIA S, ZHANG Y, et al. Identification of soybean peptides and their effect on the growth and metabolism of Limosilactobacillus reuteri LR08 [J]. Food Chemistry, 2022, 369: 130923.

[537] WANG J, ZHANG C, WEN Y, et al. Investigating the antibacterial mode of Limosilactobacillus reuteri LR08 regulated by soybean proteins and peptides [J]. Food Chemistry, 2024: 138780.

[538] ZHU S, ZHANG Y, WANG J, et al. Investigating differential expressed genes of Limosilactobacillus reuteri LR08 regulated by soybean protein and peptides [J]. Foods, 2022, 11 (9): 1251.

[539] CHEW S Y, CHEAH Y K, SEOW H F, et al. Probiotic Lactobacillus rhamnosus GR-1 and Lactobacillus reuteri RC-14 exhibit strong antifungal effects against vulvovaginal candidiasis-causing Candida glabrata isolates [J]. Journal of Applied Microbiology, 2015, 118 (5): 1180-1190.

[540] REID G, CHARBONNEAU D, ERB J, et al. Oral use of Lactobacillus rhamnosus GR-1 and L. fermentum RC-14 significantly alters vaginal flora: randomized, placebo-controlled trial in 64 healthy women [J]. FEMS Immunology & Medical Microbiology, 2003, 35 (2): 131-134.

[541] HUMMELEN R, CHANGALUCHA J, BUTAMANYA N L, et al. Lactobacillus rhamnosus GR-1 and L. reuteri RC-14 to prevent or cure bacterial vaginosis among women with HIV [J]. International Journal of Gynecology & Obstetrics, 2010, 111 (3): 245-248.

[542] MARTINEZ R C R, FRANCESCHINI S A, PATTA M C, et al. Improved cure of bacterial vaginosis with single dose of tinidazole (2 g), Lactobacillus rhamnosus GR-1, and Lactobacillus reuteri RC-14: a randomized, double-blind, placebo-controlled trial [J]. Canadian Journal of Microbiology, 2009, 55 (2): 133-138.

[543] 谢佩珊，蔡宜钧，郭仲伟，等. 用以抑制发炎反应及抗阴道炎的含乳酸菌食品组合物及医药组合物 [P]. 中国台湾：CN201110179138. 9，2014-08-20.

[544] 魏艳玲，肖志凤，吕林玲，等. 一种治疗腹泻型肠易激综合征的益生菌组合物及其应用 [P]. 重庆市：CN202210802714. 9，2023-12-22.

[545] GöNüLLü D, AKGöBEK B, PEHLIVAN A D, et al. Utilizing yogurt whey in the production of probiotic beverages: a carrier for Limosilactobacillus reuteri [J]. Journal of Food Measurement and Characterization, 2024, 18 (3): 2054-2064.

[546] JONES M L, MARTONI C J, DI PIETRO E, et al. Evaluation of clinical safety and tolerance of a Lactobacillus reuteri NCIMB 30242 supplement capsule: a randomized control trial [J]. Regulatory Toxicology and Pharmacology, 2012, 63 (2): 313-320.

[547] JONES M L, MARTONI C J, GANOPOLSKY J G, et al. Improvement of gastrointestinal health status in subjects consuming Lactobacillus reuteri NCIMB 30242 capsules: a post-hoc analysis of a randomized controlled trial [J]. Expert Opinion on Biological Therapy, 2013, 13 (12): 1643-1651.

[548] JONES M L, MARTONI C J, PRAKASH S. Oral supplementation with probiotic L. reuteri NCIMB 30242 increases mean circulating 25-hydroxyvitamin D: a post hoc analysis of a randomized controlled trial [J]. The Journal of Clinical Endocrinology & Metabolism, 2013, 98 (7): 2944-2951.

[549] JONES M L, MARTONI C J, PRAKASH S. Cholesterol lowering and inhibition of sterol absorption by Lactobacillus reuteri NCIMB 30242: a randomized controlled trial [J]. European Journal of Clinical Nutrition, 2012, 66 (11): 1234-1241.

[550] JONES M L, MARTONI C J, PARENT M, et al. Cholesterol-lowering efficacy of a microencapsulated bile salt hydrolase-active Lactobacillus reuteri NCIMB 30242 yoghurt formulation in hypercholesterolaemic adults [J]. British Journal of Nutrition, 2012, 107 (10): 1505-1513.

[551] LEE M, PARK J, KIM O-K, et al. Lactobacillus reuteri NCIMB 30242 (LRC) Inhibits Cholesterol Synthesis and Stimulates Cholesterol Excretion in Animal and Cell Models [J]. Journal of Medicinal Food, 2023, 26 (8): 529-539.

［552］孔祥丽，吴昕雨，许晓曦．植物乳杆菌代谢产物抑菌机制与应用研究进展［J］．食品安全质量检测学报，2021，12（8）：3131-3140.
［553］马凯，方曙光，姜甜，等．一种植物乳杆菌 Lp90 及其筛选方法和应用［P］．江苏省：CN201510218310．5，2020-04-10.
［554］方曙光，杨帆，姜甜，等．一种抗衰老益生菌制剂及制备方法［P］．江苏省：CN201610809684．9，2019-09-27.
［555］RUSSO P，DE CHIARA M L V，CAPOZZI V，et al. Lactobacillus plantarum strains for multifunctional oat-based foods［J］．LWT-Food Science and Technology，2016，68：288-294.
［556］LI W，ZHAO Y，ZHAO Y，et al. Improving the viability of Lactobacillus plantarum LP90 by carboxymethylated dextran-whey protein conjugates：The relationship with glass transition temperature［J］．Food Hydrocolloids，2023，134：108102.
［557］XUE Z，CHEN Z，GAO X，et al. Functional protection of different structure soluble dietary fibers from Lentinus edodes as effective delivery substrate for Lactobacillus plantarum LP90［J］．LWT，2021，136：110339.
［558］XUE Z，LI R，LIU J，et al. Preventive and synbiotic effects of the soluble dietary fiber obtained from Lentinula edodes byproducts and Lactobacillus plantarum LP90 against dextran sulfate sodium-induced colitis in mice［J］．Journal of the Science of Food and Agriculture，2023，103（2）：616-626.
［559］方曙光，盖忠辉，朱建国，等．一种抗幽门螺杆菌感染的植物乳杆菌及其应用［P］．江苏省：CN202111636673．2，2022-03-15.
［560］MIRSALAMI S M，ALIHOSSEINI A. The effect of Lactobacillus plantarum LP-115 strain on improving the savor and aroma of milk containing grape sap through fermentation［J］．Food and Humanity，2023，1：404-414.
［561］COSTA G N，MARCELINO-GUIMARãES F C，VILAS-BôAS G T，et al. Potential fate of ingested Lactobacillus plantarum and its occurrence in human feces［J］．Applied and Environmental Microbiology，2014，80（3）：1013-1019.
［562］PAROSCHI T P，BREGANó J W，SIMãO A N C，et al. Effects of sulfasalazine，Lactobacillus plantarum（Lp-115）and fish oil in experimental colitis［J］．SM Journal of Food and Nutritional Disorders，2015，1（1005）：1770-1782.
［563］齐世华，张栋，范如意，等．抑制霉菌植物乳杆菌的筛选及功能研究［J］．食品科技，2020，45（3）：1-7.

[564] HUANG Y, WANG X, WANG J, et al. Lactobacillus plantarum strains as potential probiotic cultures with cholesterol-lowering activity [J]. Journal of Dairy Science, 2013, 96 (5): 2746-2753.

[565] 鄢梦洁，朱磊磊，郭润晴，等. 嗜酸乳杆菌La28和植物乳杆菌LP45对过敏小鼠的干预作用[J]. 微生物学报，2022，62 (3)：797-805.

[566] YANG Y, YAN Z, XIE Q, et al. Lactobacillus plantarum 45 activates SHP2 through inhibition of oxidative stress to regulate osteoblast and osteoclast differentiation [J]. Aging (Albany NY), 2024, 16 (7): 6334.

[567] JIANG X, QI X, XIE C. Lactobacillus plantarum LP45 inhibits the RANKL/OPG signaling pathway and prevents glucocorticoid-induced osteoporosis [J]. Food & Nutrition Research, 2023, 67: 9064.

[568] 陈卫，刘小鸣，田丰伟，等. 一种植物乳杆菌N13及其用途[P]. 江苏省：CN201210057822. 4，2013-04-03.

[569] HU B, TIAN F, WANG G, et al. Enhancement of bile resistance in Lactobacillus plantarum strains by soy lecithin [J]. Letters in Applied Microbiology, 2015, 61 (1): 13-19.

[570] 方曙光，项丽娟，朱明明，等. 植物乳杆菌N13在制备防治阴道炎或抑制病原菌药物中的用途[P]. 江苏省：CN202210791819. 9，2022-10-28.

[571] 方曙光，孔素芬，朱明明，等. 一种植物乳杆菌N13及其在预防或治疗龋齿和牙周炎上的应用[P]. 江苏省：CN202111137085. 4，2022-09-30.

[572] LIU Y, SHENG Y, PAN Q, et al. Identification of the key physiological characteristics of Lactobacillus plantarum strains for ulcerative colitis alleviation [J]. Food & Function, 2020, 11 (2): 1279-1291.

[573] ZHAI Q, YIN R, YU L, et al. Screening of lactic acid bacteria with potential protective effects against cadmium toxicity [J]. Food Control, 2015, 54: 23-30.

[574] ZHAI Q, TIAN F, ZHAO J, et al. Oral administration of probiotics inhibits absorption of the heavy metal cadmium by protecting the intestinal barrier [J]. Applied and Environmental Microbiology, 2016, 82 (14): 4429-4440.

[575] 彭江，翟齐啸，于雷雷，等. 植物乳杆菌CCFM8610对去卵巢大鼠骨质疏松症的改善作用[J]. 食品与发酵工业，2020，46 (18)：13-18.

[576] LIU Y, YU X, YU L, et al. Lactobacillus plantarum CCFM8610 alleviates irritable bowel syndrome and prevents gut microbiota dysbiosis: A randomized, double-blind,

placebo-controlled, pilot clinical trial [J]. Engineering, 2021, 7 (3): 376-385.

[577] 陈臣，周方方，吴正钧，等. 荧光标记法初探植物乳杆菌 ST-Ⅲ对 Caco-2 细胞的粘附机理 [J]. 微生物学通报，2010，37 (3)：355-361.

[578] 马成杰，杜昭平，华宝珍，等. 植物乳杆菌 ST-Ⅲ在豆乳中的发酵特性及发酵豆乳的贮藏稳定性 [J]. 食品科学，2013，34 (5)：151-155.

[579] 李云龙，欧阳博雅，周一鸣，等. 植物乳杆菌 ST-Ⅲ发酵苦荞面团中蛋白质降解变化的研究 [J]. 中国粮油学报，2022，37 (8)：111-119.

[580] GUO M, LI R, WANG Y, et al. Lactobacillus plantarum ST-III modulates abnormal behavior and gut microbiota in a mouse model of autism spectrum disorder [J]. Physiology & Behavior, 2022, 257: 113965.

[581] YAN M, CHEN W, LI N, et al. Impact of Lactobacillus plantarum ST-III on the composition of infant gut microbiota and its potential synergism with breast milk and infant formula as revealed by an in vitro study [J]. International Dairy Journal, 2018, 85: 66-72.

[582] MORAES FILHO M L, BUSANELLO M, GARCIA S. Probiotic creamy soy sauce with Lactobacillus plantarum BG 112 [J]. British Food Journal, 2019, 121 (11): 2746-2758.

[583] PLANK B C A, GUERGOLETTO K B, ROCHA T S. Improved Bacterial Survival and Antioxidant Activity After In Vitro Digestion of Fermented Dairy Beverages by Lacticaseibacillus casei LC-01 and Lactiplantibacillus plantarum BG-112 Containing Yacon [J]. Probiotics and Antimicrobial Proteins, 2024: 1-12.

[584] KIESLING Y G, FARINAZZO F S, FERNANDES M T C, et al. Coconut Water Fermented by Lactobacillus plantarum with Inulin Addition: Development of a Potentially Synbiotic Beverage [J]. Brazilian Journal of Development, 2020, 6 (7): 42324-42337.

[585] LEW L-C, CHOI S-B, KHOO B-Y, et al. Lactobacillus plantarum DR7 reduces cholesterol via phosphorylation of AMPK that down-regulated the mRNA expression of HMG-CoA reductase [J]. Korean Journal for Food Science of Animal Resources, 2018, 38 (2): 350.

[586] CHONG H-X, YUSOFF N A A, HOR Y-Y, et al. Lactobacillus plantarum DR7 improved upper respiratory tract infections via enhancing immune and inflammatory parameters: A randomized, double-blind, placebo-controlled study [J]. Journal of

Dairy Science, 2019, 102 (6): 4783-4797.

[587] ZAYDI A I, LEW L C, HOR Y Y, et al. Lactobacillus plantarum DR7 improved brain health in aging rats via the serotonin, inflammatory and apoptosis pathways [J]. Beneficial Microbes, 2020, 11 (8): 753-766.

[588] TAN F H P, LIU G, LAU S Y, et al. Lactobacillus probiotics improved the gut microbiota profile of a Drosophila melanogaster Alzheimer' s disease model and alleviated neurodegeneration in the eye [J]. Beneficial Microbes, 2020, 11 (1): 79-89.

[589] CHONG H X, YUSOFF N A A, HOR Y Y, et al. Lactobacillus plantarum DR7 alleviates stress and anxiety in adults: a randomised, double-blind, placebo-controlled study [J]. Beneficial Microbes, 2019, 10 (4): 355-373.

[590] LIU G, CHONG H-X, CHUNG F Y-L, et al. Lactobacillus plantarum DR7 modulated bowel movement and gut microbiota associated with dopamine and serotonin pathways in stressed adults [J]. International Journal of Molecular Sciences, 2020, 21 (13): 4608.

[591] 张世奇, 张迪, 王婷婷, 等. 一种植物乳杆菌及其用途 [P]. 北京市: CN202010002627. 6, 2023-04-21.

[592] ZHANG S, WANG T, ZHANG D, et al. Probiotic characterization of Lactiplantibacillus plantarum HOM3204 and its restoration effect on antibiotic-induced dysbiosis in mice [J]. Letters in Applied Microbiology, 2022, 74 (6): 949-958.

[593] ZHANG D, SHIN H, WANG T, et al. Whole Genome Sequence of Lactiplantibacillus plantarum HOM3204 and Its Antioxidant Effect on D-Galactose-Induced Aging in Mice [J]. Journal of Microbiology and Biotechnology, 2023, 33 (8): 1030.

[594] 刘文君, 吕瑞瑞, 李伟程, 等. 基于比较基因组学揭示不同植物乳杆菌的遗传特征及菌株差异——以 Lactobacillus plantarum P9 和 Lp-6 研究为例 [J]. 微生物学报, 2021, 61 (8): 2370-2381.

[595] HE Q, HUANG J, ZHENG T, et al. Treatment with mixed probiotics induced, enhanced and diversified modulation of the gut microbiome of healthy rats [J]. FEMS Microbiology Ecology, 2021, 97 (12): fiab151.

[596] FENG C, ZHANG W, ZHANG T, et al. Oral administration of pasteurized probiotic fermented milk alleviates dextran sulfate sodium-induced inflammatory bowel disease in rats [J]. Journal of Functional Foods, 2022, 94: 105140.

[597] ZHA M, LI K, ZHANG W, et al. Untargeted mass spectrometry-based metabolomics

approach unveils molecular changes in milk fermented by Lactobacillus plantarum P9 [J]. LWT, 2021, 140: 110759.

[598] CHEN J, LI K, ZHANG W, et al. The antifungal activity of Lactiplantibacillus plantarum P9 relates to fatty acid synthesis and purine metabolism-related genes [J]. Food Bioscience, 2024, 59: 103987.

[599] 唐田，沈真如，石璐，等. 植物乳杆菌 P9 对小鼠功能性便秘的作用及机制 [J]. 食品科学，2023，44（9）：123-130.

[600] MA T, YANG N, XIE Y, et al. Effect of the probiotic strain, Lactiplantibacillus plantarum P9, on chronic constipation: A randomized, double-blind, placebo-controlled study [J]. Pharmacological Research, 2023, 191: 106755.

[601] YANG N, Ma T, XIE Y, et al. Lactiplantibacillus plantarum P9 for chronic diarrhea in young adults: a large double-blind, randomized, placebo-controlled trial [J]. Nature Communications, 2023, 15: 6823.

[602] LI C, MA Y, MI Z, et al. Screening for Lactobacillus plantarum strains that possess organophosphorus pesticide-degrading activity and metabolomic analysis of phorate degradation [J]. Frontiers in Microbiology, 2018, 9: 2048.

[603] 陈永福，张和平，李常坤. 一株具有广谱抑菌特性的植物乳杆菌 AB-1 及其应用 [P]. 内蒙古自治区：CN201510232204. 2，2016-02-03.

[604] 黄超，迟原龙，黄紫霖，等. 植物乳杆菌 AB-1 降解亚硝酸钠的条件优化 [J]. 中国酿造，2014，33（9）：13-16.

[605] YANG X, LI J, SHI G, et al. Improving 3-phenyllactic acid production of Lactobacillus plantarum AB-1 by enhancing its quorum-sensing capacity [J]. Journal of Food Science and Technology, 2019, 56: 2605-2610.

[606] QIAN Y, MA L, ZENG M, et al. Amelioration of dextran sulfate sodium-induced colitis by autoinducer-2-deficient Lactiplantibacillus plantarum is mediated by anti-inflammatory effects and alleviation of dysbiosis of the gut microbiota [J]. Frontiers in Microbiology, 2022, 13: 1013586.

[607] 陈卫，田丰伟，陈晓华，等. 一种抗幽门螺杆菌感染的植物乳杆菌及其用途 [P]. 江苏省：CN201110059827. 6，2012-10-03.

[608] QIU L, ZHANG M, CHANG L. Effects of lactic acid bacteria fermentation on the phytochemicals content, taste and aroma of blended edible rose and shiitake beverage [J]. Food Chemistry, 2023, 405: 134722.

[609] FEI Y, WANG R, LU J, et al. Probiotic intervention benefits multiple neural behaviors in older adults with mild cognitive impairment [J]. Geriatric Nursing, 2023, 51: 167-175.

[610] ZHAO Y, LIU Q, HOU Y, et al. Alleviating effects of gut micro-ecologically regulatory treatments on mice with constipation [J]. Frontiers in Microbiology, 2022, 13: 956438.

[611] RIED K, TRAVICA N, PAYE Y, et al. Effects of a Probiotic Formulation on Seasonal Allergic Rhinitis in Adults—A Randomized Double-Blind Placebo-Controlled Trial: The Probiotics for Hay Fever Trial [J]. Frontiers in Nutrition, 2022, 9: 887978.

[612] LIN C-W, CHEN Y-T, HO H-H, et al. Impact of the food grade heat-killed probiotic and postbiotic oral lozenges in oral hygiene [J]. Aging (Albany NY), 2022, 14 (5): 2221.

[613] LIN W-Y, KUO Y-W, CHEN C-W, et al. The Function of Mixed Postbiotic PE0401 in Improving Intestinal Health via Elevating Anti-inflammation, Anti-oxidation, Epithelial Tight Junction Gene Expression and Promoting Beneficial Bacteria Growth [J]. Journal of Pure & Applied Microbiology, 2022, 16 (3): 1771-1782.

[614] GAO J, XU C, TIAN G, et al. A study revealing mechanisms behind the stone cell of Yali pear degradation by mixed-culture fermentation of lactic acid bacteria and yeast [J]. EFood, 2024, 5 (3): e153.

[615] 曹维超，马明磊，潘玉林，等. 一株植物乳杆菌 JYLP-326 及其对睡眠的改善应用和产品 [P]. 山东省：CN201911164848. 7，2020-10-02.

[616] ZHU R, ZHAO X, WU H, et al. Psychobiotics Lactiplantibacillus plantarum JYLP-326: Antidepressant-like effects on CUMS-induced depressed mouse model and alleviation of gut microbiota dysbiosis [J]. Journal of Affective Disorders, 2024, 354: 752-764.

[617] ZHU R, FANG Y, LI H, et al. Psychobiotic Lactobacillus plantarum JYLP-326 relieves anxiety, depression, and insomnia symptoms in test anxious college via modulating the gut microbiota and its metabolism [J]. Frontiers in Immunology, 2023, 14: 1158137.

[618] 潘玉林，曹维超，马明磊，等. 一种植物乳杆菌 JYLP-002 及其制备的产品和应用 [P]. 山东省：CN201810629862. 9，2019-06-28.

[619] ZHAO M, WANG Z, DU S, et al. Lactobacillus plantarum and propionic acid improve

the fermentation quality of high - moisture amaranth silage by altering the microbial community composition [J]. Frontiers in Microbiology, 2022, 13: 1066641.

[620] JEONG J - J, GANESAN R, JIN Y - J, et al. Multi - strain probiotics alleviate loperamide- induced constipation by adjusting the microbiome, serotonin, and short - chain fatty acids in rats [J]. Frontiers in Microbiology, 2023, 14: 1174968.

[621] SHASTRI M D, CHONG W C, VEMURI R, et al. Streptococcus thermophilus UASt-09 upregulates goblet cell activity in colonic epithelial cells to a greater degree than other probiotic strains [J]. Microorganisms, 2020, 8 (11): 1758.

[622] LI N, WANG Q, WANG Y, et al. Oral probiotics ameliorate the behavioral deficits induced by chronic mild stress in mice via the gut microbiota-inflammation axis [J]. Frontiers in Behavioral Neuroscience, 2018, 12: 266.

[623] EDEBOL CARLMAN H M T, RODE J, KöNIG J, et al. Probiotic mixture containing lactobacillus helveticus, Bifidobacterium longum and Lactiplantibacillus plantarum affects brain responses to an arithmetic stress task in healthy subjects: a randomised clinical trial and proof-of-concept study [J]. Nutrients, 2022, 14 (7): 1329.

[624] RODE J, EDEBOL CARLMAN H M T, KöNIG J, et al. Probiotic mixture containing lactobacillus helveticus, Bifidobacterium longum and Lactiplantibacillus plantarum affects brain responses toward an emotional task in healthy subjects: a randomized clinical trial [J]. Frontiers in Nutrition, 2022, 9: 827182.

[625] BECHEANU C A, SMĂDEANU R E, ŢINCU I F. Effect of a Symbiotic Mixture on Fecal Microbiota in Pediatric Patients Suffering of Functional Abdominal Pain Disorders [J]. Processes, 2021, 9 (12): 2157.

[626] TREMBLAY A, FATANI A, FORD A L, et al. Safety and effect of a low-and high-dose multi-strain probiotic supplement on microbiota in a general adult population: a randomized, double - blind, placebo - controlled study [J]. Journal of Dietary Supplements, 2021, 18 (3): 227-247.

[627] YANG Y, SONG X, WANG G, et al. Understanding Ligilactobacillus salivarius from Probiotic Properties to Omics Technology: A Review [J]. Foods, 2024, 13 (6): 895.

[628] HSIEH P S, TSAI Y C, CHEN Y C, et al. Eradication of H elicobacter pylori Infection by the Probiotic Strains L actobacillus johnsonii MH-68 and L. salivarius ssp. salicinius AP-32 [J]. Helicobacter, 2012, 17 (6): 466-477.

[629] LIN W-Y, KUO Y-W, CHEN C-W, et al. Viable and heat-killed probiotic strains improve oral immunity by elevating the IgA concentration in the oral mucosa [J]. Current Microbiology, 2021, 78 (9): 3541-3549.

[630] HSIEH P-S, HO H-H, HSIEH S-H, et al. Lactobacillus salivarius AP-32 and Lactobacillus reuteri GL-104 decrease glycemic levels and attenuate diabetes-mediated liver and kidney injury in db/db mice [J]. BMJ Open Diabetes Research and Care, 2020, 8 (1): e001028.

[631] WANG C-H, YEN H-R, LU W-L, et al. Adjuvant probiotics of Lactobacillus salivarius subsp. salicinius AP-32, L. johnsonii MH-68, and Bifidobacterium animalis subsp. lactis CP-9 attenuate glycemic levels and inflammatory cytokines in patients with type 1 diabetes mellitus [J]. Frontiers in Endocrinology, 2022, 13: 754401.

[632] TSAO S-P, NURRAHMA B A, KUMAR R, et al. Probiotic enhancement of antioxidant capacity and alterations of gut microbiota composition in 6-hydroxydopamin-induced parkinson's disease rats [J]. Antioxidants, 2021, 10 (11): 1823.

[633] POCHAKOM A, MU C, RHO J M, et al. Selective probiotic treatment positively modulates the microbiota - gut - brain Axis in the BTBR mouse model of autism [J]. Brain Sciences, 2022, 12 (6): 781.

[634] 贾长生，王新超，李珮铷. 一种唾液乳杆菌及其应用 [P]. 江苏省: CN202110279176. 5, 2022-06-14.

[635] NOBBS A H, LAMONT R J, JENKINSON H F. Streptococcus adherence and colonization [J]. Microbiology and Molecular Biology Reviews, 2009, 73 (3): 407-450.

[636] IYER R, TOMAR S K, MAHESWARI T U, et al. Streptococcus thermophilus strains: Multifunctional lactic acid bacteria [J]. International Dairy Journal, 2010, 20 (3): 133-141.

[637] 徐显睿，李翠凤，张宗博，等. 乳酸杆菌抑制致病菌及生物保鲜发酵剂特性评价 [J]. 乳业科学与技术，2021，44 (1): 18-22.

[638] PIATEK J, GIBAS-DORNA M, OLEJNIK A, et al. The viability and intestinal epithelial cell adhesion of probiotic strain combination-in vitro study [J]. Annals of Agricultural and Environmental Medicine, 2012, 19 (1): 99-102.

[639] PIATEK J, SOMMERMEYER H, BERNATEK M, et al. Persistent infection by

Salmonella enterica servovar Typhimurium: are synbiotics a therapeutic option? - a case report [J]. Beneficial Microbes, 2019, 10 (2): 211-217.

[640] LIU Q, YANG H, KANG X, et al. A Synbiotic Ameliorates Con A - Induced Autoimmune Hepatitis in Mice through Modulation of Gut Microbiota and Immune Imbalance [J]. Molecular Nutrition & Food Research, 2023, 67 (7): 2200428.

[641] LEI C, MU J, TENG Y, et al. Lemon exosome - like nanoparticles - manipulated probiotics protect mice from C. diff infection [J]. IScience, 2020, 23 (10): 101571.

[642] 贾晓蒙，杨玲，路江浩，等. 嗜热链球菌 S131 在改善肠道健康及调节肠道菌群中的应用 [P]. 河北省: CN202210487801. X, 2024-01-26.

[643] 郭润晴，鄢梦洁，杨玲，等. 一株嗜热链球菌 S131 及其在免疫调节领域中的应用 [P]. 河北省: CN202111242232. 4, 2022-03-29.

[644] 贾晓蒙，李思童，路江浩，等. 体外发酵条件下嗜热链球菌 S131 对肠道健康的调控机制 [J]. 现代食品科技, 2023, 39 (11): 41-47.

[645] 李旭阳，郭润晴，路江浩，等. 嗜热链球菌 S131 对巨噬细胞的免疫调节作用研究 [J]. 食品与发酵工业, 2023, 49 (16): 247-252.

[646] 赵林森，李玲，杨玲，等. 那曲 4580 益生菌及其制剂在调节情绪的食品中的应用 [P]. 河北省: CN202010704420. 3, 2020-09-22.

[647] HSU Y - J, HUANG W - C, LIN J - S, et al. Kefir supplementation modifies gut microbiota composition, reduces physical fatigue, and improves exercise performance in mice [J]. Nutrients, 2018, 10 (7): 862.

[648] TOOLEY K L, HOWARTH G S, LYMN K A, et al. Oral ingestion of Streptococcus thermophilus diminishes severity of small intestinal mucositis in methotrexate treated rats [J]. Cancer Biology & Therapy, 2006, 5 (6): 593-600.

[649] WHITFORD E J, CUMMINS A G, BUTLER R N, et al. Effects of Streptococcus thermophilus TH-4 on intestinal mucositis induced by the chemotherapeutic agent, 5-Fluorouracil (5-FU) [J]. Cancer Biology & Therapy, 2009, 8 (6): 505-511.

[650] WANG H, BROOK C L, WHITTAKER A L, et al. Effects of Streptococcus thermophilus TH-4 in a rat model of doxorubicin-induced mucositis [J]. Scandinavian Journal of Gastroenterology, 2013, 48 (8): 959-968.

[651] ALBUQUERQUE M A C, BEDANI R, LEBLANC J G, et al. Passion fruit by-product and fructooligosaccharides stimulate the growth and folate production by starter and

probiotic cultures in fermented soymilk [J]. International Journal of Food Microbiology, 2017, 261: 35-41.

[652] PLUMMER E L, DANIELEWSKI J A, GARLAND S M, et al. The effect of probiotic supplementation on the gut microbiota of preterm infants [J]. Journal of Medical Microbiology, 2021, 70 (8): 001403.

[653] KHEMARIYA P, SINGH S, NATH G, et al. Probiotic Lactococcus lactis: A review [J]. Turkish Journal of Agriculture-Food Science and Technology, 2017, 5 (6): 556-562.

[654] JOUNAI K, IKADO K, SUGIMURA T, et al. Spherical lactic acid bacteria activate plasmacytoid dendritic cells immunomodulatory function via TLR9-dependent crosstalk with myeloid dendritic cells [J]. PloS One, 2012, 7 (4): e32588.

[655] JOUNAI K, SUGIMURA T, MORITA Y, et al. Administration of Lactococcus lactis strain Plasma induces maturation of plasmacytoid dendritic cells and protection from rotavirus infection in suckling mice [J]. International Immunopharmacology, 2018, 56: 205-211.

[656] SUZUKI H, TSUJI R, SUGAMATA M, et al. Administration of plasmacytoid dendritic cell-stimulative lactic acid bacteria is effective against dengue virus infection in mice [J]. International Journal of Molecular Medicine, 2019, 43 (1): 426-434.

[657] SUGIMURA T, JOUNAI K, OHSHIO K, et al. Immunomodulatory effect of Lactococcus lactis JCM5805 on human plasmacytoid dendritic cells [J]. Clinical Immunology, 2013, 149 (3): 509-518.

[658] FUJII T, JOUNAI K, HORIE A, et al. Effects of heat-killed Lactococcus lactis subsp. lactis JCM 5805 on mucosal and systemic immune parameters, and antiviral reactions to influenza virus in healthy adults; a randomized controlled double-blind study [J]. Journal of Functional Foods, 2017, 35: 513-521.

[659] KATO Y, KANAYAMA M, YANAI S, et al. Safety evaluation of excessive intake of Lactococcus lactis Subsp. lactis JCM 5805: A randomized, double-blind, placebo-controlled, parallel-group trial [J]. Food and Nutrition Sciences, 2018, 9 (4): 403-419.

[660] KOMANO Y, SHIMADA K, NAITO H, et al. Efficacy of heat-killed Lactococcus lactis JCM 5805 on immunity and fatigue during consecutive high intensity exercise in male athletes: a randomized, placebo-controlled, double-blinded trial [J]. Journal of the

International Society of Sports Nutrition, 2018, 15: 1-9.

[661] KOKUBO T, KOMANO Y, TSUJI R, et al. The effects of plasmacytoid dendritic cell-stimulative lactic acid bacteria, Lactococcus lactis strain plasma, on exercise-induced fatigue and recovery via immunomodulatory action [J]. International Journal of Sport Nutrition and Exercise Metabolism, 2019, 29 (4): 354-358.

[662] PORTO M C W, KUNIYOSHI T M, AZEVEDO P O S, et al. Pediococcus spp.: An important genus of lactic acid bacteria and pediocin producers [J]. Biotechnology Advances, 2017, 35 (3): 361-374.

[663] 陈卫，赵建新，田丰伟，等. 一种乳酸片球菌CCFM7902及其用途 [P]. 江苏省: CN201210054656. 2, 2013-02-20.

[664] GUPTA R S, PATEL S, SAINI N, et al. Robust demarcation of 17 distinct Bacillus species clades, proposed as novel Bacillaceae genera, by phylogenomics and comparative genomic analyses: description of Robertmurraya kyonggiensis sp. nov. and proposal for an emended genus Bacillus limiting it only to the members of the Subtilis and Cereus clades of species [J]. International Journal of Systematic and Evolutionary Microbiology, 2020, 70 (11): 5753-5798.

[665] ZHANG S, LI P, LEE S, et al. Weizmannia coagulans: An ideal probiotic for gut health [J]. Food Science and Human Wellness, 2024, 13 (1): 16-26.

[666] 方曙光，朱明明，孔素芬，等. 一株益生凝结芽孢杆菌及其应用 [P]. 湖北省: CN202110285874. 6, 2023-01-17.

[667] 方曙光，朱明明，孔素芬，等. 凝结芽孢杆菌BC99在制备缓解结肠炎制品或免疫调节制品方面的用途 [P]. 江苏省: CN202210317985. 5, 2022-10-21.

[668] 方曙光，蒋大成，陈珂可，等. 一种具有缓解口腔炎症功效的益生菌剂及其制备方法和应用 [P]. 江苏省: CN202211227955. 1, 2024-01-30.

[669] 张毅，牛德强，严涛，等. 凝结芽孢杆菌BC99代谢产物抑菌效果研究 [J]. 食品研究与开发, 2022, 43 (9): 192-197.

[670] 郭毫单，吴影，韦玉琼，等. 凝结魏茨曼氏菌BC99应急能量棒研制及抗疲劳效应研究 [J]. 食品工业科技, 2025, 46 (1): 218-230.

[671] STECKER R A, MOON J M, RUSSO T J, et al. Bacillus coagulans GBI-30, 6086 improves amino acid absorption from milk protein [J]. Nutrition & Metabolism, 2020, 17: 1-11.

[672] GEORGES J, LOWERY R P, YAMAN G, et al. The effects of probiotic

supplementation on lean body mass, strength, and power, and health indicators in resistance trained males: a pilot study [J]. Journal of the International Society of Sports Nutrition, 2014, 11: 1-2.

[673] JäGER R, SHIELDS K A, LOWERY R P, et al. Probiotic Bacillus coagulans GBI-30, 6086 reduces exercise-induced muscle damage and increases recovery [J]. PeerJ, 2016, 4: e2276.

[674] RATHMACHER J, PITCHFORD L, KHOO P, et al. Long-term Effects of Calcium β-Hydroxy-β-methylbutyrate (HMB) and Vitamin D3 Supplementation on Muscular Function in Older Adults with and without Resistance Training: A Randomized, Double-blind, Controlled Study. [J]. The Journals of Gerontology: Series A, 2020, 75 (11): 2089 - 2097.

[675] NYANGALE E P, FARMER S, KELLER D, et al. Effect of prebiotics on the fecal microbiota of elderly volunteers after dietary supplementation of Bacillus coagulans GBI-30, 6086 [J]. Anaerobe, 2014, 30: 75-81.

[676] NYANGALE E P, FARMER S, CASH H A, et al. Bacillus coagulans GBI-30, 6086 modulates Faecalibacterium prausnitzii in older men and women [J]. The Journal of Nutrition, 2015, 145 (7): 1446-1452.

[677] KUMAR V V, SUDHA K M, BENNUR S, et al. A prospective, randomized, open-label, placebo-controlled comparative study of Bacillus coagulans GBI-30, 6086 with digestive enzymes in improving indigestion in geriatric population [J]. Journal of Family Medicine and Primary Care, 2020, 9 (2): 1108-1112.

[678] HUN L. Bacillus coagulans significantly improved abdominal pain and bloating in patients with IBS [J]. Postgraduate Medicine, 2009, 121 (2): 119-124.

[679] FITZPATRICK L R, SMALL J S, GREENE W H, et al. Bacillus coagulans GBI-30 (BC30) improves indices of Clostridium difficile-induced colitis in mice [J]. Gut Pathogens, 2011, 3: 1-9.

[680] FITZPATRICK L R, SMALL J S, GREENE W H, et al. Bacillus coagulans GBI-30, 6086 limits the recurrence of Clostridium difficile-induced colitis following vancomycin withdrawal in mice [J]. Gut Pathogens, 2012, 4: 1-9.

[681] ANAYA-LOYOLA M A, ENCISO-MORENO J A, LóPEZ-RAMOS J E, et al. Bacillus coagulans GBI-30, 6068 decreases upper respiratory and gastrointestinal tract symptoms in healthy Mexican scholar-aged children by modulating immune-related

proteins [J]. Food Research International, 2019, 125: 108567.

[682] MANDEL D R, EICHAS K, HOLMES J. Bacillus coagulans: a viable adjunct therapy for relieving symptoms of rheumatoid arthritis according to a randomized, controlled trial [J]. BMC Complementary and Alternative Medicine, 2010, 10: 1-7.

[683] SUVA M A, SUREJA V P, KHENI D B. Novel insight on probiotic Bacillus subtilis: Mechanism of action and clinical applications [J]. Journal of Current Research in Scientific Medicine, 2016, 2 (2): 65-72.

[684] BARLA A N, KANNAN K, KUMAR D P S, et al. Lyophilized B. subtilis ZB183 Spores: 90-Day Repeat Dose Oral (Gavage) Toxicity Study In Wistar Rats [J]. BioRxiv, 2019: 724542.

附　　录

附录一　伯杰氏细菌系统分类

细菌的分类等级（分类单位）和其他生物相同，为界（kindom）、门（phyllum）、纲（class）、目（order）、科（family）、属（genus）、种（species）。细菌属于原核生物界（procaryotae），同一界的还有古细菌（archaebacteria），后来被改名为古菌（archaea）。临床细菌检验常用的分类单位是科、属、种。种是细菌分类的基本单位。形态学和生理学性状相同的细菌群体构成一个菌种；性状相近、关系密切的若干菌种组成属；相近的属归为科，以此类推。在两个相邻等级之间可添加次要的分类单位，如亚门、亚纲、亚属、亚种等。同一菌种不同来源的细菌称该菌的不同菌株（strain），表示任何由一个独立分离的单细胞繁殖而成的纯种群体及其一切后代（起源于共同祖先并保持祖先特性的一组纯种后代群）。具有该种细菌典型特征的菌株称为该菌的标准菌株，在细菌的分类、鉴定和命名时都以标准菌株为依据，标准菌株也可作为质量控制的标准。

细菌的科学名称，是按照“国际命名法规”进行命名并受到国际学术界公认的通用名称。学名由拉丁词或拉丁化的外来词组成。学名的命名主要用双名法，即学名=属名+种加词，其中属名表示微生物的主要特征，首字母大写，由微生物构造、形态或科学家姓氏等词经拉丁化后而成；种加词表示微生物次要特征，首字母小写，可由微生物产的色素或其形状、来源或科学家姓名等词拉丁化而成。例如，大肠埃希菌为 Escherichia coli，金黄色葡萄球菌为 Staphylococcus aureus。当泛指某一属微生物而不特指该属中某一具体种时或者还未确定种名时，可在属名后加 sp. 或 ssp.，分别代表 species 缩写的单数和复数形式，如嗜血杆菌属为 Hacmophilus spp.。菌株的命名在种名后面自行加上数字、地名或符号等，如大肠杆菌 B 株命名为 Escherichia coli B。

细菌分类系统有多种，目前国际上公认和普遍采用的细菌分类系统是伯杰氏分类系统，以下是第 2 版《伯杰氏系统细菌学手册》（*Bergey´s Manual of Systematic Bacteriology*）。与人体关系密切的有厚壁菌门、拟杆菌门、放线菌门、变形菌门、酸杆菌门、梭杆菌门和疣微菌门。

附录二　人体菌属拉丁文与中文对照表

拉丁文	中文
Acetobacter	醋杆菌属
Acidaminococcus	氨基酸球菌属
Acidovorax	食酸菌属
Acinetobacter	不动杆菌属
Acinetobacter junii	琼氏不动杆菌
Acinetobacter radioresistens	抗辐射不动杆菌
Actinobacillus	放线杆菌属
Actinobacteria	放线菌门
Actinomycetaceae	放线菌科
Actinomycetes	放线菌属
Adlercreutzia	安德克氏菌属
Aeromonadaceae	气单胞菌科
Aggregatibacter	凝聚杆菌属
Aggregatibacter actinomycetemcomitans	伴放线杆菌
Akkermansia	阿克曼菌属
Akkermansia muciniphila	嗜黏蛋白阿克曼菌
Alcaligenaceae	产碱菌科
Alcaligenes	产碱菌属
Alistipes	另枝菌属
Alistipes shahii	沙氏另枝菌
Allisonella	阿里松氏菌属
Allobaculun	阿洛巴氏菌属
Anabaena	鱼腥藻属
Anaerobic bacteria	厌氧细菌
Anaerococcus	厌氧球菌属
Anaeroplasma	厌氧支原体属
Anaerostipes	粪厌氧棒状菌属
Anaerotruncus	厌氧棍状菌属
Anaplasmataceae	无形体科

续表

拉丁文	中文
Aneurinibacillus	解硫胺素芽孢杆菌属
Arabidopsis	拟南芥属
Archaea	古生菌
Arthrobacter	节杆菌属
Atopobium parvulum	极小奇异菌
Atopobium vaginae	阴道奇异菌
Bacilli	芽孢杆菌纲
Bacillus	芽孢杆菌属
Bacillus cereus	蜡样芽孢杆菌
Bacillus clausii	克劳氏芽孢杆菌
Bacillus coagulans	凝结芽孢杆菌
Bacillus fragilis	脆弱类杆菌
Bacillus pasteurii	巴氏芽孢杆菌
Bacillus perfringens	产气荚膜杆菌
Bacillus species	芽孢杆菌
Bacillus subtilis	枯草芽孢杆菌
Bacteroidaceae	拟杆菌科
Bacteroidales	拟杆菌目
Bacteroidea	拟杆菌纲
Bacteroides	拟杆菌属
Bacteroides acidifaciens	产酸拟杆菌
Bacteroides caccae	粪拟杆菌
Bacteroides dorei	多氏拟杆菌
Bacteroides eggerthii	埃氏拟杆菌
Bacteroides forsythus	福氏拟杆菌
Bacteroides fragilis	脆弱拟杆菌
Bacteroides fragilis	弯曲杆菌
Bacteroides fragillis	脆弱拟杆菌
Bacteroides intestinalis	肠拟杆菌
Bacteroides massiliensis	马赛拟杆菌
Bacteroides ovatus	卵形拟杆菌
Bacteroides stercoris	粪便拟杆菌

续表

拉丁文	中文
Bacteroides thetaiotaomicron	多形拟杆菌
Bacteroides uniformis	单形类杆菌
Bacteroides vulgatus	普通拟杆菌
Bacteroides xylanisolvens	解木聚糖拟杆菌
Bacteroidetes	拟杆菌门
Barnesiella	巴恩斯氏菌属
Barnesiella intestinihomini	肠道巴恩斯氏菌
Betaproteobacteria	变形菌纲
Bicicletta	双胞菌属
Bifidobacteriaceae	双歧杆菌科
Bifidobacterium	双歧杆菌属
Bifidobacterium adolescentis	青春双歧杆菌
Bifidobacterium animalis	动物双歧杆菌
Bifidobacterium bifidum	两歧双歧杆菌
Bifidobacterium breve	短双歧杆菌
Bifidobacterium catenulatum	链状双歧杆菌
Bifidobacterium infantis	婴儿双歧杆菌
Bifidobacterium lactis	乳双歧杆菌
Bifidobacterium longum	长双歧杆菌
Bifidobacterium pseudocatenulatum	假链状双歧杆菌
Bifidobacterium pseudolongum	假长双歧杆菌
Bilophila	嗜胆菌属
Bilophila wadsworthia	沃氏嗜胆菌
Blautia	布劳特氏菌属
Bordetella bronchiseptica	支气管炎博德特菌
Bradyrhizobium	慢生根瘤菌属
Brevundimonas	短波单胞菌属
Brucella	布鲁氏菌属
Brucellaceae	布鲁氏菌科
Burkholderia	伯克霍尔德菌属
Burkholderiales	伯克氏菌目
Butyricimonas	丁酸单胞菌属

续表

拉丁文	中文
Butyrivibrio	丁酸弧菌属
Caloramator	喜热菌属
Campylobacter	弯曲杆菌属
Campylobacter concisus	简明弯曲菌
Campylobacter jejuni	空肠弯曲杆菌
Campylobacter rectus	直肠弯曲杆菌
Candida	假丝酵母属
Candida albicans	白色念珠菌
Candida glabrata	光滑念珠菌
Candida krusei	克鲁斯假丝酵母
Candida prussii	普氏假丝酵母菌
Candida species	念珠菌
Capnocytophaga	二氧化碳噬纤维菌属
Caulobacteraceae	柄杆菌科
Chlamydia pneumonia	肺炎衣原体
Chlamydia trachomatis	沙眼衣原体
Chloroflexi	绿弯菌门
Choledochotropic bacteria	沃氏嗜胆菌
Christensenella	克里斯滕森菌属
Christensenellaceae	克里斯滕森菌科
Chryseomonas	单胞菌属
Citrobacter	柠檬酸杆菌属
Citrobacter freudii	鼠柠檬酸杆菌
Citrobacter rodentium	啮齿类柠檬酸杆菌
Clostridia	梭菌纲
Clostridiaceae	梭菌科
Clostridiales	梭菌目
Clostridium	梭菌属
Clostridium asparagiforme	天冬酰胺梭菌
Clostridium bifermentans	双酶梭菌
Clostridium botulinum	肉毒梭菌
Clostridium butyricum	丁酸梭菌

续表

拉丁文	中文
Clostridium cellulosilyticus	解纤维梭菌
Clostridium clostridioforme	梭状梭菌
Clostridium coccoides	拟球梭菌
Clostridium cocleatum	耳蜗形梭菌
Clostridium difficile	艰难梭菌
Clostridium fallax	谲诈梭菌
Clostridium globules	球形梭菌
Clostridium histolyticum	溶组织梭菌
Clostridium innocuum	无害梭菌
Clostridium leptum	柔嫩梭菌
Clostridium paraputrificum	类腐败梭菌
Clostridium perfringens	产气荚膜梭菌
Clostridium rodentium	啮齿梭菌
Clostridium sporogenes	产孢梭菌
Clostridium sporogenes	产芽孢梭菌
Clostridium sporosphaeroides	球孢梭菌
Collinsella	柯林斯氏菌属
Collinsella aerofaciens	产气柯林斯菌
Comamonadaceae	丛毛单胞菌科
Comamonas	丛毛单胞菌属
Coprococcus	粪球菌属
Coprococcus catus	灵巧粪球菌
Coriobacteria	红蝽菌属
Coriobacteriaceae	红蝽菌科
Coriolis coli	科氏杆菌
Corynebacteriaceae	棒状杆菌科
Corynebacterium	棒状杆菌属
Cronobacter	阪崎肠杆菌
Cyanobacteria	蓝藻门
Cytophaga	噬纤维菌属
Deinococcaceae	异常球菌科
Deinococcus	异常球菌属

续表

拉丁文	中文
Deinococcus-Thermus	异常球菌-栖热菌门
Delphtya	德尔夫蒂亚属
Desulfobulbus	脱硫叶菌属
Desulfotomaculum	脱硫肠状菌属
Desulfovibrio	脱硫弧菌属
Desulfovibrio desulfuricans	硫酸盐还原菌
Desulfovibrionaceae	脱硫弧菌科
Dethiosulfovibrionaceae	脱硫代弧菌科
Dialister	小类杆菌属
Dialister succinatiphilus	琥珀酸小类杆菌
Dorea	多尔氏菌属
Dorea longicatena	长链多尔氏菌
Eggerthella	埃格特菌属
Eggerthella lenta	迟缓埃格特菌
Eikenella corrodens	啮蚀艾肯杆菌
Entecoccus faecalis	粪肠球菌
Enterobacter	肠杆菌属
Enterobacter aerogenes	产气肠杆菌
Enterobacteriaceae	肠杆菌科
Enterococcaceae	肠球菌科
Enterococcus	肠球菌属
Enterococcus faecalis	粪肠球菌
Enterococcus faecium	屎肠球菌
Enterococcus gallinarum	鸡肠球菌
Epsilonproteobacteria	变形菌纲
Erwinia	欧文氏菌属
Erwinia amylovora	解淀粉欧文氏菌
Erysipelatoclostridium	丹毒丝菌属
Erysipelotrichaceae	丹毒丝菌科
Erysipelotrichales	丹毒丝菌目
Erysipelotrichia	丹毒丝菌纲
Escherichia	埃希菌属

续表

拉丁文	中文
Escherichia coli	大肠杆菌
Escherichia faecalis	粪大肠杆菌
Escherichia/Shigella	埃希菌属/志贺菌属
Eubacteriaceae	真杆菌科
Eubacterium	真杆菌属
Eubacterium aerofaciens	产气真杆菌
Eubacterium eligens	挑剔真杆菌
Eubacterium hallii	霍氏真杆菌
Eubacterium limosum	粘液真杆菌
Eubacterium rectale	直肠真杆菌
Eubacterium ruminantium	反刍真杆菌
Eubacterium siraeum	惰性真杆菌
Exophiala	外瓶柄霉属
Faecalibacterium prausnitzii	普拉梭菌
Faecalibacterium	粪杆菌属
Filifactor	产线菌属
Finegoldia magna	大芬戈尔德菌
Firmicutes	厚壁菌门
Flavobacterium	黄杆菌属
Fusarium	镰刀菌属
Fusobacteria	梭杆菌门
Fusobacteriaceae	梭杆菌科
Fusobacterium	梭杆菌属
Fusobacterium necrophorum	坏死梭形杆菌
Fusobacterium nucleatum	具核梭杆菌
Gallionella	披毛菌属
Gammaproteobacteria	丙型变形菌纲
Gemella	孪生球菌属
Granulicatella	颗粒链菌属
Granulicatella adiacens	毗邻颗粒链菌
Haemophilus	嗜血杆菌属
Haemophilus influenzae	流感嗜血杆菌

续表

拉丁文	中文
Haemophilus parainfluenzae	流感嗜血杆菌
Halothiobacillus	盐硫杆状菌属
Helicobacter	螺杆菌属
Helicobacter hepaticus	肝螺旋杆菌
Helicobacter pylori	幽门螺杆菌
Helicobacteraceae	螺杆菌科
Holdemania	霍尔德曼氏菌属
Indole clostridium	吲哚梭菌
Klebsiella	克雷伯菌属
Klebsiella pneumoniae	肺炎克雷伯菌
Kurthia	库尔噻菌属
Lachnoclostridium	蓝绿藻菌属
Lachnospira	毛螺旋菌属
Lachnospiraceae	毛螺旋菌科
Lactobacillaceae	乳杆菌科
Lactobacillales	乳杆菌目
Lactobacillus	乳杆菌属
Lactobacillus acidophilus	嗜酸乳杆菌
Lactobacillus bifidus	双叉乳酸杆菌
Lactobacillus bulgaricus	保加利亚乳杆菌
Lactobacillus caset	干酪乳杆菌
Lactobacillus delbrueckii	德氏乳杆菌
Lactobacillus fermentum	发酵乳杆菌
Lactobacillus galli	加氏乳杆菌
Lactobacillus gasseri	格氏乳杆菌
Lactobacillus helveticus	瑞士乳杆菌
Lactobacillus hominis	人乳杆菌
Lactobacillus innocua	无毒乳杆菌
Lactobacillus johnsonii	约氏乳杆菌
Lactobacillus kefiri	开非尔乳杆菌
Lactobacillus murinus	鼠乳杆菌
Lactobacillus paracasei	副干酪乳杆菌

续表

拉丁文	中文
Lactobacillus plantarum	植物乳杆菌
Lactobacillus reuteri	罗伊氏乳杆菌
Lactobacillus rhamnosus	鼠李糖乳杆菌
Lactobacillus sakei	清酒乳杆菌
Lactobacillus salivarius	唾液乳杆菌
Lactobacillus vaginalis	阴道乳杆菌
Lactococcus	乳球菌属
Lactococcus agaricus	蘑菇乳杆菌
Lactococcus lactis	乳酸乳球菌
Legionella	军团菌属
Leuconostoc	明串珠菌属
Listeria monocytogenes	单核细胞增生性李斯特菌
Megamonas	巨单胞菌属
Megasphaera	巨球形菌属
Methanobrevibacter	甲烷短杆菌属
Methanobrevibacter smithii	史氏甲烷短杆菌
Methanogenic archaea	产甲烷古菌
Methylobacterium	甲基杆菌属
Methylobacterium radiotolerans	耐辐射甲基杆菌
Methylophilus	嗜甲基菌属
Moraxella	莫拉氏菌属
Moraxella catarrhalis	卡他莫拉菌
Moraxellaceae	莫拉氏菌科
Morganella	摩根菌属
Morganella morganii	摩氏摩根菌
Mucinous haemophilus	黏液嗜血菌
Mucispirillum	黏液菌属
Mucus coli	黏液杆菌
Mucus vibrio	黏液弧菌
Mycobacteria	分枝杆菌属
Mycobacterium avium	鸟分支杆菌
Mycobacterium tuberculosis	结核分枝杆菌

续表

拉丁文	中文
Mycoplaa hominis	人型支原体
Mycoplasma genitalium	生殖支原体
Myroides	类香味菌属
Neisseria	奈瑟菌属
Neisseria meningitides	脑膜炎奈瑟菌
Neisseriaceae	奈瑟菌科
Nitrosospira	亚硝化螺菌属
Odoribacter	嗜臭杆菌属
Oligella	寡源杆菌属
Oscillibacter	颤螺旋菌属
Oxalobacter	草酸杆菌属
Oxalobacteraceae	草酸杆菌科
Oxalobacterium formigenes	产草酸杆菌
Parabacteroides	副拟杆菌属
Pasteurella	巴氏杆菌属
Pasteurellaceae	巴氏杆菌科
Pediococcus	片球菌属
Pediococcus pentosaceus	戊糖片球菌
Peptococcus	消化球菌属
Peptostreptococcaceae	消化链球菌科
Peptostreptococcus	消化链球菌属
Peptostreptucoccus micros	微消化链球菌
Phascolarctobacterium	考拉杆菌属
Porphyrmonomonas	卟啉单胞菌科
Porphyromonadaceae	紫单胞菌科
Porphyromonas	卟啉菌属
Porphyromonas gingivalis	牙龈卟啉单胞菌
Prausnitzii	普拉氏梭杆菌属
Prevotella	普雷沃氏菌属
Prevotella amnii	阿姆尼普雷沃氏菌
Prevotella intermedia	中间普雷沃氏菌
Prevotella nigrescens	变黑普雷沃氏菌

续表

拉丁文	中文
Prevotella oris	口普雷沃氏菌
Prevotellaceae	普雷沃氏菌科
Propionibacteria	丙酸杆菌属
Propionibacterium	丙酸杆菌属
Propionibacterium freudenreichii	费氏丙酸杆菌
Proteobacteria	变形菌门
Proteobacteria gamma	γ-变形菌纲
Proteus mirabilis	奇异变形杆菌
Proteus vulgaris	普通变形杆菌
Proteusbacillus	变形杆菌属
Proteusbacillus vulgaris	普通变形杆菌
Providencia rettgeri	雷氏普罗威登斯菌
Pseudobutyrivibrio	假丁酸弧菌属
Pseudomonadaceae	假单胞菌科
Pseudomonadales	假单胞菌目
Pseudomonas	假单胞菌属
Pseudomonas aeruginosa	铜绿假单胞菌
Pseudoramibacter	假分枝杆菌
Pseudoxanthomonas	假黄色单胞菌属
Ralstonia	劳尔氏菌属
Raoultella planticola	植物劳尔特氏菌
Reuteris	罗伊氏菌属
Rhizobiaceae	根瘤菌科
Rhodobacteraceae	红杆菌科
Rhodococcus	红球菌属
Rhodoferax	红育菌属
Rhodospirillaceac	红螺菌科
Rhodotorula	红酵母属
Rickettsia	立克次体
Riemerella anatipestifer	鸭疫里默氏杆菌
Rikenella	理研菌属
Rikenellaceae	理研菌科

续表

拉丁文	中文
Romboutsia	罗姆布茨菌属
Roseburia	罗氏菌属
Roseburia hominis	罗斯拜瑞氏菌
Roseburia intestinalis	肠道罗氏菌
Roseburia inulinivorans	食葡糖罗氏菌
Rothia	罗斯氏菌属
Ruminant aureus	反刍动物金黄色葡萄球菌
Ruminiclostridium	瘤胃梭菌属
Ruminococcaceae	瘤胃球菌科
Ruminococcus	瘤胃球菌属
Ruminococcus gnavus	活泼瘤胃球菌
Ruminococcus torques	扭链瘤胃球菌
Saccharibacteria	螺旋体菌门
Saccharomyces	酵母菌属
Saccharomyces boulardii	布拉迪酵母
Saccharomyces cerevisiae	酿酒酵母
Saccharopolyspora	盐湖糖多孢菌
Salmonella	沙门菌属
Sarcina	八叠球菌属
Selenomonas	新月形单胞菌属
Shewanella putrefaciens	腐败假单胞菌
Shewanellaceae	希万氏菌科
Shigella	志贺菌属
Solobacterium moorei	莫雷梭菌
Sphingomonadaceae	鞘脂单胞菌科
Sphingomonas yanoikuyae	鞘氨醇菌
Spirochaetes	螺旋体门
Staphylococcaceae	葡萄球菌科
Staphylococcus	葡萄球菌属
Staphylococcus aureus	金黄色葡萄球菌
Staphylococcus epidermidis	表皮葡萄球菌
Stenotrophomonas	寡氧单胞菌属

续表

拉丁文	中文
Streptococcaceae	链球菌科
Streptococcus	链球菌属
Streptococcus bovis	牛链球菌
Streptococcus gallolyticus	解没食子酸链球菌
Streptococcus gordonii	格式链球菌
Streptococcus intermedius	中间链球菌
Streptococcus mitis	缓症链球菌
Streptococcus oralis	口腔链球菌
Streptococcus pneumoniae	肺炎链球菌
Streptococcus pyogenes	化脓链球菌
Streptococcus salivarius	唾液链球菌
Streptococcus sanguis	血链球菌
Streptococcus thermophilus	嗜热链球菌
Streptococcus viridans	草绿色链球菌
Streptomyces	链霉菌属
Subdoligranulum	新菌属
Succinivibrio	琥珀酸弧菌属
Sutterella	萨特氏菌属
Synergistetes	互养菌门
Syntrophomonadaceae	互营单胞菌科
Tannerella	福赛斯坦纳菌属
Tannerella forsythia	福赛斯坦纳菌
Tenericutes	软壁菌门
Thermus	栖热菌属
Thiobacillus	硫杆菌属
Treponema	密螺旋体属
Treponema denticola	齿垢密螺旋体
Trichocladium	短梗蠕孔属
Turicibacter	苏黎世杆菌属
Turicibacteraceae	图利茨菌科
Ureaplasma urealyticum	解脲支原体
Veillonella	韦荣氏球菌属

续表

拉丁文	中文
Veillonella parvula	小韦荣球菌
Veillonellaceae	韦荣氏菌科
Verrucomicrobia	疣微菌门
Verrucomicrobiaceae	疣微菌科
Verrucomicrobiae	疣微菌纲
Vibrio parahaemolyticus	副溶血性弧菌
Vibrionaceae	弧菌科
Xanthomonadaceae	黄色单胞菌科
Yersinia	耶尔辛氏菌属
Yersinia enterocolitica	小肠结肠炎耶尔森菌